新農業環境工学

― 21世紀のパースペクティブ ―

日本生物環境調節学会編

東 京
株式会社
養 賢 堂 発 行

編集委員会：

代　表　　橋本　康（日本学術会議農業環境工学研連（第18～19期）委員長，
　　　　　　日本生物環境調節学会会長，東京農業大学客員教授）
代　表　　大政謙次（同農業環境工学研連（第18期）幹事，
　　　　　　日本生物環境調節学会副会長，東京大学大学院教授）
編集委員
幹　事　　後藤英司（日本生物環境調節学会研究事業副委員長，
　　　　　　東京大学大学院助教授）
幹　事　　野並　浩（日本生物環境調節学会編集委員長，愛媛大学教授）
　　　　　秋田　求（日本生物環境調節学会研究事業副委員長，近畿大学生
　　　　　　物理工学部講師）
　　　　　石田朋靖（日本生物環境調節学会編集副委員長，宇都宮大学教授）
　　　　　北野雅治（日本生物環境調節学会編集副委員長，高知大学教授）
　　　　　野口　伸（日本生物環境調節学会研究事業副委員長，北海道大学
　　　　　　大学院助教授）
諮問委員　今井　勝（日本生物環境調節学会名誉編集委員，明治大学教授）
　　　　　蔵田憲次（日本生物環境調節学会副会長，東京大学大学院教授）
　　　　　古在豊樹（日本生物環境調節学会副会長，千葉大学教授）
　　　　　長野敏英（日本生物環境調節学会副会長，東京農業大学教授）
　　　　　村瀬治比古（日本生物環境調節学会副会長，大阪府立大学
　　　　　　大学院教授）
　　　　　矢沢　進（日本生物環境調節学会監事，京都大学大学院教授）

はじめに

　　　　　　　　　　　　　　　　　　　　　日本生物環境調節学会会長　橋本　康

　日本学術会議は我が国の科学者コミュニティーを代表するカウンシルであり，第19期の現在，第20期の大改革に向けて，法改正の最中である．

　第18期においては，従来法に沿って運営されており，第1部から第7部までに学術分野が区分され，その第6部（農学）に関連する26の研究連絡委員会（以後研連と略記）が参加している．各研連にはさらに幾つかの学協会が参加している．農業環境工学研連は農業工学専門分野の4研連の一つであり，日本生物環境調節学会，日本海水学会，日本農業気象学会，農業施設学会，日本植物工場学会，生態工学会，農業情報学会の7学会が登録している．水圏を含む自然環境から人為的な調節による環境に於ける生物生産プロセス，ポストハーベストプロセス，そしてそれらの情報循環を含む多岐にわたる発展性の大きな専門分野である．

　文部科学省は平成15年度から科学研究補助金分科細目の統廃合を実施し，従来の農業機械学と生物環境の2細目が「農業環境工学」に統合された．農業環境工学は農業機械学関連の専門領域を含む場合があることを記憶する必要がある．

　本研連は2000年11月に本研連は第18期の活動目標の一つとして，食糧・環境問題へ視点を置いたシンポジウム「21世紀の食糧・環境問題への農業環境工学の貢献」を企画し，2002年4月に実施した．第Ⅰ部はこのシンポジウムに基づく話題を収録している．本研連幹事を務めた大政謙次東京大学大学院教授には，上記シンポジウム（第Ⅰ部）の企画と編集に対し，謝辞を述べたい．

　第Ⅱ部は，双書として刊行される「新農業情報工学」のパースペクティブに足並みを揃え，80余の項目を取り上げた．農業環境工学の全域を小冊子に網羅することは不可能であり，ここでは「日本生物環境調節学会」に俯瞰的視点を限定した．若手会員を中心とし企画・推進を担当する編集委員，査読その他を助言するする学会重役からなる諮問委員の両者から編集委員会を構成し，各項目の執筆は学会員以外の適任者をも加え，最高の著者にお願いした．特に（本学会を越える）関連農学の若干の話題は斯界の最高権威にご無理なお願いをし，ご寄稿を賜っている．学会の総力を一段と拡大するもので，記して心からの謝意を表したい．

　学生・院生，並びに研究者の新たな情報循環を喚起出来れば幸いである．
（日本学術会議第18～19期会員・農業環境工学研究連絡委員長）

執筆者一覧

第Ⅰ部

橋本　康（東京農大客員教授，愛媛大学名誉教授）・古在　豊樹（千葉大学園芸学部）・蔵田　憲次（東京大学大学院農学生命科学研究科）・嶋津　光鑑（独立行政法人農業・生物系特定産業技術研究機構）・相良　泰行（東京大学大学院農学生命科学研究科）・鳥居　徹（東京大学大学院工学系研究科）・村瀬　治比古（大阪府立大学大学院農学生命科学研究科）・大政　謙次（東京大学大学院農学生命科学研究科）・真木　太一（九州大学大学院農学研究院）・林　陽生（独立行政法人農業環境技術研究所）・新田　慶治（財団法人環境科学技術研究所）・近藤　次郎（国際科学技術財団）

第Ⅱ部

〈あ行〉

秋田　充（愛媛大学農学部）・秋田　求（近畿大学生物理工学部）・雨宮　悠（千葉大学園芸学部）・石川　勝美（高知大学農学部）・石田　朋靖（宇都宮大学農学部）・荊木　康臣（山口大学農学部）・今井　勝（明治大学農学部）・井上　眞理（九州大学大学院農学研究院）・岩渕　和則（宇都宮大学農学部）・ERRA‐BALSELLS, Rosa（ブエノスアイレス大学大学院自然・基礎科学研究科）・大下　誠一（東京大学大学院農学生命科学研究科）・太田　猛彦（東京農業大学地域環境科学部）・大政　謙次（東京大学大学院農学生命科学研究科）・沖　一雄（東京大学大学院農学生命科学研究科）・沖　雅博（株式会社ハリソン光技術研究所）・小沢　聖（国際農林水産業研究センター）

〈か行〉

角谷　晃司（近畿大学薬学総合研究所）・狩野　敦（元静岡大学農学部）・亀岡　孝治（三重大学生物資源学部）・北野　雅治（高知大学農学部）・熊澤　喜久雄（日本農学会会長）・蔵田　憲次（東京大学大学院農学生命科学研究科）・古在　豊樹（千葉大学園芸学部）・後藤　英司（東京大学大学院農学生命科学研究科）・小西　充洋（東京大学大学院農学生命科学研究科）・小林　和彦（東京大学大学院農学生命科学研究科）

〈さ行〉

相良　泰行（東京大学大学院農学生命科学研究科）・澤辺　昭義（近畿大学農学部）・篠崎　和子（国際農林水産業研究センター）・清水　庸（東京大学大学院農学生命科学研究科）・下町　多佳志（長崎大学環境科学部）・進士　五十八（東京農業大学学長）

〔4〕

〈た行〉
高木　正見（九州大学大学院農学研究院）・高辻　正基（東海大学開発工学部）・高橋　秀幸（東北大学大学院生命科学研究科）・竹内　孝江（奈良女子大学理学部）・武田　元吉（東京農大教授，日本学術会議会員）・谷　晃（東海大学開発工学部）・玉木　浩二（東京農業大学地域環境科学部）・筑紫　二郎（九州大学生物環境調節センター）・全　昶厚（前千葉大学園芸学部，現ソウル大学）・豊田　秀吉（近畿大学農学部）・鳥居　徹（東京大学大学院工学系研究科）

〈な行〉
長野　敏英（東京農業大学国際食料情報学部）・西浦　芳史（大阪府立大学農学生命科学研究科）・仁科　弘重（愛媛大学農学部）・野内　勇（農業環境技術研究所）・野口　伸（北海道大学大学院農学研究科）・野瀬　昭博（佐賀大学農学部）・野並　浩（愛媛大学農学部）・野々村　照雄（近畿大学農学部）

〈は行〉
橋本　康（東京農大客員教授，愛媛大学名誉教授）・羽藤　堅治（愛媛大学農学部）・羽生　広道（財団法人電力中央研究所）・林　秀則（愛媛大学理学部）・原　道宏（岩手大学農学部）・檜山　哲夫（埼玉大学理学部）・平沢　正（東京農工大学農学部）・ト蔵　建治（弘前大学農学生命科学部）・星　岳彦（東海大学開発工学部）

〈ま行〉
真木　太一（九州大学大学院農学研究院）・町田　武美（茨城大学農学部）・松田　克礼（近畿大学農学部）・村上　克介（大阪府立大学農学生命科学研究科）・村瀬　治比古（大阪府立大学農学生命科学研究科）・森田　勇人（愛媛大学遺伝子実験施設）・森本　哲夫（愛媛大学農学部）

〈や行〉
矢澤　進（京都大学大学院農学研究科）・横溝　雄二（株式会社ハリソン光技術研究所）・吉田　敏（九州大学生物環境調節センター）

〈わ行〉
渡辺　照夫（株式会社ハリソン光技術研究所）

目　次

第Ⅰ部　学術会議シンポジウム
「21世紀の食糧・環境問題への農業環境工学の貢献」から

シンポジウムの企画編集にあたって
（大政謙次）……………………………… 3

環境工学の現状と将来（橋本　康）…… 4
1. はじめに……………………………… 4
2.「農業環境工学」研究連絡委員会とは
　 －地球環境から生物工場まで－ ……… 4
3. コンセプトの例とその重要性
　 － SPAから精密農業へ－ …………… 5
4. 文部科学省の科学研究補助金
　 との関わり ……………………………… 6
5. 例として日本環境調節学会における
　 21世紀の学会理念再構築とその背景・7
6. 日本学術会議第18期の活動計画と
　 「農業環境工学」研連の課題…………10
7. 農業環境工学の今後の学術の
　 俯瞰的視点 ……………………… 11

閉鎖型植物苗生産システム（古在豊樹）
……………………………………………12
1. はじめに………………………………12
2. 開放型生産システムと
　 閉鎖型生産システム ………………12
3. 閉鎖型苗生産システムの提案………13
　　3.1　背　景 ………………………14
　　3.2　定　義 ………………………15
　　3.3　構成要素の特徴 ……………16
4. 床面積当たりの生産性は温室の
　 7倍以上になる ………………………16
5. 閉鎖型植物生産システムの特徴………16
6. 苗以外の植物生産は可能か…………18
7. 千葉大学における閉鎖型植物生産
　 システム………………………………19
8. おわりに………………………………20

不定胚培養による苗生産と培養環境制御
（蔵田憲次・嶋津　光鑑）………………22
1. はじめに………………………………22
2. 不定胚形成……………………………22
3. 不定胚培養による大量苗生産………24
　　3.1　不定胚培養利用した苗生産の利点
　　　…………………………………24
　　3.2　不定胚由来苗の大量生産プロセス
　　　…………………………………24
　　3.3　不定胚培養による苗生産の問題点
　　　…………………………………26
4. 不定胚培養の環境制御………………26
　　4.1　液体培養による不定胚生産の物理的
　　　培養環境要因 …………………26
　　4.2　酸素供給操作によって生じる力学的
　　　ストレス…………………………28
　　4.3　力学的ストレスの弱い不定胚培養法
　　　…………………………………29
　　4.4　溶存酸素濃度と不定胚形成の関係
　　　…………………………………29
　　4.5　溶存酸素濃度制御による不定胚発育
　　　同調性の改良…………………29
　　4.6　その他の培養環境 ……………31

食のアメニティーに関する先端技術の展開（相良泰行）…………32
1. 食品産業の緊急課題 …………………32
2. 食品感性工学の役割～消費者起点産業へのパラダイムシフト～ ………………33
3. 食のアメニティーと感性科学の発達 ……………………………………………33
4. 食品感性工学の提唱 …………………34
   4.1 デバイスと解析システム ………34
   4.2 情報処理システム ………………36
   4.3 評価判断システム ………………36
5. 視覚センサ～画像処理技術～ ………36
6. 味覚センサ～近赤外分光法とバイオセンサ～ ……38
7. 嗅覚センサ ……………………………40
8. おわりに ………………………………42

生物生産へのバイオメカトロニクスの応用 －バイオチップデバイスへの応用－（鳥居 徹）…………………………………43
1. はじめに ………………………………43
2. マイクロ化学リアクター ……………43
3. 静電マイクロマニピュレーション …44
4. 静電マイクロマニピュレーションによるマイクロ化学リアクター ……………47
5. 液滴型バイオチップデバイス ………48
   5.1 液滴型PCRデバイス ……………49
   5.2 DNA液滴型アレイ ………………50
   5.3 コンビナトリアルタンパク質結晶化デバイス ……………………………51
6. おわりに ………………………………52

環境工学における一つの学術基盤とその展開（村瀬治比古）……………………54
1. 植物生理工学 …………………………54
2. 農業知能工学 …………………………54
3. システムズアプローチの導入 ………55
4. 重要課題 ………………………………55
5. 展開例 …………………………………56
6. おわりに ………………………………57

森林の三次元リモートセンシング（大政 謙次）…………………………………59
1. はじめに ………………………………59
2. 航空機SLによるリモートセンシング ……………………………………………60
3. 可搬型SLによるリモートセンシング ……………………………………………66
4. おわりに ………………………………69

砂漠化問題への取り組み －主に中国の砂漠化－（真木太一）……71
1. はじめに ………………………………71
2. 世界の砂漠化状況 ……………………71
3. 中国の砂漠化状況 ……………………73
4. 中国の砂漠化防止対策 ………………74
5. 中国乾燥地での砂漠化対策 …………75
6. 中国乾燥地の気候特性と防風施設による気象改良・砂漠化防止（草方格）……75
   6.1 中国新疆トルファンにおける乾燥地の気候特性 ………………………75
   6.2 タマリスク防風林による気象改良効果と収量増 ……………………75
   6.3 砂漠化防止と緑化のための草方格の普及 ………………………………77
7. 中国の砂漠化に関連する砂丘の移動特性と黄砂の発生特性 …………………78
   7.1 中国北西部の砂丘の移動 ………78
   7.2 砂漠化の関連としての黄砂の発生状況 ……………………………79

8. あとがき…………………………80

温暖化の農業への影響（林　陽生）…83
1. はじめに…………………………83
2. 温室効果ガス排出シナリオ……83
3. 温暖化影響の概要………………85
4. 農業への影響……………………85
   4.1 最近の研究動向と水稲栽培への影響
   ………………………………85
   4.2 水稲以外の作物栽培への影響……88
   4.3 土壌環境への影響………………88
   4.4 害虫への影響……………………89
   4.5 雑草への影響……………………89
5. あとがき…………………………91

閉鎖生態系の物質循環（新田慶治）…94
1. はじめに…………………………94
2. 温暖化とエネルギー消費………94
3. 物質循環と気候変動……………95
4. 核使用済み燃料の再処理………96
5. 農業生態系における^{14}Cの循環……97
6. CEEFのシステム構成……………97
   6.1 閉鎖植物栽培モジュール
       （大型の植物チャンバー群）……98
   6.2 植物系物質循環設備……………99
   6.3 閉鎖動物飼育，居住モジュール
       …………………………………100
   6.4 動物,居住系物質循環設備………101
7. 閉鎖生態系内の物質循環システム要求
   …………………………………102
8. 循環型社会のモデルとしての閉鎖生態系
   …………………………………103
9. おわりに…………………………104

人口・食糧・環境・原子力
（近藤次郎）…………………………106

第Ⅱ部　生物環境調節の21世紀のパースペクティブ
―生物環境調節に関する82項目で描くそのパースペクティブ―

環境に対する植物反応
高CO_2………………………………110
強光と弱光……………………………112
光　質…………………………………114
光周期…………………………………116
大気汚染物質…………………………118
有害化学物質…………………………120
重　力…………………………………122
屈　性…………………………………124
気　圧…………………………………126
環境ストレスと遺伝子発現
～1.遺伝子発現およびタンパク質の機能化～
…………………………………128

環境ストレスと遺伝子発現
～2.水ストレス順化機能～……………130
環境ストレスと遺伝子発現
～3.高温耐性および低温順化～………132

植物生体情報の計測と診断
「生体情報の計測」の四半世紀～松山での萌芽・命名からデューク大学を経て世界へ～
…………………………………134
クロロフィル蛍光計測による光合成機能診断
…………………………………136
生物科学における分光計測の応用……138

植物体内水分の計測〜1.細胞および組織のポテンシャル計測〜……………………140
植物体内水分の計測〜2.マイクロウェーブによる計測〜……142
植物体内水分の計測〜3.核磁気共鳴による計測〜…………144
転流の計測 ………………………………146
NMR-CTによる師管流および道管流の計測
………………………………………………148
共焦点レーザ走査蛍光顕微鏡による細胞の生理計測 ……………………………150
遺伝子発現解析による環境ストレスの検出
………………………………………………152
マイクロアレイによる生体分子のスクリーニング …………………………154
質量分析による生体高分子の同定および構造解析〜1.MALDIおよびESI〜 …………156
質量分析による生体高分子の同定および構造解析〜2.MS/MS分析 ………………158
フーリエ核磁気共鳴によるタンパク質高次構造の決定 ………………………………160
生物科学における電子スピン共鳴の応用
………………………………………………162
植物の三次元画像計測 …………………164
画像計測・処理による苗品質の情報化
………………………………………………166
画像解析による培養細胞の分類および成長計測 …………………………………168
収穫物の非破壊品質評価 ………………170
リモートセンシングによる作物,植生計測
………………………………………………172
植物生態系－大気間のCO_2フラックス測定
………………………………………………174

環境制御と要素技術

光質制御による生育調節 ………………176
光周期制御による発育調節 ……………178
DIFによる草丈調節 ……………………180
空気組成（エチレン,CO_2など）の制御による生育調節 …………………………182
機能水の有効利用 ………………………184
育苗用冷陰極蛍光ランプ ………………186
半導体素子による間欠照明 ……………188

新しい生産技術・実験施設

植物を利用した有用物質の生産〜1.工業原料の生産と利用〜 …………190
植物を利用した有用物質の生産〜2.製薬産業などへの展開〜 …………192
培養液の制御 ……………………………194
宇宙ステーションの微小重力植物実験装置
………………………………………………196
住環境の緑化 ……………………………198
環境保全型環境調節 ……………………200
自然エネルギー利用のための環境教育・研究施設 ………………………………202
植物を利用する環境修復（バイオレメディエーション）および環境緩和 …………204

生物環境調節の新展開

質量分析および量子化学の応用 ………206
インシリコバイオロジー ………………208
農作物生長シミュレーション …………210
高CO_2濃度下の農作物生長シミュレーション ……………………………………212
植生モデルを用いた温暖化時の植生影響予測
………………………………………………214

境界理工学の俯瞰的話題

SPA（speaking plant approach to the environment control）……216
システムの同定と制御……218
人工知能を応用するシステム制御……220
バイオインフォマティクス……222
コンピュータ工学……224
画像工学……226
ナノテクノロジ……228
メカトロニクスおよびバイオロボティクス……230
植物工場……232
生物工場……234
ポストハーベスト工学および農産施設……236
食品工学と食品安全工学……238
生物資源循環工学……240
精密農業……242
農業情報工学……244

農業基盤工学～塩類集積回避の観点から～……246
生態工学～熱帯泥炭湿地林を事例として～……248
土壌物理学……250
農業気象学……252

関連農学の俯瞰的話題

作物学～スーパークロップへのアプローチ～……254
生物の環境調節と園芸生産との関わり……256
造園学……258
林　学……260
植物栄養学・肥料学と環境問題……262
植物育種学……264
植物病理学……266
生物的防除（biological control）……268
農作物の気象災害……270
土壌植物大気連続体（SPAC）……272

第Ⅰ部　学術会議シンポジウム
「21世紀の食糧・環境問題への
　農業環境工学の貢献」から

シンポジウムの企画・編集にあたって

東京大学大学院農学生命科学研究科
農業環境工学研究連絡委員会　幹事　大政謙次

　日本学術会議農業環境工学研究連絡委員会では，第18期の活動の一環として，「農業環境工学ワーキンググループ」を設置し，食糧・環境問題への農業環境工学の貢献についての検討を行ってきた．その成果の一つとして，下記のシンポジウムを開催した．

学術会議シンポジウム「21世紀の食糧・環境問題への農業環境工学の貢献」
日時：2002年 4月15日
場所：東京大学農学生命科学研究科　弥生講堂（一条ホール）
主催：学術会議・農業環境工学研究連絡委員会
共催：日本農業気象学会・日本生物環境調節学会・農業施設学会・日本植物工場学会・生態工学会・農業情報利用研究会・日本海水学会

　このシンポジウムでは，共催した各学会から推薦していただいた幅広い分野の研究者に話題提供をいただいた．また，特別講演として，近藤次郎国際科学技術財団理事長に「人口・食糧・環境」について，また，林　良博東京大学大学院農学生命科学研究科長（当時）に「持続的食糧生産は可能か」について講演いただいた．ここでは，シンポジウムの講演内容を中心に，食糧・環境問題における最先端の話題を取りまとめた．第II部の「21世紀への生物環境調節のパースペクティブ」と併せて，この分野の多様な活動をご理解いただき，読者の方々と共に食糧と環境問題の解決に貢献していくことができれば幸いである．

［4］

農業環境工学の現状と将来

日本学術会議「農業環境工学研究連絡委員会」委員長　橋本　康

1. はじめに

　第18期の日本学術会議は平成12年7月に発足した．私は第6部「農業環境工学」研究連絡委員会（以後，研連と略記）に登録している7学会の推薦を受け，会員として活動する機会を与えて頂いた．感謝したい．元会長の近藤次郎先生の御席を前に，小職ごときが学術会議に言及することは大変失礼とは思うが，この機会にその仕組みを簡単にご説明する．

　現在，学術会議の在り方が総合科学技術会議で審議されており，今後のことは不明な点が多々あるが，第18期の仕組みを説明する．

　3年毎にあらゆる専門の学会は日本学術会議に登録申請をする．審査をクリアすると学術会議会員を選出する推薦人を出し，会員の決定に参画する．現在登録学協会は1,360であり，210人の会員を推薦する．単純計算では，6.4学会で会員1名を推薦する．一方，研連は総数180あり，その委員数は2370名と日本学術会議関係法規で決まっている．

　私の専門である農学は第6部に属し，30名の会員と26の研連を有し，研連を通して各学会からの意見を徴収する．学術会議には，伝統的な区分けに従うと，文，法，経，理，工，農，医の7部があり，210名の会員からなる総会で科学者の総意を決定し，科学者コミュニティーの意見を社会へ発信する．

　他方会員の所属機関や住所による地域の区分けがあり，中央に於ける活動と同様に地方に於いても出来るだけ貢献することが義務付けられている．

2.「農業環境工学」研究連絡委員会とは─地球環境から生物工場まで─

　「農業環境工学」研連に登録を認められている7学会とは，A：日本農業気象学会，B：日本海水学会，C：日本生物環境調節学会，D：農業施設学会，E：日本植物工場学会，F：生態工学会，G：農業情報学会である．

　農学の課題である「食糧安全保障」と「安心な食品の提供」に理工学的方法論で関与するのが農業工学の使命であるが，関連するそれぞれの場におけるシステ

ム的なアプローチが今強く求められている．温暖化を始めとする地球環境の場は，海水学会，農業気象学会が，宇宙を含む生物の生育や栽培の場に於ける最適環境条件の解明や最適プロセスの提供は，生物環境調節学会，植物工場学会，生態工学会が，収穫後の貯蔵・保臓と安全を保証する流通は，農業施設学会が，何れにも関する情報科学を農業情報学会が，それぞれ得意としている．上記各学会の中心課題にはなり難い，それらの学術領域の境界に，今日社会が要請する多くの課題が山積している．

別の言い方では，省エネルギーをベースにしたシステム科学的な手法と，環境との共生，食品の安全性等を睨んだ学術といへ無くもない．

したがって，従来のデシプリンのみでは扱えない複合領域にわたる複雑なシステムであり，俯瞰的視点からの取り組みが必須である．吉田日本学術会議第18期副会長の表現を借りると，まさに自由領域科学の事例であり，吉川日本学術会議第18期会長によれば，認識の「隙間」を顕在化ないし可視化することであり，人工物システム科学の部分集合といえる訳である．

そのシステムは，グリーンハウス，植物工場，畜産工場，貯蔵施設と多岐にわたり，大規模なシステムはいうまでもなく，その効率的な運用には，ITは積極的に導入・活用すべきものであることはいうまでもない．

3. コンセプトの例とその重要性―SPAから精密農業へ―

すでに述べたように，農学の課題である「食糧安全保障」と「安心な食品の提供」に理工学的方法論で関与するのが農業工学の役割である．情報工学を始めとする個々の理工学を農業・農学関連分野に導入し，技術革新を推進する事は当然であるが，究極的には情報化の進んだ今日では，モデルに基づく農業生産に関わる基本的なコンセプトを追求することがさらに重要であると考える．

約25年程前，オランダ，ベルギー等で開発されたグリーンハウス栽培（コンピュータで制御・管理される栽培システムで，ビニルハウスを想定する施設園芸というよりは，太陽光利用の植物工場と称する方が現状に合致する）におけるシステム的なアプローチに植物生体の巨視的計測情報を活用するコンセプトをSPA (speaking plant approach to environment control) と称した．画像認識等の計測情報処理面だけでなく，栽培に関わるノウハウ等の知能情報処理面もAI (artificial intelligence) として導入され，栽培プロセスの情報科学的コンセプトの確立に貢献

してきた．

その後，栽培に関わる全プロセスを情報科学的にマネージメントするコンセプトが精密農業としてクローズアップされている．現在編集中のCIGR（国際農業工学会）ハンドブック（Vol. 6 - IT）では，精密農業をGPS/GIS利用面に限定せず，SPAを含む広義のコンセプトとしてとらえ，情報化モデルに立脚した俯瞰的視点で論議されている．

4．文部科学省の科学研究補助金との関わり

文部科学省は，平成15年度から科学研究補助金の分科，細目，キーワード等に大幅な変更を行った．現在，日本学術会議は文部科学省が決めた枠に沿って科研の審査員を実施機関である日本学術振興会に推薦することでコミットする．その変更は，ある場合には，大きな影響をもたらすことはいうまでもない．

以下，我々の関係すると思われる箇所を示す．

生物系：生物学，農学，医歯薬学

分野：農学

分科：農業工学

細目：

①農業土木学・農村計画学：対応研連「農業土木学，農村計画学」
　　　　　　　　　　　　：窓口研連「農業土木学」

〈キーワード〉：省略

②農業環境工学：対応研連「農業環境工学，農業機械学，海水科学」
　　　　　　　：窓口研連「農業環境工学」

〈キーワード〉：農業生産環境，生物環境変動予測・制御，生物環境調節，生物工場，閉鎖系生物生産システム，生体計測，生物環境情報・リモートセンシング，農業情報，農作業システム，農作業情報，農業労働科学，生産・流通施設，自然エネルギー，生物生産機械，ポスト・ハーベスト工学，バイオ・プロセッシング

③農業情報工学：対応研連「農業土木学，農業機械学，農業環境工学，農村計画学，生物物理学」
　　　　　　　：窓口研連「農業環境工学」

〈キーワード〉：画像処理・画像認識，非破壊計測，インターネット応用，バイオインフォマティクス，コンピュータシミュレーション，コンピュータネットワー

ク，知識処理，バイオメカトロニクス，バイオロボティクス，バイオセンシング，GPS/GIS，精密農業

今回の修正で，細目「農業機械学」および「生物環境」が消え，新たに細目「農業情報工学」が設置された．その背景は，従来の552「農業機械学」，553「生物環境」が応募件数が他の細目に比べ少ないことから併合され，新たに「農業環境工学」と名付けられたに過ぎない．さらに時代の要請から「農業情報工学」が新設され，農業工学全体として，細目数が3→2に減少するというネガチブ・ファクターを回避する形でバランスしたと解釈できる．この点を考慮すると，広義には，ITはいうまでもなく，機械システムにも配慮する必要があろう．これは今後の重要な課題として記憶に止めたい．

5．例として日本環境調節学会に於ける 21世紀の学会理念再構築とその背景

日本生物環境調節学会の機関誌「生物環境調節」の平成14年第1号に掲載の拙文を一部引用する．

日本生物環境調節学会は，40年前に杉 二郎東京大学教授（平成14年逝去）を中心に，当時アメリカ，ヨーロッパ，オーストラリア等で植物科学をパラダイム・シフトすると期待されていたファイトトロンとその人工環境下に於ける植物の生理生態学の研究を主たる目的で創設された．方法論に比重の大きな横断型の学会を目指した．

当時，わが国では養蚕に活気があり，また医用実験動物の飼育や養魚の方向性も不明確であったため，植物だけでなく，昆虫，動物，水産等を包含する科学に関わる環境制御装置に拡大し，バイオトロンと称し，それらを用いた人工環境ストレス下における生物の応答を解明する科学を生物環境調節と定義したが，世界的にも特異な学会であった．

この学会の活動は，したがって，人工環境下に於けるストレス生理学を研究する生物系の科学者グループと，人工環境を計測・制御する工学系の科学者グループに大別された．しかし，最近10年をみても，生物系の科学者から動物系の科学者が消え，実質，植物系の科学者と環境調節の工学者が活躍する学会に変貌したことは，会員諸兄がご存じの通りである

今回の学会改革の方向性は，これらの現状を分析し，植物に視点を集中し，21

世紀に大きく発展するであろう植物生理学の方向性と整合させることとした．圃場で生産する前段階の基礎的な，あるいは新たに造成した人工環境下での作物学，園芸学，そしてそれらの科学的なバックグランドである植物生理学，植物生理生態学を重視することとした．生態学に視点を置く地球環境問題等は，本研連に登録している友好学会である「生態工学会」，「日本農業気象学会」の中心的な課題であるので，境界領域として，あるいは本学会の課題を俯瞰的に論義する場合にのみ対象とし，本学会単独の課題と言うより上記学会と協力する途を選択したいと考える．

他方，環境調節に関わる工学は，環境制御のシステムはどんな環境を植物（種苗，生育，収穫後の各プロセスを含む）に提供できるかをシステム同定したり，その結果，植物が望む柔軟で効果的な環境制御は如何にして実現するか等々，システム制御に関わる理工学と定義できる．本来，これらは農業工学のミッションと考えられなくも無いが，実学を目途とする農業工学では，大胆な近似で低コストを実現し，所期の目的を達成することに主眼がある．ここで取り上げる工学は，実学というより，植物生産の基礎的科学を解明するための理工学と称した方が適切である．当然，情報処理，計測に関する高度な方法論が前提になるのはいうまでもない．しかし，植物系の科学者に比較し，わが国に於ける関連研究者の数は極めて少ないので CIGR（国際農業工学会），IFAC（国際自動制御連盟），IEEE（米国電気・電子学会）[1]等との国際的な情報交換が重要である．

もっとも，植物系の科学者にとっても，国際化は重要であり，ISHS（国際園芸学会），ASPB（米国植物生理学会）[2]等との関わりが必須であろう．

私事で恐縮であるが，1983年にデューク大学理学部ファイトトロンに客員教授として約1年滞在したが，丁度その頃から，理論物理学を修めた優秀な学生が飛び級で植物学科の大学院に入り始め，植物を分子生物学からアプローチする熱気が高まり始めた．植物個体の環境を制御し，生理生態学的な応答を計測する楽しきパラダイスは，ある意味で幅広いスペクトルを必要とするが，状況はそれが許されないような，スペクトルを絞り，ハイ・ゲインを指向する未来が見え始めた頃である．デュークでは，サイクロトロン（核加速器）をオンラインで連結し，^{11}Cを含むCO_2を葉面から吸収させ，光合成産物の転流を多くのマイコン・システムを活用して計測する等の試みが進められており，学会の注目を浴びていた．同時期に我が国では，NMR-CTによる植物体内水分の二次元断層分布の解明等，高度

な計測システムによる研究成果が話題になり，スペクトルとゲインの両立が難しくなり始めていた．帰国後（1985年），クレーマ教授と相談し，米国科学財団（NSF）と日本学術振興会（JSPS）の支援で日米セミナ「植物生体計測」を開催，その報告書[3]を世に出した．それを契機に，以後は幅広いスペクトルを有する植物環境制御の的を一段と絞り「環境制御工学」に専念することとした．

ちょうど，1988年からIFACに植物の環境制御を中心に据えた「システム制御の農業応用」のWGが認められ，責任者を務めることになった．1991年には，松山でIFAC主催，ISHS共催の国際会議「農業・園芸分野に於ける数理情報的制御」[4]を開催した．当然，農業生産に利用する工学的な研究として植物工場の環境制御やそれらシステムに於けるロボット化の論文発表も話題になった．その頃，本学会創設の理念の延長上として理工学から農業生産の実工学へ視点を置いた学会として「日本植物工場学会」が創設された．上記国際会議は，「本学会の理工学」と「日本植物工場学会の工学」を明確に識別して幕を閉じた．その理学寄りの論文を抜粋した報告書[5]が刊行されている．以後，両学会の協力関係が良好なのはいうまでもない．さらに，それらの工学系と植物科学を俯瞰的視点で一歩前進させる使命にも注目したい．

IFACでは，21世紀を迎え45の技術委員会がそれぞれの領域の理念（aims and scope）を再構築し始めている．特に，ナノ・テクノロジーをシステム制御する方向性や環境問題やバイオへの応用分野のフロンティアを学会の命運を賭けて取り込もうと必死である．

一般的に，学会とは方向性を明確にした理念を構築し，会員とその理想の達成への共有感を持続しあい，個々人の努力が集積され，世界の学術を動かしていくことに在る．学会の命綱は，明確で理想に燃えた理念である．なお，理念の方向性を具体的に誘導するパイロットの存在も極めて重要である．本学会誌の特別エディターには，この意味で，植物科学と理工学の両分野から世界的に著名な外国人科学者を招待している．本学会誌に順次，招待論文をご執筆戴き，方向性をより具体的に明示し，ご指導を賜りたい，と学会誌編集委員会は企画の意図を明らかにしている．

さて，学術も，大学も，社会も激動のこの時代を如何にして乗り切るかは学会にとって最大の課題である．本学会は会員と意識を共有し，あらゆる意志決定を敏速・果敢に行って参りたいと再度お願いする次第である．

この節に関する参考文献

1) 例えば：

Hashimoto, Y., H. Murase, T. Morimoto, and T. Torii（2001）*IEEE Control System Magazine* 21（5）: 71-85.

Ibaraki, Y. and K. Kurata（2001）*COMPAG* 30 : 193-203.

2) 例えば：

Sharkey, T.D., K. Imai, G.D. Farquhar, and I.R. Cowan（1982）*Plant Physiol.* 69（3）: 657-659.

Omasa, K., Y. Hashimoto, P. J. Kramer, B. R. Strain, I. Aiga, and J. Kondo（1985）*Plant Physiol.* 79 : 153-158.

Nonami, H. and J.S. Boyer（1993）*Plant Physiol.* 102 : 13-19.

3) Hashimoto, Y., P.J. Kramer, H. Nonami, and B. R. Strain（eds.）（1990）*Measurement Techniques in Plant Science, Academic Press,* pp. 431.

4) Hashimoto, Y. and W. Day（eds.）（1991）*Mathematical and Control Applications in Agriculture and Horticulture, Pergamon Press,* pp. 447.

5) Hashimoto, Y., G.P.A. Bot, W. Day, H.-J. Tantau, and H. Nonami（eds.）（1993）*The Computerized Greenhouse, Academic Press,* pp. 340.

6. 日本学術会議第18期の活動計画と「農業環境工学」研連の課題

専門領域が1部～7部とあらゆる分野の研究者の代表が集合する日本学術会議に於いて，そもそも共通課題が存在するのか，との疑問は当初私の頭を強く支配していた．しかし，以下に掲げる日本学術会議第18期活動計画はそんな疑念を吹き飛ばすような迫力のある，そして社会に発信するに足る説得力のあるものと理解し直している．

すなわち，

（1）：人類的課題解決のための日本の計画（Japan Perspective）の提案

（2）：学術の状況並びに学術と社会との関係に依拠する新しい学術体系の提案である．専門の大きく異なる各部から委員を出し，（1）に関しては，七つの特別委員会で，（2）に関しては六つの常置委員会で，慎重な審議が行われている．

（1）は「science for policy」に，（2）は「policy for science」にそれぞれたとえられ，ある意味では二律背反ともいえよう．

この全体的なベクトルに合わせて各部がその課題を決め，さらに各々の研連が

それらの課題を決め，研連ではやや細分化した視点から，各部はやや大きな俯瞰的視点で，さらに全体としては21世紀を迎え世界が直面する複雑な緊急課題をあらゆる専門領域の視点を交えて検討することとなる．

　以上の活動計画との関連で本研連では以下の課題を設定している．
（a）：閉鎖空間型農業
（b）：IT革命
（c）：環境モニタリングと安全性
（d）：新しい農業環境工学

7．農業環境工学の今後の学術の俯瞰的視点

（1）学術目標は：「食品安全」，「食糧安保」，「環境（修復・保全）問題」
（2）基本戦略：農業環境工学はシステムかデバイスか，「Physics-based」な農業環境工学，「Information-based」な農業環境工学
（3）生物学（生物圏，生態学，生理生態学，細胞生理学，分子生物学）への配慮
（4）マクロ（環境科学）への配慮
（5）ミクロ（ナノ・テクノロジー）への配慮
（6）新たな境界領域の創出（Bio-Informatics他）等々への検討も必要であろう．
　生物環境調節学会に例示の様に各学会が独自の理念を検討し，「学術の状況並びに学術と社会との関係に依拠する新しい学術体系の提案」を行っていく中で，本研連に登録の他学会との相互協力をさらに推進していくことが大切であろう．

　また，文部科学省が提案する科研細目に，そのキーワードに沿った多くの斬新な研究課題の申請が増加するよう，また価値の高い研究成果が得られるような課題を識別出来る審査員候補の推薦等々，そのシステムの最適解を探索していく事も重要である．

　何れにしろ，それぞれの学会が，内部からは当然，外部からもその理念が明確に理解されることが協力の第1歩と位置付け，登録学会がより一層の学術交流を計って行くことを念願する．

　最後に，本日のシンポジウム開催に当たりご多忙のところご講演をお引き受け賜りました講演者各位，並びに企画・準備を労を惜しまずに実施された研連の関係各位に，心から御礼を申し上げる．

閉鎖型植物苗生産システム

千葉大学園芸学部　古在豊樹

1. はじめに

21世紀の地球規模的問題である，環境汚染，食料不足，資源不足の三すくみ問題を解決するためには，植物バイオマスの生産と利用を軸としたバイオインダストリーの発展が不可欠である[3,4,6,7]．植物バイオマスの省資源的，環境保全的かつ省力的な生産ならびに利用には，多くの植物種について，環境ストレスに強い，良質な苗が大量に必要とされる．環境ストレスに強い苗が得られれば，栽培時，より少ない農薬と農作業で，多くの良質な収穫物が得られる．したがって，多くの植物種に関して，良質な苗を計画的に大量生産するシステムの開発と利用は，21世紀における重要課題となる[6,7,8]．本稿では，閉鎖型システムの概念にもとづいて開発された，省資源的，環境保全的，省力的な，高品質苗の生産システムについて述べる．

2. 開放型生産システムと閉鎖型生産システム[4,8]

従来，農業生産に限らず，生産システム一般の主流は開放型すなわち一方向型であった（図1左上）．開放型生産システムでは，一般に，資源を浪費し，その結果，環境汚染を引き起こすことが20世紀後半から問題になり，最近では，開放型で得られる，副産物を二次利用，再利用するための副産物循環利用システム，および環境汚染物質を処理するための廃棄物処理システムを構築する必要性，すなわち，開放型に循環型を併置する必要性が言われている（図1右上）．

他方，理想的な生産システムとは，循環利用すべき副産物が無く，投入資源がすべて製品となるシステムであり，閉鎖型生産システムと呼ばれる（図1左下）．すなわち，閉鎖型生産システムにおいては，副産物循環利用システムや廃棄物処理システムをシステム外に必要としない．投入資源の循環利用・処理は，そのシステム内だけで行われているからである．

副産物の循環利用・処理にかかわる費用単価は，開放型，閉鎖型のいずれにおいても，システムの空間的スケールの大きさと共に大きくなると考えられるので，

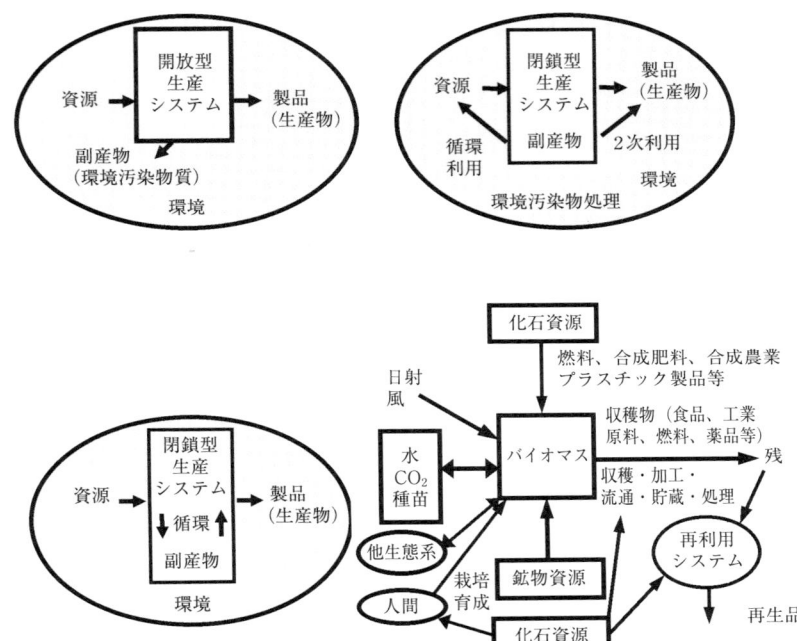

図1 開放型（左上），開放・循環型（右上）および閉鎖型生産システム（左下）の概念図およびバイオマス生産における各種資源の流れ（右下）

大規模な生産システムにおいては，その各サブシステムが閉鎖型であることが好ましい．さらに，バイオマス生産において，化石資源，鉱物資源の投入量を節減することが好ましい（図1右下）．

以下では，閉鎖型生産システムの考え方を苗生産システムに適用した場合に関して具体的な開発例を述べる．閉鎖型苗生産システムの研究成果は，植物生産システム一般，農業システム一般のみならず，生活システム一般などにも適用が可能である．

3．閉鎖型苗生産システムの提案 [4,6,7,8]

自然光を利用した従来の苗生産システムは，開放型生産システムの典型例である．そこで，筆者らは，苗生産システムを閉鎖型にすることを試み，最近になり，その広い普及にはまだ解決すべき問題が多少あるものの，省資源的，環境保全的，

省力的に高品質な苗を計画生産する実用化システムを開発した．

3.1 背　景

　従来から，植物の苗は自然光を利用した温室や苗圃で商業生産され，組織培養苗を除いては，ランプ光下では商業生産されていなかった．その主な理由は，初期設備が高いこと，電気代などの運転経費が高いこと，生産物の価格が低いこと，エネルギー浪費的かつ不自然な印象があること，などであった．

　しかし，本来，苗は，以下の理由で人工光を利用した閉鎖型システムでの生産に適していると考えられる．①栽植密度が 1000 – 5000 本/ m^2 程度と高く，また苗の価格が比較的に高い．②最適光強度が低く，40 W 蛍光灯6本を苗の上 20 cm

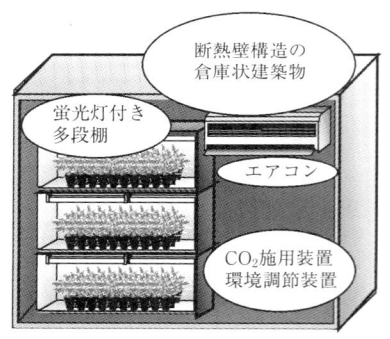

a：閉鎖型植物生産システムの模式図

b：閉鎖型苗生産システムの実例（大洋興業㈱苗テラス）

c：閉鎖型苗生産システムにおける蛍光灯付き
　多段棚の実例
左：4段，右：7段，中央に見えるのはトレイの
　自動搬送装置兼かん水装置

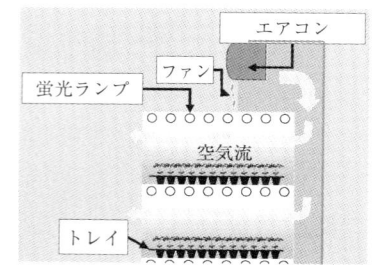

d：多段棚における空気の流れを示す模式図
多段棚の上にエアコンと空気ファンが設置されている

図2　開発された閉鎖型苗生産システムの概要

に配置する程度の光強度（光合成有効光量子束：250 μmol m^{-2} s^{-1}）で十分であり，照明設備費と照明代金が少ない．③環境ストレスに強い健全な苗を生産しやすく，田畑に植えられた後，ある程度の不良環境下でも，減農薬，減肥料，省力下で比較的順調に成長しやすい[12]．

3.2 定　義

閉鎖型苗生産システム（以下，閉鎖型システムと略称）は，光に不透明な断熱材に囲まれ，換気を最小に抑制した倉庫状の建物内に，棚毎に蛍光灯を付けた4段以

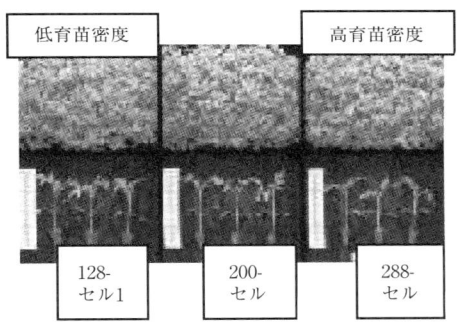

a：播種後14日目のトマト実生苗
左から，128－，200－および288－セルのトレイを用いて閉鎖型システムで生産．閉鎖型では，高密度で育苗出来る．温室では72セルまたは128セルのトレイが一般的である．

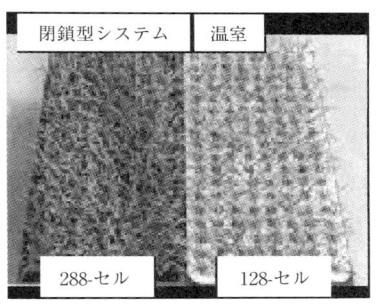

b：播種後12日目のホウレンソウ苗
左：228－セルトレイ，閉鎖型
右：144セルトレイ，温室
　　閉鎖型では育苗密度を2倍に出来る

c：左側の単節単葉の増殖体を閉鎖型システムで育苗すると14日目で右側の植物体になる．温室で右側の植物体を得るには，20日を要する．

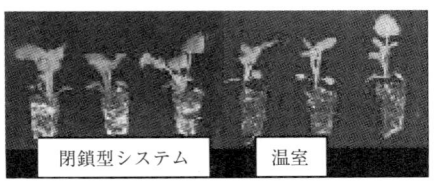

d：播種後28日目のパンジー苗
左：閉鎖型システムで生産，右：温室で生産
左の苗は，生育がそろい，頑健である

図3　閉鎖型苗生産システムを用いて生産された苗の例
（bとdは温室で生産された苗と比較して示す）

上の多段棚が設置されたものとして定義される（図2a, b）．他の構成要素は，家庭用エアコン，空気攪拌ファン，光合成促進用CO_2施用装置および環境制御装置である．

3.3 構成要素の特徴

これらの構成要素は家庭用または工業用商品として大量生産されているので，①毎年の技術進歩，価格性能比の向上が確実である，②廃棄された構成要素の回収・再利用システムが法律にもとづき確立している，③一括大量購入により50－80％割引が可能である，などの園芸施設の構成要素には無い特徴を有する．

4. 床面積当たりの生産性は温室の7倍以上になる[8]

以下に示す数値は，筆者らの研究室において実験的に確かめられ，公表されている．多段棚を用いることにより，床面当たりの植物生産面積が2～3倍以上になる（図2c）．多段棚の気流制御（図2d）により棚上の植物群落内の温湿度，CO_2濃度，気流環境が改善される．気流により苗がわずかにそよぐことで，苗の下葉にも光が当たる．これらの環境改善の結果，栽植密度を2倍にしても高品質苗が生産できる（図3a, b）．植物の光合成と蒸散を促進することにより，育苗期間を30％短縮できる（図3c）．苗成長が均一になり，商品化率を10％以上高められる（図3d）．したがって，閉鎖型システムの床面当たり，1回当たりの苗生産性（以下，苗生産性）は温室の7倍（＝2.5 x 2 x 1.3 x 1.1）以上になる．今後の研究開発によって床面当たりの苗生産性を10～15倍以上に高められると考えられる．

5. 閉鎖型植物生産システムの特徴[9~14]

閉鎖型システムでは，温室に比べて，生産性が7倍以上になる他に，以下の特徴がある．①苗生産性を温室のそれと同等にするのに，床面積は温室の1/7以下で済むので，苗生産性当たりの初期投資は現在でも温室と同等である．②床面積が1/7になれば，システム内での運搬や作業に関わる移動距離が短縮されるので，運搬設備費，運搬費，人件費，土地が削減される．③育苗環境は外界気象にほとんど影響されないので，簡易な環境制御装置で，育苗環境の制御が正確にできる．④環境制御が正確になれば，成長が促進または制御され，また苗を計画的に生産することができる．⑤壁が厚さ10～15 cm程度の断熱材で覆われているので，外部からの熱流入が無く，真夏でも，冷房負荷は照明負荷にほぼ等しくなるので，照

明の時間と光強度が年間を通じて変わらなければ，冷房負荷もほとんど変化しない．断熱壁で覆われているので，冬の暖房費はほとんど不要である．⑥家庭用エアコンの冷房時成績係数は夏期でも4以上，冬では8以上であるので，年間を通じての冷房用電気料金は，照明を含む全電気代の20％以下である．⑦閉鎖型システムでは，害虫の侵入とCO_2の流失を防ぐために，外気温が室内気温より低い時でも換気はせずに，エアコンで冷房し，他方，植物・培地からの蒸発散があるので，冷房時の相対湿度は，気温25℃の時，常に約70％に維持される．⑧電気代金は，寒地の温室における補光ための電気料金の2～3倍である．温室では，この電気代の他に暖房料金が必要である．⑨環境が光合成に適しているので，光合成有効放射の利用効率は温室におけるそれの約2倍である．⑩苗1本当たりの電気消費量は，200～300 kJ程度であり，電気料金（1円程度）は，苗販売価格の数％である．⑪換気の設備費，運転費は無視できるほど小さい．⑫CO_2施用装置は10万円程度であり，また苗当たりのCO_2価格は無視できるほど小さい．施用したCO_2の約90％は植物光合成により利用される（図4）．暗期に植物の呼吸により放出されたCO_2は蓄積し，明期の開始と共に再利用される．⑬冷房時にエアコンの冷却板で凝結した水は，灌水に再利用するので，灌水に必要な正味の水量は温室のそれの数％で済む（図5）．⑭肥料や農薬を含んだ汚染水をシステム外に排出しないので，環境保全的である．⑮床面積が少なく，人工土壌を使用するので，都市あるいは建物屋上に設置できる．⑯自然光利用の育苗温室では過高温かつ虫害が多発する夏期に苗生産できるので，周年生産が可能であり，需要さえあれば，また，苗の貯蔵が可能であれば，稼働率が高くなる．⑰苗の貯蔵に関しては，弱光低温下により暗黒低温よりも貯蔵可能期間を50％程度延長することができる．

要するに，閉鎖型植物生産システムでは，省資源的，省力的，環境保全的に高品質な苗が商業的に採算が合う方法で，計画的に生産できる．とは言え，閉鎖型苗生産システムにおける苗当たりの必要資源量（電気料金および設備を

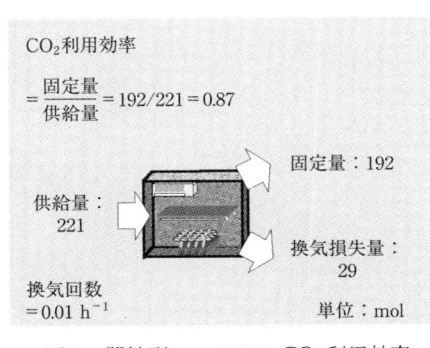

図4　閉鎖型システムのCO_2利用効率
（吉永ら，2000）

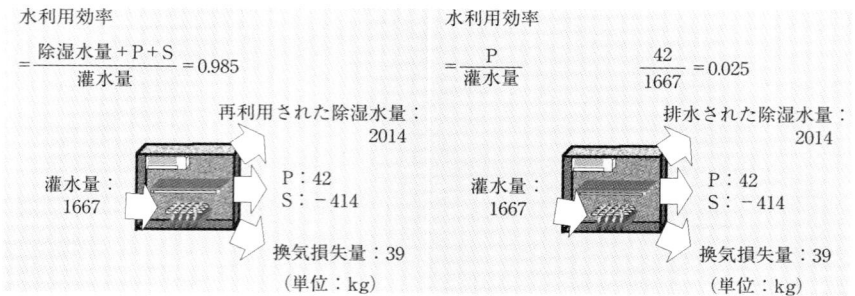

図5 閉鎖型システムにおける水利用効率（大山ら，2000）
　　左：エアコンで除湿された水を灌水に再利用した場合
　　右：エアコンで除湿された水を排水した場合

図中のPは植物体の水分増加量，Sは培地の水分増加量．本測定では培地水分量が減少したので，灌水量＜除湿水量となった．

含めて）が開放型苗生産システム（温室）のそれより少ないことは未だ定量的には証明されていない．しかし，その可能性は高いと考えられるので，今後の研究が待たれる．閉鎖型システムで生産された苗を用いて，温室や田畑で栽培した場合，栽培における必要資源量が，開放型システムで生産された苗を用いた場合と比較して，どの程度節減できるのかも興味ある研究課題である．

6．苗以外の植物生産は可能か[8]

閉鎖型システムが苗生産で商業的に成功すれば，閉鎖型植物生産システムの対象となる植物種は段階的に広がる．たとえば，21世紀には薬用植物栽培の需要が増す．合成薬に代わる漢方薬などの需要が高まる反面，従来，山野で略奪的に採取してきた薬草が枯渇して，栽培する必要が増すからである．先進国の高齢化社会と発展途上国の人口増加を迎えて，厚生医療費の社会的負担が世界的に増しているなかで，総合的効果を有する薬草が果たす役割は今後大きくなる．薬草で草丈が短いものは，閉鎖型苗生産システムをそのまま利用できる．

他方，苗生産専用システムの商業利用上の問題点はその稼働率の低さにある．と云うのは，苗の需要は，一般に，春と秋に集中するからである．この問題を回避する一つの方法は，栽培期間が1ヶ月程度である，水耕用のホウレンソウ，サラダナ，ハネギなどのように，苗の周年生産が必要な作物を対象とすることである．栽培期間2〜3ヶ月程度の1〜3段取りトマトなども将来的には対象になり得

る．栽培期間が数ヶ月以上でも，必要光強度が低く，また付加価値の高い植物であれば，商業生産の可能性がある．その他の方法としては，①多品種を対象とする，②育苗の端境期には苗ではなく葉菜生産を行うなど，がある．現在，わが国の大手苗生産業者は，東北・北海道から九州・沖縄にわたり数箇所の生産地を保有して，季節ごと生産地を変えて苗生産を行っているので，各地域の苗生産用温室の稼働率はかなり低い．閉鎖型苗生産システムを使用すれば，気象条件は苗生産地の制限要因にならず，また狭い土地面積で済むので，消費地に近い地域，労働力を得やすい地域などの苗生産地選択が可能になる．

7．千葉大学における閉鎖型植物生産システム[1,12]

筆者らは，1995年から閉鎖型植物生産システムの構想を得て，研究を開始した．1997年には実験室規模のシステムが出来上がり，そこでの成果にもとづいて，2000年にはパイロットスケールの研究施設が民間会社との共同研究として完成した．これに並行して，農家普及用のモデルの開発を別の民間会社との共同研究によって実施し，2003年には実用システムの販売が開始された．

このパイロットスケール施設は，実証的研究を目的とした閉鎖型システムがある．この閉鎖型システムは，研究用設備と苗生産用設備とにより構成されている．苗生産用設備は，クリーンエリアと非クリーンエリアに大別される．クリーンエリアと言っても，いわゆる，無菌エリアや無塵エリアではなく，病原菌が事実上存在しないエリアである．

クリーンエリアには，苗育成空間である培養室および二つの育苗室，貯蔵の際に利用される低温貯蔵室，および植付けなどの作業を行うための作業室がある．他方，非クリーンエリアには，システムを運営・管理するためのコンピュータなどが配置されている制御室，作業の準備を行う準備室，貯蔵もしくは出荷の際に通過する低温貯蔵室，器具やトレイなどの洗浄に用いられる洗浄室，および盤やコントローラ，かん液希釈装置などが設置されている機械室により構成される．そのほかに，居室や管理主任室などが設けられている．

培養室および育苗室には，それぞれ2および4台の基本モジュールが設置されている．基本モジュールは，蛍光ランプ，エアコン，ファン，加湿器および7段の育成棚により構成される．実験室内のそれぞれの育成棚には，光源として32W白色高周波蛍光ランプが16本，16W白色高周波蛍光ランプが3本それぞれ設置

されている．家庭用エアコンは基本モジュールごとに3台設置され，エアコンの吹き出した空気とファン周辺の空気がファンにより混合された後，各育成棚にほぼ均一に送り込まれる．一つの基本モジュールで56枚のトレイを収容することができるので，育苗期間を2〜3週間とし，通年稼動した場合，年間でトレイにして9500〜14600枚のセル成型苗を生産できる．これは，トレイあたりのセル数が72穴の場合は70〜100万本に，288穴の場合は270〜420万本にそれぞれ相当する．

トレイの移動は倉庫などで利用されている自動搬送装置（図2c）を用いて行われる．この自動搬送装置は，培養室および育苗室にそれぞれ1台ずつ設置され，他方，灌水時にも利用される．灌水装置として，噴射式底面かん水装置が採用され，より高度な培地水分管理が可能となっている．この閉鎖型システムにおけるエネルギおよび物質収支の解析結果より，省資源・省エネルギ的な苗生産が可能であることが示されている．他方，システムの運用・管理のために，自立分散制御を利用したソフトウエアも導入されている[2]．苗個体群の成長管理用システムとして，双眼カメラを利用して苗個体群の成長度を測定するための画像計測システムが用いられている．ニューラルネットワークを利用した成長度の予測精度の向上も図られている．これらのソフトウェアは，年間数十億本の生産規模に対応できる基本技術をほぼ組み込んである．

8．おわりに

環境保全と省資源は，農業分野に限らず，いまや時代のキーワードとなっている．そこでは，人工より自然が良しとされ，閉鎖型システムより開放型システムが良いとされることが多い．特に，農業では，省資源と環境保全には，自然と開放型システムが良しとされる傾向がある．本章では，まず，生産システムに関する一般論から，省資源，環境保全には閉鎖型システムとすることが重要であること示した．また，苗生産のような特別な場合は，自然光ではなく人工光を利用することが，結局は省資源的，環境保全的に高品質植物を計画生産することに貢献する可能性を示した．本稿での議論の詳細については引用文献を参照されたい．

なお，本稿における図3は，大洋興業㈱の岡部勝美部長から借用して掲載した．深甚の謝意を表する．

参考文献

1) Chun, C. and T. Kozai (2000): Transplant Production in the 21st Century (Kubota, C. and C. Chun, eds) Kluwer Academic Publishers, 20-27.
2) 林 泰正・星 岳彦・古在豊樹 (2000) 農業および園芸, 75 (11): 1165-1174.
3) 古在豊樹 (1998), 植物組織培養の新段階―培養器環境から地球環境へ―, 農文協, 東京, 172pp.
4) 古在豊樹 (編著) (1999) 閉鎖型苗生産システムの開発と利用―食料・環境・エネルギ問題の解決を目指して―, 養賢堂, 東京, 191pp.
5) 古在豊樹ほか (2000) 農業および園芸, 75 (3): 371-377, 75 (4): 453-458.
6) Kozai, T., C. Chun, K. Ohyama and C. Kubota (2000a) Proceedings of The 15th Workshop on Agricultural Structures and ACESYS (Automation, Culture, Environment & System) Ⅳ Conference, 110-126, Dec. 4-5, Tsukuba, Japan
7) Kozai, T., C. Kubota, C. Chun and K. Ohyama (2000b) Proceedings of The XIV Memorial CIGR World Congress 2000, 103-110. Nov. 28-Dec.1, Tsukuba, Japan.
8) 古在豊樹 (2002) バイオサイエンスとインダストリー, 60 (11): 758-761.
9) 大山克己ほか (2000) 植物工場学会誌, 12 (3): 160-170.
10) 大山克己・古在豊樹 (1998) 植物工場学会誌, 10 (2): 96-107.
11) 大山克己・吉永慶太・古在豊樹 (2000) 植物工場学会誌, 12 (4): 217-224.
12) 大山克己・古在豊樹・全昶厚 (2003) 植物工場学会誌, 15 (1): 1-10.
13) 西村将雄・古在豊樹ら (2001) 植物工場学会誌, 13 (3): 204-209.
14) 吉永慶太・大山克己・古在豊樹 (2000) 植物工場学会誌, 12 (4): 225-231.

不定胚培養による苗生産と培養環境制御

東京大学大学院農学生命科学研究科　蔵田憲次
独立行政法人農業・生物系特定産業技術研究機構近畿中国四国農業研究センター　嶋津光鑑

1. はじめに

　農業，林業，園芸などの植物生産に関与する分野では，苗生産が生産活動の出発点である．優良な苗を大量に供給できれば，それだけ生産性や産物の品質も向上する．昔から挿木，株分けなどの方法によって優良な個体から遺伝的に均一な性質をもつクローン苗を生産してきた．しかし，これらの方法では，増殖効率が必ずしも高くないこと，ウィルスなどの病害に感染して品質が低下している可能性が高いことなどの問題点があった．これに対し，組織培養でクローン苗を増殖すると，増殖効率が高く，病害のない優良苗を生産することができる．しかも，多くの場合，室内で培養するため，季節の影響を受けずに生産が可能である．このような利点から，組織培養による苗生産は，花，野菜や植林用樹木の商業的な生産の場で実用化している．

　現在の組織培養による苗生産は，培養器内で無菌的に挿木増殖させる節培養法や，生長点を培養して多数の腋芽を分化・生長させる腋生分枝法が主流である．しかしこれらの方法では，培養苗の分割，移植，順化，生産調整などに多くの人手を必要とするため，生産規模の拡大や人件費削減が困難であり，その結果，苗価格が高価になる．これに対して，本稿で述べる不定胚培養法は，現状では最も増殖効率が高く，培養プロセスの自動化，スケールアップ，などに適した培養法であり，将来，低価格苗の大量生産技術として期待されている．特に，バイオリアクターを利用した不定胚培養ではスケールアップだけではなく，培養環境のオンライン計測・制御による不定胚の生産効率や品質の向上も期待されている．

2. 不定胚形成

　植物は，挿木などの栄養繁殖する場合を除いて，受粉・受精によって種子を生産し，子孫を残す．このような受精のプロセスを経ないで，一つの細胞あるいは細胞塊を起源として得られる胚状組織を不定胚（adventitious embryo）とよぶ．不

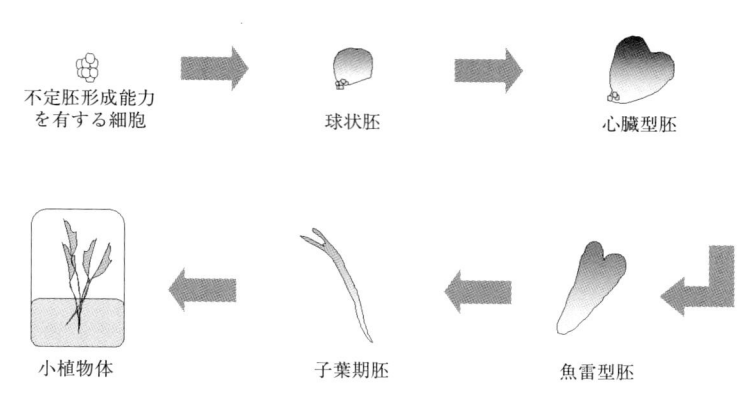

図1　双子葉植物の不定胚形成と各発育ステージ
不定胚はステージが遅いほど大きくなるが，図では任意の大きさで示してある

定胚は受精胚と同様の形態的変化を経て，一つの個体にまで生育することができる．不定胚のうち，体細胞（花粉などの生殖細胞以外の細胞）を起源とするものを体細胞不定胚（somatic embryo）という．本稿では大量苗生産に利用される体細胞不定胚について述べる．以降，不定胚という場合，体細胞不定胚を意味するものとする．不定胚形成は，双子葉植物の場合，不定胚形成能力を有する細胞（proembryogenic mass；PEM）から,球状胚ステージ，心臓型胚ステージ，魚雷型胚ステージ，子葉期胚ステージの発育ステージを経て植物体に再生する（図1）．針葉樹植物では，不定胚形成能力を有する細胞は embryonal suspensor mass（ESM）とよばれている．また，PEMの中でも不定胚形成能力を有するカルス（脱分化した細胞の塊）は，エンブリオジェニックカルス（embryogenic callus；EC）とよばれている．単子葉植物の不定胚形成に関しては，明確な発育ステージの名称は存在しない．

　不定胚培養は，現状では最も増殖率の高い方法であると書いたが，その増殖率の高さは，ECの大量増殖が容易であることに起因する．しかも液体培地内で増殖させることが可能なため，分割，移植などの作業を必用としない．ECは高濃度のオーキシン（主として2,4-D：2,4-dichlorophenoxyacetic acid）を添加した培地で，胚軸などの外植体から誘導される．増殖したECをオーキシンが含まない培地，またはEC誘導培地よりも低濃度のオーキシンを含む培地に移植することで不定胚形成を誘導できる．ECの大量増殖によって不定胚生産効率は飛躍的に向上できる

が，EC 経由の場合，変異を生じやすいという問題点もある．なお，本節では，苗生産手段としての不定胚形成に的を絞って既述したが，より一般的な不定胚形成に関しては嶋津・蔵田（2002）[17]を参照されたい．

3．不定胚培養による大量苗生産

3.1 不定胚培養利用した苗生産の利点

不定胚は，以下に述べるように苗生産への応用に適した特性をもつ．

①不定胚の両端に芽と根の原基がそれぞれ存在するため，発根処理を行わなくても既に完全な植物体に再生するポテンシャルを持っている．節培養法などでは，増殖した個体に発根処理が必用である．

②全体が表皮で囲まれた単独個体なので，液体振盪培養で容易に培地中に遊離する．

③アブシジン酸添加，乾燥，脱水，低温処理などによって一定期間の貯蔵が可能である．

不定胚の苗生産利用に適している植物としては，①種子繁殖が困難であり，しかも②節培養，腋生分枝法などでは発根が困難な植物，さらに③商品的付加価値は高いが，苗生産コストの低減が必要な植物があげられる．近年では，農業・園芸分野だけではなく樹木苗の増殖手段として注目されており，一部実用化されている．

不定胚培養の増殖効率は極めて高く，筆者らの経験でも，1 ml の EC から，2～3 週間の振盪培養（100ml の培地を含む 300 ml 三角フラスコ 10 本）によって 10^5 個体の不定胚を容易に得られた．しかもこの作業労力は，節培養法や腋生分枝法よりもはるかに少なくてすむ．

3.2 不定胚由来苗の大量生産プロセス

図 2 に EC 由来の不定胚培養による大量苗生産プロセスを示す．主要な工程は，①外植体の獲得，② EC の誘導・増殖，③不定胚の誘導・発育促進，④不定胚のマチュレーション（maturation）処理，⑤優良不定胚の選別，⑥カプセル封入（不定胚を人工種子の封入物とする場合），⑦植物体再生，⑧順化・育苗，⑨定植である．これらの工程以外に，EC や不定胚を貯蔵する工程が含まれる場合もある．

このうち②と③の EC の増殖，不定胚の誘導・発育促進は，フラスコ培養からバイオリアクター培養にスケールアップすることで継代や移植作業を大幅に省力化

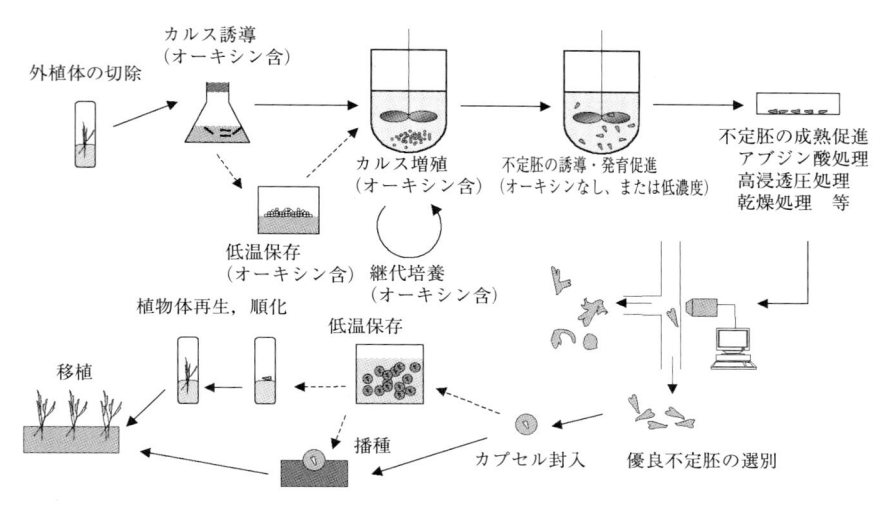

図2 不定胚形成を利用した大量苗生産プロセス

できる可能性がある．また，バイオリアクター内培養環境のオンライン計測・制御を通じて，不定胚生産に適した培養環境を創出できる可能性も残されている．

子葉期胚ステージを経過した後も培養を継続すると，完熟した種子胚のように休眠しない早発芽現象が生じ，最終的に枯死する割合が高い．そこで，アブシジン酸添加[7]，高浸透圧処理[2]，枯死しない程度の乾燥処理[12]等のマチュレーション処理④を行うと，不定胚の形態的な成熟が促進されるとともに休眠が誘導され，耐乾性も強まる．その後，不定胚に吸水を再開すると植物体再生率が向上する．

培養器内の不定胚集団には様々な発育ステージの不定胚や奇形胚，EC塊などが混在するので，⑤の均一な品質の優良不定胚を選別する工程が重要である．この工程は大量の不定胚を取り扱うため，作業時間の短縮，コンタミネーション防止のために自動化が求められている．代表的なシステムは，二つの段階から成り立っている．第1段階では，バイオリアクターに連結したバイパスに不定胚を循環させて，バイパス中に設置した篩を利用して物理的に特定サイズの不定胚を選別する．第2段階では画像処理を利用して形状・サイズの判定により特定の発育ステージの不定胚を選別する[3,8]．その他の不定胚の物理的な選別法としては，植物体再生率の高い不定胚は比重が大きいことを利用した遠心分離回収装置がある[20]．画像処理のアルゴリズムは多数提案されている．詳細は，Ibaraki (1999)[4]を参照さ

れたい.

3.3 不定胚培養による苗生産の問題点

不定胚培養による苗生産は，現在のところ商業的には十分に普及していない．その原因としては，① EC 由来の不定胚は変異の発生頻度が高く，また，カルスの継代を繰り返すに伴い EC の不定胚形成能力が低下する，②不定胚からの植物体再生率が低い，③均一な不定胚集団の生産が困難で，各発育ステージの不定胚が混在し，ばらつきが大きい，④バイオリアクターでの最適な培養環境の検討が不十分なため不定胚生産におけるスケールアップメリットを十分に活かしていない，⑤培養システムの自動化が不十分であるなどがある．①②の問題点は，不定胚形成の生理メカニズムが未解明な部分が多いことに起因している．近年，DNA の全塩基配列が解明されているシロイズナズナの不定胚形成が確立されており[5]，不定胚形成における遺伝子発現や変異発生などに関する今後の研究が望まれる．②に関してはその他に，光独立栄養培養による解決策も取り組まれている[1]．コーヒー不定胚では子葉期胚ステージ以降に光合成能力を有するので，その時期から光強度や CO_2 濃度を高めて光独立栄養培養に移行することで植物体再生率が向上する．これにより，大型の順化装置を利用することも容易になり生産効率も高まる．

③の不定胚集団の個体間のばらつきに関する対策としては，2.2 でも述べた一定サイズの個体を物理的に選別する方法以外に，同調的な不定胚培養の確立がある．ここでいう同調的な培養とは，培養器内不定胚集団の発育ステージがそろった培養のことである．不定胚は高密度で培養すると，球状胚や心臓型胚のステージで発育が停止する特性がある．その後，メッシュで均一なサイズの不定胚を選別し，それらを新鮮培地で低密度培養すると魚雷型胚形成が同調的に誘導される[13]．この他にも，低 pH (4.3)[6]，アブシジン酸[10]，高浸透圧[12]などの処理も，不定胚形成の同調化に効果がある．嶋津・蔵田（1999）[15]は，低溶存酸素濃度条件でニンジン不定胚の子葉期胚への発育を抑制し，魚雷型胚形成の同調性を向上させている．魚雷型胚からの植物体再生率も高く，この方法は，培養環境制御を利用した簡便な同調化技術として有効である．

4．不定胚培養の環境制御

4.1 液体培養による不定胚生産の物理的培養環境要因

大量苗生産を目的とした不定胚培養では，フラスコからバイオリアクターへの

スケールアップによって高い増殖効率を最大限利用することが理想である．しかし，バイオリアクターでの大量液体培養は，フラスコ培養と同一の培地組成や供試材料を用いても，単位培養液当たりの不定胚形成数，植物体再生率，発育の均一性が必ずしもフラスコ培養よりも優れていない場合が多い．これは，フラスコよりも容量が大きいバイオリアクターでは，酸素供給に必要な攪拌混合操作によって発生する力学的ストレスが大きいためと考えられる．図3にバイオリアクターを利用した液体培養における溶存酸素濃度制御に関連する操作項目と力学的ストレスの相互関係を示す．バイオリアクターでは，通気量，攪拌速度，通気気泡サイズ，通気酸素ガス分圧，通気口のガス放出速度，攪拌羽根の種類・形状などを操作して溶存酸素濃度，酸素移動容量係数，物質移動係数，流速を制御する．

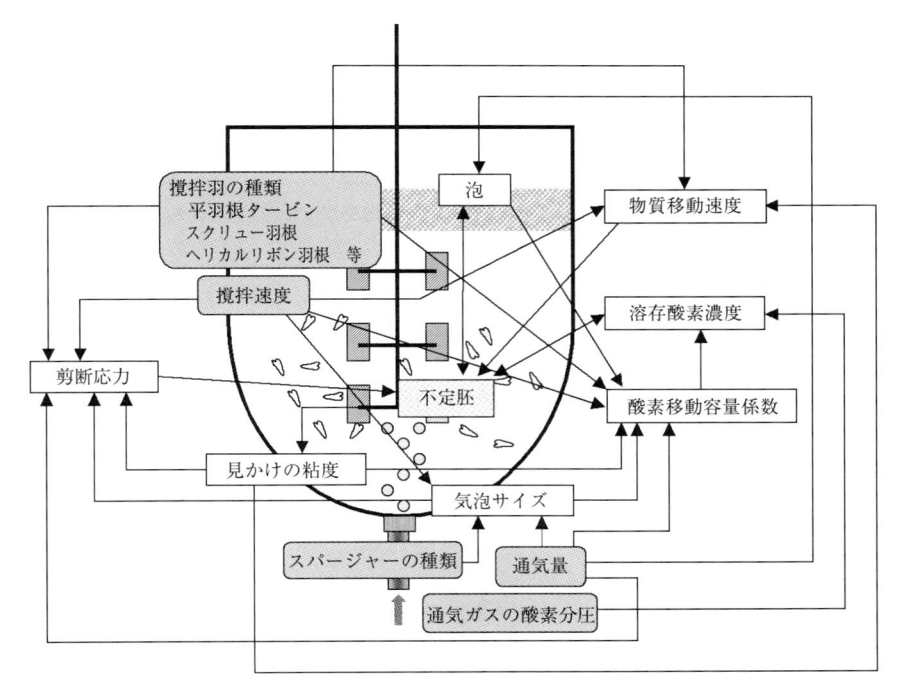

□：物理ストレス，溶存酸素に関係する環境要素
▢：環境制御のための操作因子

図3 バイオリアクターを利用した大量液体培養における溶存酸素濃度制御に関連する操作項目と力学的ストレスの相互関係

しかし，これらの操作は，同時に液表面の発泡，剪断応力，揮発性溶存ガス濃度などにも影響を及ぼす．

4.2 酸素供給操作によって生じる力学的ストレス

大気中の酸素は25℃で約 $8\,\mathrm{mg}\,l^{-1}$（$0.25\mathrm{mmol}\,l^{-1}$）しか培養液に溶解しない．しかも，液体中の酸素分子拡散係数は気体中の 10^4 分の1程度と非常に小さい．酸素供給が不充分であると，溶存酸素濃度は植物細胞の呼吸によって急激に低下する．これらの理由から，植物細胞の活発な呼吸を維持するためには，培養液に酸素を強制的に供給し溶存酸素濃度を一定レベル以上に維持しなければならない．

培養液の溶存酸素濃度の時間変化 dC/dt は次式で表される．

$$\frac{dC}{dt} = k_L a \cdot (C_s - C) - q_o \cdot M$$

C：培養液の溶存酸素濃度（$\mathrm{mg}\,l^{-1}$），t：時間（h），$k_L a$：酸素移動容量係数（h^{-1}），k_L：液境膜の物質移動係数（$\mathrm{cm}\,\mathrm{h}^{-1}$），$a$：単位体積当たりの液量中の気・液境界面の面積（$\mathrm{cm}^2\,\mathrm{cm}^{-3}$），$C_s$：培養液の飽和溶存酸素濃度（$\mathrm{mg}\,l^{-1}$），$M$：細胞濃度（$\mathrm{mg}\,l^{-1}$），$q_o$：細胞の比酸素消費速度（$\mathrm{mg}\,\mathrm{mg}^{-1}\,\mathrm{h}^{-1}$）である．

ここで，k_L と a は，通常は積の形で測定されるので $k_L a$ とし，酸素移動容量係数として表記する．右辺第1項が，気相から培養液に取り込まれる酸素量を表す．この項より，培養液への酸素供給速度を高めるには酸素移動容量係数（$k_L a$）や飽和溶存酸素濃度（C_s）を高めればよいことがわかる．

酸素移動容量係数を高めるには，①攪拌混合を強めて液境膜抵抗を小さくする（k_L を大きくする），②通気量，気泡の滞留時間の増加，気泡の微細化，液面表面積の広い培養器の選択などによって，単位体積当たりの液量中の気・液界面積を増やす（a を大きくする）などの処置を行う．

しかし，攪拌混合を強めると，k_L 値が大きくなると同時に，培養細胞にかかる力学的ストレスが強まるという問題がある．また，通気気泡を微細化したエアリフト型バイオリアクターで不定胚を誘導すると，カルスが微細気泡に包まれて上昇し，液表面の泡中で枯死するため不定胚形成数が減少するということも報告されている[21]．不定胚は，個体の一部分でも一旦傷害を受けると正常な発育が困難になりやすいため，力学的ストレスが小さく，また発育に十分に酸素供給が可能な方式を採用しなければならないが，両者を同時に両立させるには工夫が必要である．

4.3 力学的ストレスの弱い不定胚培養法

Preil and Beck (1991)[14]は，振動攪拌子と培養液に酸素を直接溶存させるシリコンチューブのガス透過膜を併用し，強度の力学的ストレスと気泡の両者が生じない培養によってポインセチア不定胚の大量培養に成功している．回転ドラム型バイオリアクターも，力学的ストレスが小さい状態で高い酸素移動容量係数を維持できるので不定胚の大量培養に適している（西平ら，1998）．Suehara et al. (1995)[19]は，ECを直径6 mmのゲルビーズに封入し力学的ストレスから保護した培養法によって，フラスコあたりの不定胚形成数を高めている．Nagamori et al. (2001)[9]は，高分子の増粘材を培養液に添加し，酸素移動容量係数が大きく低下しない範囲で培養液の粘性を高めることで，不定胚表面を乱流渦に起因した力学的ストレスから保護して不定胚形成率を高めている．

4.4 溶存酸素濃度と不定胚形成の関係

溶存酸素濃度が不定胚形成に及ぼす影響に関しては相反するいくつかの結果が報告されている[17]．この相反する結果は，溶存酸素濃度の影響だけではなく，培養液流動による力学的ストレスの影響が実験結果に反映したためである．Shimazu and Kurata (1999)[16]は，フラスコの振盪培養で培養液上部の気相空間の酸素ガス濃度を任意に変更することで溶存酸素濃度制御を行っている．この方法では，攪拌強度の変更や培養液への気泡通気が不要なので，力学的ストレスの強度が一定で，しかも培養液表面での発泡がない溶存酸素濃度制御が可能である．この攪拌条件で溶存酸素濃度を通常空気の飽和溶存酸素濃度以上（$10.0\,mg\,l^{-1}$）に高めると，不定胚の発育が促進され魚雷型胚や子葉期胚の形成数が顕著に増加することが示された．また，溶存酸素濃度が$2.0\,mg\,l^{-1}$程度でも，球状胚や心臓型胚は形成されており，総不定胚数は高溶存酸素濃度での培養とほぼ同数であった．

4.5 溶存酸素濃度制御による不定胚発育同調性の改良

不定胚の発育はECから球状胚，心臓型胚，魚雷型胚，子葉期胚へと進む．このうち，人工種子や苗生産に使用されるのは魚雷型胚である．培養後期になると，培養器内には様々なステージの不定胚が混在するが，苗生産効率を考えると不定胚が一斉に魚雷型胚になることが望ましい．不定胚の発育ステージが進行すると個体サイズが大きくなる．図1では個体の大きさは揃えて描いてあるが，実際には球状胚の$50\,\mu m$前後の大きさから，魚雷型胚の1 mm前後の大きさへと変化する．不定胚が大きくなると，個体の深部への酸素の移動が難しくなるため，発育ステー

ジが進むほど，それ以降のステージに進むためには高い溶存酸素濃度を必要とする．この点を利用して，不定胚の発育をモニタリングしながら，溶存酸素濃度を制御して，魚雷型胚の割合を高めた実験結果を図4に示した[18]．実験はフラスコの振盪培養で行い，フラスコの気相に通す空気の酸素濃度を3段階に変化させた．培養初期には，20％の酸素濃度の通常空気を流した．魚雷型胚が観察されたら，6％に酸素濃度を下げた．6％酸素の通気では，発育の速い大きな不定胚は酸素不足となり，発育速度が低下するが，発育の遅い小さな不定胚は，それほどの影響を受けない．したがって，発育ステージをある程度均一化することになる．魚雷型胚の割合に変化が見られなくなったら，通気空気の酸素濃度を10％にして，魚雷型胚から子葉期胚への発育を抑えながら，心臓型胚から魚雷型胚への発育を促した．図4b)にその結果を示した．不定胚総数は，上記のようにダイナミックに酸素濃度を制御しても，酸素濃度20％あるいは6％の空気を培養期間中通気した実験区と比較して変化はみられなかったが，魚雷型胚の割合は大きく増加し，子葉期胚の割合は20％酸素通気の場合より大幅に減少した．この方式は移植や培地への物質添加などを必要としないため，大量苗生産における省力的な同調技術として有望である．

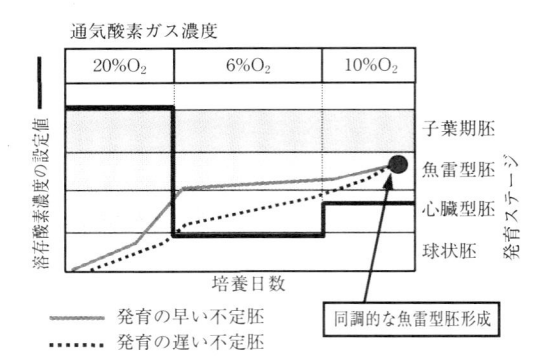

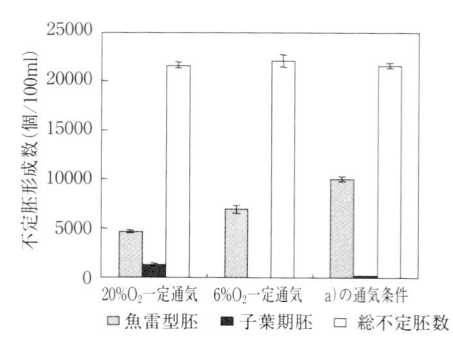

図4　不定胚形成の進行に対応した溶存酸素濃度制御による不定胚形成の同調化

4.6 その他の培養環境

その他の培養環境要素では，培養液 pH，光，浸透圧，酸素以外の溶存ガス（二酸化炭素，エチレン）などの不定胚形成への影響が調べられている．ここでは，紙幅の関係で省略する．詳しくは，嶋津・蔵田（2002）[17]を参照されたい．

引用文献

1) Afreen, F., S. M. A. Zobayed and T. Kozai（2002）Annals of Botany 90：21-29.
2) Choi, Y. E. and J. H. Jeong（2002）Plant Cell Rep. 20：1112-1116.
3) Harrell, R. C., M. Bieniek, C. F. Hood, R. Munilla and D. J. Cantliffe（1994）Plant Cell Tiss. Org. Cult. 39：171-183.
4) Ibaraki, Y.（1999）Image analysis for sorting somatic embryos. In Jain, S. M. *et al.*, (eds.), Somatic Embryogenesis in Woody Plants vol. 4, Kluwer Academic Publishers, Dordrecht, pp169-188.
5) Ikeda-Iwai, M., S. Satoh, and H. Kamada（2002）J. Exp. Botany 53：1575-1580.
6) Jay, V., S. Genestier, J. C. Courduroux（1994）Plant Cell Tiss. Org. Cult. 36：205-209.
7) Kamada, H. and H. Harada（1981）Plant Cell Physiol. 22：1423-1429.
8) Kurata, K., M. Komine, H. Liyanage and Y. Ibaraki（1993）Trans. ASAE 36：1485-1489.
9) Nagamori, E., M. Omote, H. Honda and T. Kobayashi（2001）J. Biosci. Bioeng. 91：283-287.
10) Nadel, B. L., A. Altman, M. Ziv（1990）Plant Cell Tiss. Org. Cult. 20：119-124.
11) 西平隆彦・林　義明・松本恭子（1998）園芸学会雑誌 67：87-92.
12) Onishi, N., T. Mashiko and A. Okamoto（1992）Acta Hort. 319：113-118.
13) Osuga, K., H. Kamada and A. Komamine（1993）Plant Tiss. Cult. Lett. 10：180-183.
14) Preil, W. and A. Beck（1991）Acta Hort. 289：179-192.
15) 嶋津光鑑・蔵田憲次（1999）生物環境調節 37：179-184.
16) Shimazu, T. and K. Kurata（1999）Plant Cell Tiss. Org. Cult. 57：29-38.
17) 嶋津光鑑・蔵田憲次（2002）生物環境調節 40：133-146.
18) Shimazu, T. and K. Kurata（2003）J. Biosci. Bioeng. 95：384-390.
19) Suehara, K., K. Kohketsu, N. Uozumi and T. Kobayashi（1995）J. Ferment. Bioeng. 79：585-588.
20) Suehara, K., E. Nagamori, H. Honda, N. Uozumi and T. Kobayashi（1998）J. Chem. Eng. Japan 31：613-617.
21) Teng. W.-L., Y.-J. Liu, Y.-C. Tsai and T.-S. Soong（1994）HortScience 29：1349-1352.

食のアメニティーに関する先端技術の展開

東京大学大学院農学生命科学研究科　相良泰行

1. 食品産業の緊急課題

　前世紀において大部分の産業は「大量効率生産方式」により利潤を追求してきた．このような生産方式を達成するために，科学技術も世界的なレベルの研究開発競争に晒されながら多大の貢献をなしてきたといえる．しかしながら，一方ではこれらの生産方式の追求に伴って，原材料の確保に関する南北問題，エネルギーおよび環境などの諸課題が蓄積されてきた．これらの問題は前世紀末に至り，人の健康・生存を脅かす課題として社会的にも認知され，さらに近年の構造的不況の長期化と相まって深刻な社会不安を招く事態となっている．このため，これらの課題は，政策面でも，科学技術の面でも，緊急に解決すべき課題としてクローズアップされてきた．

　農業・食品産業の分野にも「食の安全と安心をとどける科学技術と産業」の創生が必要となってきた．特に，「食の高齢化社会対応」は，団塊の世代が65歳を迎える約10年後までに解決しなければならない緊急性を有していると言える．高齢者の健康・介護・医療の諸課題に対処する最良の方策は，食生活の健全化による疾病の予防にあると考えられる．具体的には「食育社会システム」や「高齢者用健康・介護食サプライシステム」の創生が有効と考えられる．しかし，消費者，特に高齢者が感じる「おいしさ」と「食嗜好」を評価し，さらには「安全・安心」をとどける情報システムを構築し，これらの情報を利用して生産プロセスに反映させるための科学技術の分野は未発達の現状にある．

　他方，食品産業では新製品の市場定着率の向上が死活問題となっており，市場に投入された新製品の年間定着率は10％以下と推測されている．実際にこれらの現象は飲料関係の市場における商品ライフサイクルの短縮化に顕著に観られる．このために，新商品の開発競争が熾烈となっており，これに要する多大の経費は不況下における農林水産業と裾野産業に支えられたフードサプライシステムの破綻を招きかねない現状にある．

2. 食品感性工学の役割〜消費者起点産業へのパラダイムシフト〜

これまでに述べた「食」を取り巻く緊急な課題を解決するためには、前世紀型の大量効率生産方式に変わる新方式への転換、すなわち川上から川下への生産・サプライシステムから消費者を起点とする逆方向システムへの変換が必要と考えられる。特に、前世紀末から顕在化した食品危害により醸成されてきた「食の安全と安心」への不信感を払拭して、信頼性を回復するためには、新しいアイデアに基づく食品産業構造の改革とこれを支援する科学技術および社会システムの構築が必要と考えられる。これらの認識は欧米諸国でも定着しつつあり、いわゆる「消費者科学」の充実と発展に多大の研究開発費が投入され、また、EUでは機能性・健康・高齢者に関する多国籍ボーダレスプロジェクトが進展し始めている。

ここに提唱する食品感性工学の役割は「消費者起点工学および生産 (Consumer-oriented Engineering and Production)」を食品分野において具体的に実現する基礎科学とこれを生産・販売戦略に反映させる応用技術を包括した、横断的新科学技術分野と新食品産業・市場・社会システムを創生することにある。これらの研究開発により得られる成果は、単に食品産業のみならず他産業における消費者起点工学の発展と生産方式・販売戦略に具体的方法論を提供する事になる。これにより、現在、多くの産業が構造的に抱える諸問題の解決にもブレークスルーをもたらすものと期待されている。

3. 食のアメニティーと感性科学の発達

我々の「感性」は生活のアメニティーと密接不可分の関係にあり、これに関する研究開発は近い将来、学問的にも産業的にも急速に発展することが予測される。食生活のアメニティーを表す一つの尺度は食べ物に対する「おいしさ」と「嗜好」の程度であり、これを理工学的手法で計測し、再現性や客観性の高い数量化された情報を得るシステムが確立されることになれば、新食品の開発やプロダクトマネージメント、さらにはマーケッティングの戦略に革新的な改善がもたらされるものと期待される[3]。このようなシステムを構築するためには、食品が保有している物質的属性と食生活に関する人の心理的要因を抽出して、これら相互の関連性を明らかにし、最終的には「人の食に対する感性」を数量化しなければならないと考えられる。

近年に至り生体や食品を対象とした電磁波による非破壊成分分析や品質の定量的評価技術が実用化されてきた．例えば，食品や農産物を対象とした光センシングの分野では，近赤外分光法を測定原理とする「米の食味計」やCCDカメラと画像処理技術を組み合わせた「カラーグレーダ」などが実用化されている[2]．バイオエレクトロニクス分野においては，生物が保有している「スーパーセンサ」などのメカニズムの解明が精力的に進められている[7]．また，これらのメカニズムを模倣する形で，バイオセンサ，特に各種の脂質膜を利用した味[8]や匂い[9]などのセンサが実用化されつつある．大脳生理学の分野では人の五感によって得られた情報の伝達と脳の働きを解明する研究が展開され，ここでは脳磁波の多点計測により味覚・臭覚のメカニズムを解明する研究が注目される[9]．さらに，知識工学の分野では人の情報処理法を模したファジイ理論，ニューラルネットワークモデル[10]および遺伝的アルゴリズムが考案され，その利用は生活のアメニティー化をもたらす電化製品にまで浸透している．

このような現状を踏まえると，個々の工学的な計測技術とマーケティング分野で発達してきた数量化手法を統合してシステム化することにより，食品に対する消費者の嗜好を定量的に評価し，この結果に基づく商品開発や販売戦略の検討にも役立つ技術的・学問的領域の構築が可能と考えられる．筆者はこの領域をカバーする新しい学術研究の分野を「食品感性工学」として提唱している[1~5]．また，食品感性工学のイメージは「食情報に関わる感性のモデリングとこれを利用したプロダクトマネージメント」である．その主な研究課題は，①脳内情報処理・生体反応や五感コミュニケーションに関するメカニズムの解明，これを模倣した②知覚センシングシステムシステムの開発，③脳機能や生体反応の計測および官能検査手法を融合し，消費者が感じるおいしさと食嗜好・購買行動などを考究する「マーケティングサイエンス」の発展および④センシングとマーケティング情報の「双方向感性変換システム」の創造により，消費者の嗜好・情動特性を把握した新商品の機能・品質設計手法を開発することなどである．

4. 食品感性工学の提唱

4.1 デバイスと解析システム

現在考えられる食嗜好の計測・評価システムとこれを含む食品感性工学の全体像を図1に示した．この図に示した領域は人の食嗜好と摂食行動に関係する諸要

因の計測・評価技術と各種の数理モデルで構成されている．測定因子とデバイスのセクションは食品の属性をセンシングする部分である．解析システムのなかで画像処理からニューラルネットワークに至る個々の解析手法は，計測によって得られた信号を利用して「美味しさ」を評価する部分である．現在のところ，食品の属性は各種のセンサとこれに直結した解析手法を用いて個々に測定・評価されている．しかし，将来は個々のセンサの機能を高度に集積し，ハード的に一体化した「マルチセンサ」が開発され，非破壊的な遠隔測定が可能となるものと期待されている．

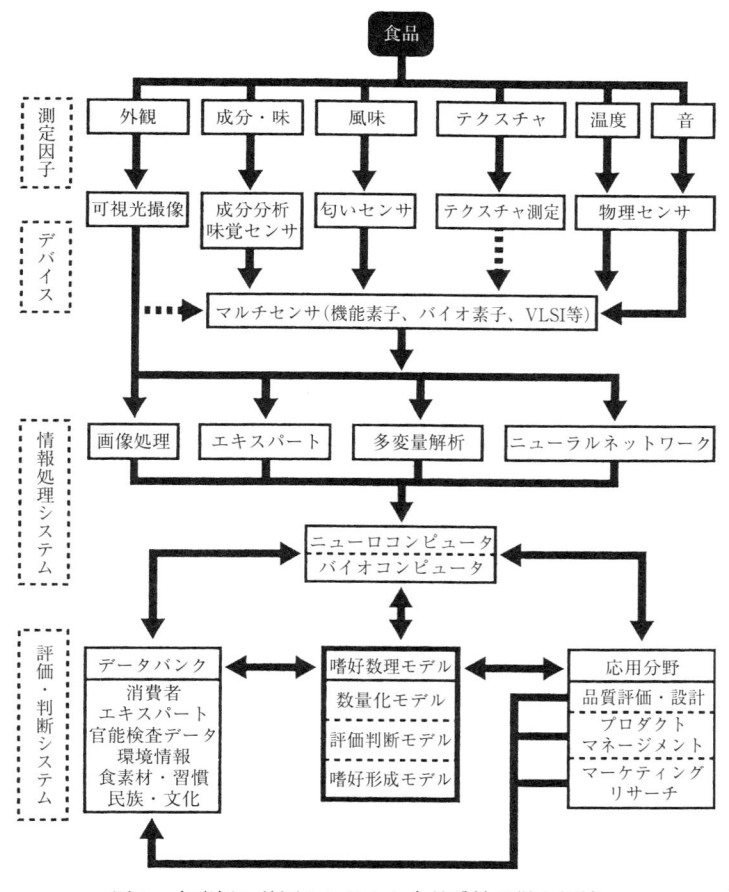

図1 食嗜好の計測システムと食品感性工学の領域

4.2 情報処理システム

ニューロおよびバイオコンピュータは食品と人の計測から得られる「美味しさ」,「嗜好」,「食行動」,さらに「マーケティング」などの応用分野を結合し,これらの情報を効率的・総合的に処理するセクションである.このセクションの情報処理機器としては現存する大型コンピュータを当面利用できるが,嗜好は元来人の脳が関与する情報処理の典型的例であり,これには生物が行っている情報処理を模倣した新しいコンピュータの導入が望ましい.

4.3 評価判断システム

「評価判断システム」は感性を数量化して目的に応じた数理モデルを構築する部分である.嗜好の数理モデルをグループ分けすると,①食品と人の嗜好に関連する計測データを数量化するためのモデル,②数量化されたデータに基づき食品の品質とこれに対する人の嗜好のマッチング度合いを評価し,さらに食行動や新製品に対する消費傾向等を予測・判断するためのモデル,③個人または消費者の食嗜好特性がいかにして形成されてきたかを探り,さらに将来どのように変化してゆくかを予測するための嗜好形成モデル,などになるものと考えられる.

これらのモデル群の構築にはダイナミックな情報処理手法と多様なデータバンクが必要となろう.そのなかには,消費者の嗜好動向,調香師などのエキスパートによる官能評価手法,特定の食品に関する成分・栄養価・官能評価データ,自然環境,食習慣および民族・文化などに関する情報が含まれ,これらは嗜好数理モデルの構築に利用される.嗜好数理モデルの応用分野には,①人の嗜好を加味した食品の品質評価とこれに基づく機能設計,②機能設計に基づくプロダクトマネージメント,③嗜好の評価と予測に基づくマーケティングリサーチ,などが挙げられる.

5. 視覚センサ～画像処理技術～

食品の形や色を対象とした計測技術も「眼」の機能を持つCCDカメラに「脳」の情報処理機能に近づきつつある画像処理技術を組み合わせることにより,ヒトの視覚に相当する高性能の計測システムが実用化され,食品製造・流通の現場に導入されている.ここでは人の視覚では不可能な材料内部の微細な三次元構造を自由に観察できる機能を持ち,また,ヒトの能力を凌駕していると考えられる計測システムとして「マイクロスライサ画像処理システム」(図2)を紹介する.こ

のシステムの特徴は，回転スライサにより試料を連続的に切削して得られる露出断面画像を順次撮像し，これらの画像をコンピュータ上で三次元立体像に再構築し，外観および任意断面の形状や色彩分布を計測可能とした点にある．図2に示

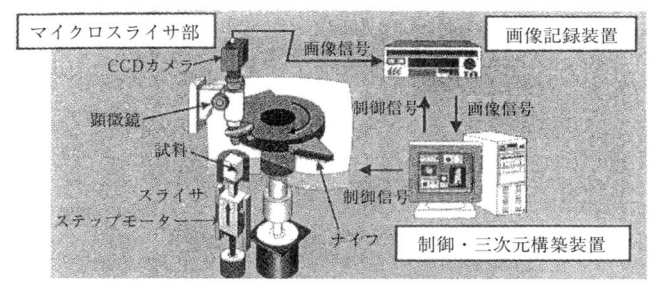

図2　マイクロスライサ画像処理システム

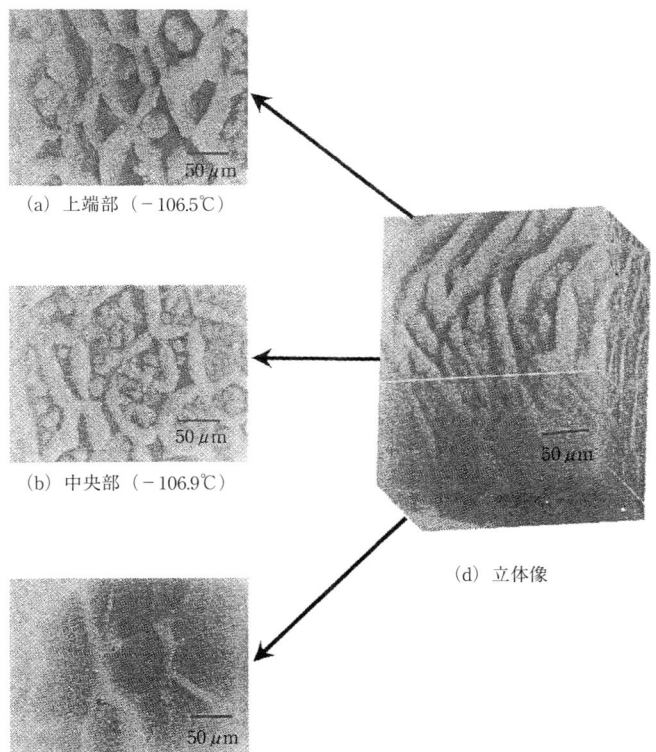

(a) 上端部（－106.5℃）

(b) 中央部（－106.9℃）

(c) 下端部（－107.3℃）

(d) 立体像

図3　凍結牛肉試料の氷結晶断面および立体像（凍結温度；－120℃）

すように，本システムのマイクロスライサ部では試料をステップモータで駆動する一軸ステージで間欠的に押し上げ，その上端をミクロトーム用ナイフで連続的に切削する．試料の断面像はCCDカメラとこれに接続した各種の顕微鏡を組み合わせて撮像する．切削速度は毎分90回で最小切削厚さは1.0ミクロンに設定可能である．筆者らはこのシステムを用いて，凍結食品内に形成される立体氷結晶の形態，サイズおよび分布を計測する事に成功した．その一例として図3に牛肉を－120℃で凍結した場合に形成される氷結晶構造の計測例を示す．この方法は冷凍食品の解凍後における品質向上，さらには生体組織の活性維持などのための最適凍結法の研究開発ツールとして有効利用されるものと期待されている．

6. 味覚センサ～近赤外分光法とバイオセンサ～

近赤外分光法を応用した味覚センサの例として「米の食味計」を採りあげ，図4にその計測・評価システムの概念図を示す．このシステムでは近赤外分光法により呈味成分の含有量を測定し，これらのデータから官能評価スコアを予測する機能を有している．また，呈味成分量から評価指数を推定するためのモデルとしてニューラルネットワークが用いられている．このシステムの革新的な点は，粒状または粉状の材料のままで成分分析を行い，炊飯した後の食味を予測していることにある．このような「感性計測システム」の開発が成功した要因は，先ず，主食である嗜好性の低い米を測定対象に選んだことであり，次に標準化された官能評価の手法が確立されていたことにある．

次に，バイオセンサの測定原理を応用した味覚センサの測定原理を説明するために，人工脂質膜を味溶液中に浸した場合に発現する膜近傍の電位プロフィールを図5に示す[8]．脂質膜と味溶液の「組み合わせ」を識別する電気信号として，脂質膜裏面に接着した金属電極で電位を検出する．実用装置では五つの基本味の代表的呈味成分に敏感に反応する8つの脂質を選び，これをポリ塩化ビ

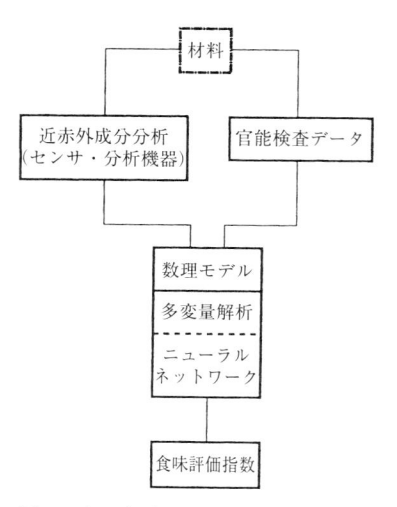

図4 米の食味計測・評価システム

ニル (PVC) に混入して人工脂質膜を形成し，これらの膜の味溶液に対する応答感度が計測される．図6は味覚センサにより各種のビールを測定し，その出力結果に主成分分析を施してテイストマップを作成した例を示す[8]．図中のPC1軸はビールの味を表現する代表的な語彙である（まろやか）－（刺激的）のスケールを表し，また，（さわやか）および（濃厚）を表すスケールの方向も示されている．商品名は戦前からシェアのトップを占めていたK社のラガーが（K-LAGER），これ

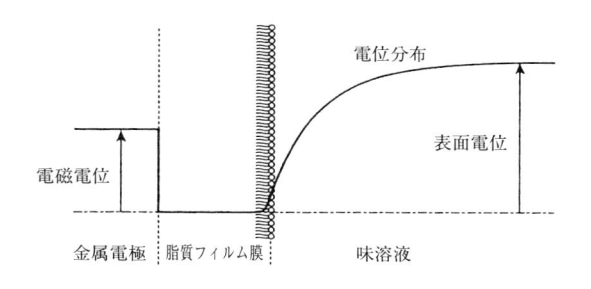

図5 水溶液中における脂質膜近傍の電位プロフィール

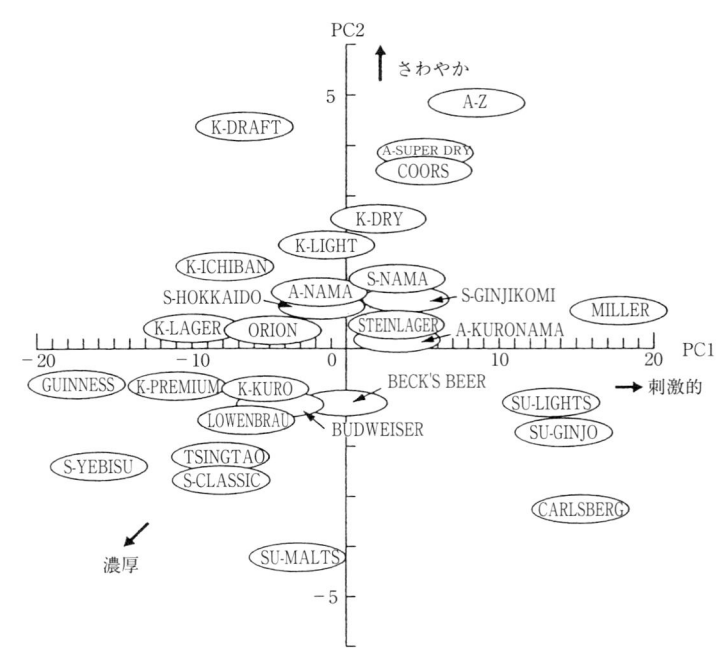

図6 ビールのテイストマップ

の強力なライバル商品として，近年シェア競争を有利に展開している A 社の製品が（A-SUPER DRY）のように表示してある．この図に示すように，味覚センサは同一カテゴリー内の商品の味を識別することが可能であり，既に販売されている商品の特徴を明らかにしたうえで新商品開発の方向を探るなど，プロダクトマネージメントのツールとして有効利用されている．

7．嗅覚センサ

食品の匂いは多成分で構成され，ヒトはその匂いを総体的かつ迅速にセンシングして，匂いの発生源である食品の種類や状態を識別している．近年，このよう

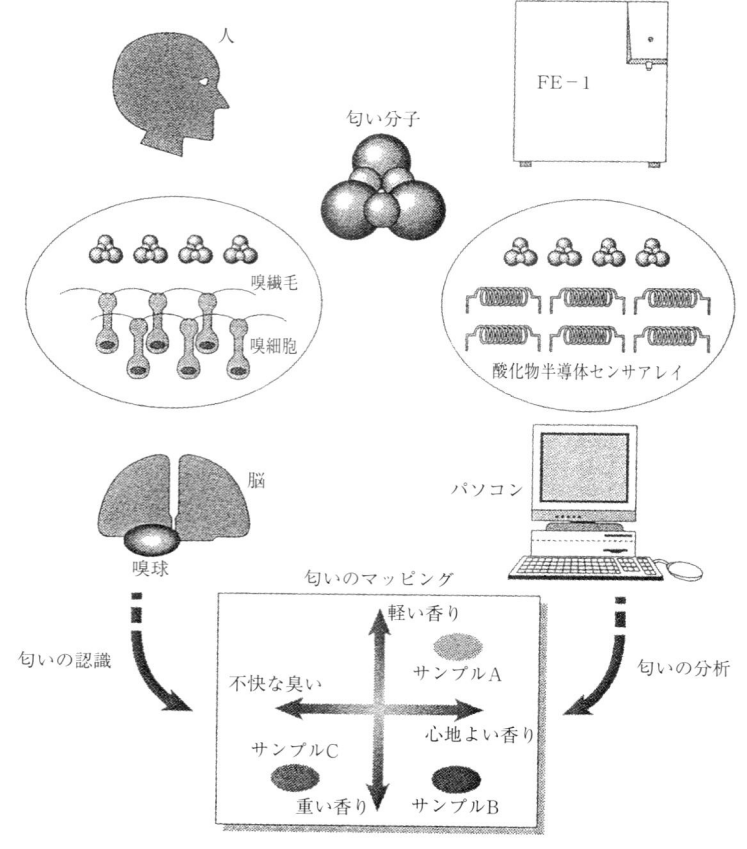

図7　酸化物半導体センサによる匂い識別システム

なセンシング方式を模倣したセンサが開発途上にあり，その一部が実用化されている．それらのなかには，図7に示すように，いくつかの金属半導体や高分子膜を用いる「電子鼻（Electronic Nose）」，生体膜のモデルである化学センサによる方法などが挙げられる．現在のところ，このようなセンサの中で，最も実用性の高い「水晶振動子式匂いセンサ」の測定原理と計測結果を紹介する．

このセンサの構造と測定原理を図8に示す[11]．このセンサは厚み滑り振動モードでカットされた水晶振動子の表面に，合成脂質フィルムを多層化した人工脂質膜を塗布した構造をしている．水晶振動子は超高精度のミクロバランスであり，表面に塗布した脂質膜に吸着する匂い成分の重量変化を周波数の変化として検出する．すなわち，空気中に存在する匂い分子は膜との親和性によって，ある一定の割合で膜に吸着し，その質量を増加させる．この質量付加効果により，振動子の共振周波数が低下する．この共振周波数の低下量 Δf は吸着した匂い分子の質量に正比例することが知られている．さらに，匂いの種類を識別するために，各種のPVCブレンド脂質膜を塗布した水晶振動子が用いられ，マルチセンシングを可能としている．センサ出力と各種の臭気濃度との関係を図9に示す[12]．この図のプロットから分かるように，このセンサは各種の匂いを識別する事が可能であり，その出力はアミルアセテート濃度と線形関係にあることが分かる．食品を対象とした測定例は数少ないが，密閉した袋の中に放置したバナナの香りに対しては数100 Hzの応答が得られており，今後，食品，青果物および花きへの応用が有望視されている．

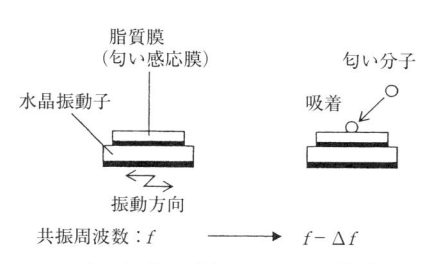

図8　水晶振動子式匂いセンサの構造と原理

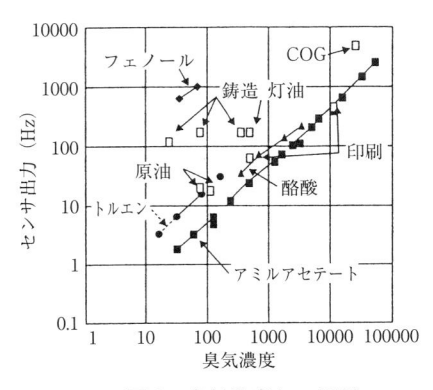

図9　臭気濃度との相関

8. おわりに

　食嗜好は人の感情に由来する度合いが大きく，このために単に食品の嗜好関連要因を計測して，その特徴を抽出し，美味しさに客観的なスケールを与えるだけでは，嗜好の計測が完成したことにならない．また，技術面では，人の食品に対する感情の変化を遠隔かつ高速で計測・評価する方法の開発が，現状の技術レベルでは実現不可能な究極の課題となることも明らかである．しかし，本稿で紹介したように，対象物の属性を多方面から計測するだけではなく，その計測結果にヒトの感性による判断結果を加味して評価する，いわゆる「感性計測」の分野が急速に発達してきている．これらのセンシング技術が官能評価に取って代わるほどの信頼性を有しているとは考えられないが，官能評価に客観的スケールを持ち込む補助的方法として有効利用され始めている．今後，センシング技術からマーケッティング手法の開発に至る流れをシステム化して取り扱う「食品感性工学」の発展が期待される．これにより，ヒトが「おいしさ」を評価するメカニズムの解明が進展すると共に，食品産業界での多方面に渡る応用が展開されるものと考えられる．

引用文献

1) 相良泰行（1994）日本食品工業学会誌 41（6）：456-466.
2) 相良泰行（1996）日本食品工業学会誌 43（3）：215-224.
3) 相良泰行（1997）食品工業 6（30）：16-32.
4) 相良泰行（1998）ジャパンフードサイエンス 37（3）：23-30.
5) 相良泰行（1999）食品感性工学（相良泰行編），朝倉書店，東京：1-18.
6) 佐藤邦夫，平沢徹也（1996）感性マーケティングの技法，プレジデント社，東京：75-128.
7) 徳永史生（1997）生物のスーパーセンサー（津田基之編），共立出版，東京：17-30.
8) 都甲　潔（1998）ジャパンフードサイエンス 37（3）：31-37.
9) 外池光雄（1992）テクノインテグレーション 8（7）：56-60.
10) 中内茂樹（1997）脳・神経システムの数理モデル（臼井支郎編），共立出版，東京：106-125.
11) 松野　玄（1995）平成7年度農業施設学会秋期シンポジウム講演要旨：26-31.
12) 山本　隆（1999）日本官能評価学会誌 3（1）：5-9.

生物生産へのバイオメカトロニクスの応用
－バイオチップデバイスへの応用－

東京大学大学院工学系研究科　鳥居　徹

1. はじめに

　近年産地偽造問題が明るみに出て連日のように報道され，また狂牛病のプリオン関連の問題など，食の安全性・信頼性に対して消費者の関心は極めて高まっている．そのために，食品のトレーサビリティなど安全への対応策が取られるようになってきた．一方，流通現場・大手量販店では，現場にて食肉の安全性を分析し，組替え遺伝子混入の判別を実時間で行えるようになれば，消費者の食に対する信頼性はさらに改善されると予想される．このためには，リアルタイムで遺伝子を増幅，解析したり，抗原を分析する装置が必要である．すなわち，現場にてリアルタイムに計測するというコンセプト"Point of Needs Testing"に基づく装置の小型化，ハンディタイプ化が必要となる．そこで，著者らはサンプル試料が微量でも反応・分析が出来る装置を目指して，小型の分析装置（Lab on a ChipとかMicro Total Analysis Methodという）の研究に取り組み，生物生産分野への展開を図っている．

2. マイクロ化学リアクター

　まず，マイクロ化学リアクターについて説明を行う．マイクロ化学リアクターとは，微小空間内で化学反応を行うリアクターを指す．マイクロ化学リアクターの特徴としては，スケールが小さくなることにより，温度，圧力，濃度などの勾配が大きくなるため，熱伝導，物質移動，拡散などの効率が向上する[1]．たとえば，サイズが1/100になると分子拡散時間は1/10,000となるため，理論的には1時間の反応が0.36秒で済むことになる[3]．一般のマイクロ化学リアクターでは，マイクロチャンネル中に試薬，サンプルを流す方式であり，マイクロポンプ，マイクロバルブ等微小流体素子で制御するため，構造が複雑になっているものが多い（図1）．

　マイクロリアクターのデバイスとしては，ドイツIMM‐Mainz社の製品が有名

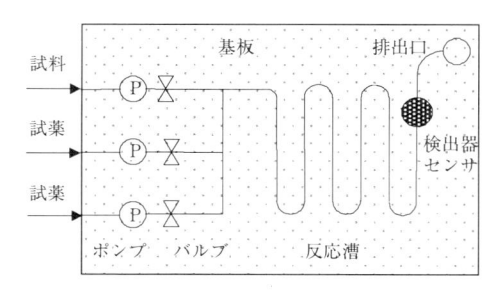

図1 連続流れ式マイクロ化学リアクターの模式図

であるが，わが国でもマイクロリアクターの優れた性能を利用するためのプロジェクト「マイクロ分析・生産システムプロジェクト」が平成14年度発足し成果を上げている．筆者らも同プロジェクトに「交差型マイクロチャンネルによるエマルション生成に関する研究開発」という課題で参加している．

図2は交差型マイクロチャンネル中に生成する液滴の様子である[5]．本デバイスは，液滴径を正確に制御できるという特徴あり，高分子微粒子生成などに応用している．また，本デバイスはマイクロミキサーとしても優れた性能があり，植物油とメタノールを混合させてメチルエステル化を行うミキシングに用いて，メチルエステルの生成を確認している．

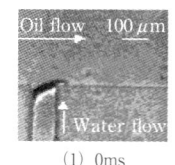

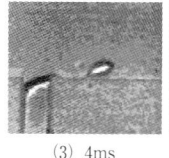

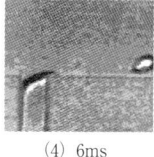

(1) 0ms (2) 2ms (3) 4ms (4) 6ms

図2 交差型マイクロチャンネル内の液滴生成

3．静電マイクロマニピュレーション

著者らはサンプル溶液を互いに不活性な溶媒中の微小液滴として扱い，その搬送・混合に関しては，主に静電気力により行うデバイスを開発した[6]（図3）．

本装置の主な特徴は以下の通りである（表1）．

(1) 同一装置内で大量の反応を起こすことができる
(2) サンプルや試薬が必要最小量

表1 マイクロチャンネル方式と液滴型方式との比較

	マイクロチャンネル	本方式
試料の量	μl 単位	nl～pl単位
流路，ポンプ，バルブ	必要	なし
サンプル操作	機械的操作	電気的操作
定量分析	困難	容易
処理サンプル	単一操作	複数操作
別の反応系への適用	困難	容易

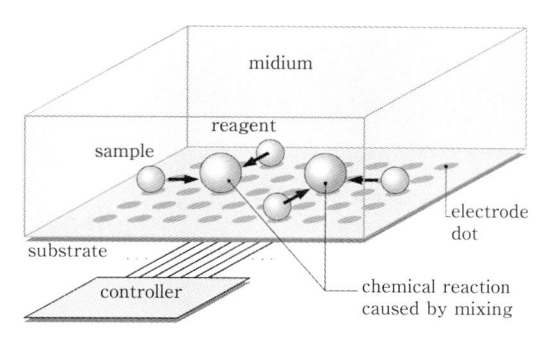

図3 静電マイクロマニピュレーションによるマイクロ化学リアクターの概念図

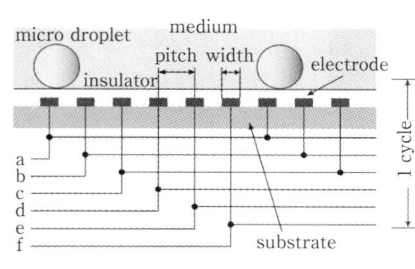

図4 静電マイクロマニピュレーションの原理

最速搬送速度

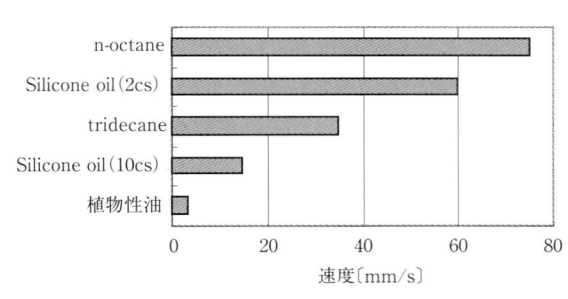

図5 溶媒による搬送速度の違い

(3) 反応時間が短縮
(4) 微小流体素子が不要
(5) 微小なサンプルでも蒸発を防止できる

　静電マイクロマニピュレーションの原理は，先行研究である粉体搬送[4]と同様の原理であり，図4のようにデバイスの電極に順次電圧を適当な発振周波数で加える（図4では6相矩形波：＋＋0－－0）ことにより，進行電場を生じさせ，液滴をこれに同期させて搬送を行う．図5は，異なる溶媒を用いたときの液滴の搬送速度を示したものである．植物油では粘性係数が50 cS以上であるのに対して，

シリコンオイルでは 2 cS と粘性が低いため，最大速度が大きくなっている．静電搬送速度は溶媒の粘性によって大きく影響を受けることが確認できる．

液滴のサイズと電極幅との関係を図6に示す．ピッチは 1 mm である．たとえば，電極ピッチが 0.3 mm の場合，液滴の直径が 0.6 mm 以外では搬送できない．このように，液滴の直径と電極のピッチとの間には一定の関係がある．

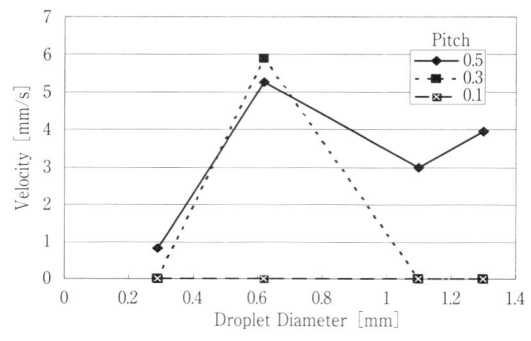

図6 液滴サイズと電極ピッチ

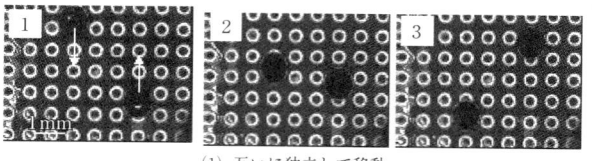

次に，液滴の搬送性能を確認する．ドット電極デバイス（電極ピッチ：0.8 mm，電極幅：0.55 mm）を用いて，複数の液滴を独立して搬送する様子を図7（1）に示す（印加電圧：400 V_{0-p}, 0.7 Hz, 絶縁膜：PP 42（μm）．二つの液滴がお互いに影響されず独立して上下に動くことが可能である．さらに，液滴が直角に移動させて搬送することも可能である（図7（2））．液滴が同時に合体する向きに移動させれば，二つの軌道の交点で合体する（図7（3））．

静電マイクロマニピュレーションでは気泡の搬送も行うことができる[2]．図8は気体搬送用の電極構造である．気泡は浮き上面に接触するため電極を上面に設けてある．気

(1) 互いに独立して移動

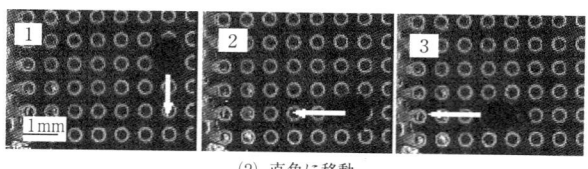

(2) 直角に移動

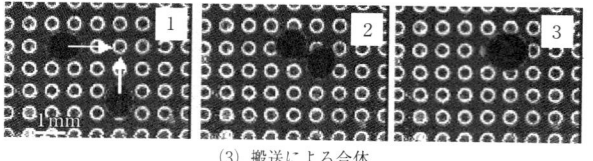

(3) 搬送による合体

図7 静電マイクロマニピュレーション

体搬送速度と印加電圧との関係を図9に示す．その結果，印加電圧が高くなるにつれて，早い速度で追従できることが示された．今後は電極を下面に設けて，液滴と気泡とを同時に搬送する実験を行い，さらに複雑な気体反応マイクロリアクターとしての可能性を探っていく．

図8 気体搬送用電極

4．静電マイクロマニピュレーションによるマイクロ化学リアクター

静電マイクロマニピュレーションによる，化学反応の簡単な例を示す．図10（1）は，水酸化ナトリウムの液滴とフェノールフタレイン液滴を合一させて，アルカリ化呈色反応を行い，液滴内における2液の混合が瞬

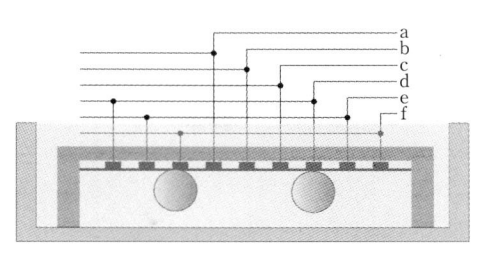

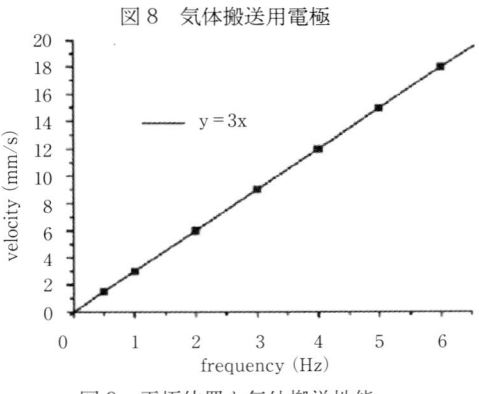

図9 電極位置と気体搬送性能

時に生じることが示された．図中に銅色の正方形のものは電極で，この電極一つ一つ個別に電荷を与えることが出来る．図10（2）では，ルシフェラーゼの液滴（左）と，ATPを含むルシフェリンの液滴（右）（ともに$1\mu l$）を用いて，静電マイクロマニピュレーションにより合体させて，酵素反応による発光現象が瞬時に生じることを確認した．また，多段階反応として，静電マイクロマニピュレーションにより，NaOH液滴①とフェノールフタレイン液滴②を合一させて赤色に呈色④させた後，クエン酸液滴③と合一させることによって中和反応で無色に戻した⑤（図11）．今回の実験では，ドット型電極基板を用いて多段階の反応を起こすことに成功した．この手法は様々な多段階反応に応用することができると考えられる．

また，気泡を用いた気体マイクロリアクターの例を，図12に示す．これは，O_2とNOの気泡を合一させてNO_2となる反応を気泡内で実施した例である．

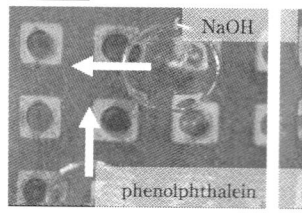

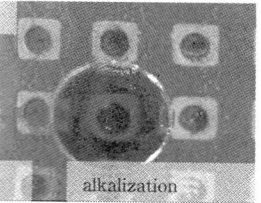

(1) アルカリ化呈色反応

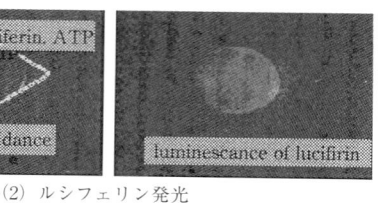

図10 静電搬送を利用した化学反応

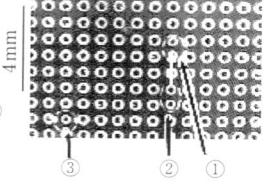

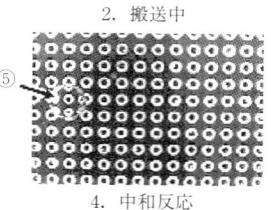

(2) ルシフェリン発光

1. 合体前
2. 搬送中
3. 呈色反応
4. 中和反応

図11 多段階反応

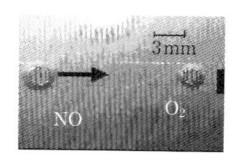

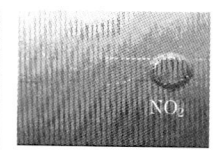

図12 気体反応

5. 液滴型バイオチップデバイス

液滴型マイクロ化学リアクターの最も有用な応用として，DNAの検出などのバ

イオチップへの展開がある．微小なチップ上で生化学反応を行うデバイスのことを，Micro Total Analysis System（μTAS）とか Lab on a Chip と呼んでいる．液滴型のバイオチップとして，DNA を増幅する液滴型 PCR デバイス，液滴型 DNA マイクロアレイ，コンビナトリアルタンパク結晶化デバイスの紹介をする．

5.1 液滴型PCRデバイス

図 13 は液滴型の PCR デバイスである．PCR とは Polymerase Chain Reaction の略で，熱操作だけで DNA を増幅する方法でマリスによって開発されたプロセスである．（マリスはこの業績で 1993 年にノーベル化学賞を受賞した．）これは，DNA をまず Th（たとえば 92 ℃）にすると二重らせんが熱変性して一本鎖になる．これを Tl（たとえば 60 ℃）に下げると，増幅の起点となるプライマが一本鎖 DNA に付着する．それを Tm（たとえば 72 ℃）に上げると，プライマーを起点として DNA が増幅する．このプロセスを繰り返すことにより DNA が増幅される（図 14）．一般にはマイクロチューブに入れた試料をサーマルサイクラーという装置で増幅するが，容器の熱容量が大きいと熱サイクルを早めることは出来ない．そこで，図 13 に示すように試料を液滴化することで熱容量を小さくして熱サイクルを早めることを目標に研究を進めている．また，DNA サンプルを含む液滴に対して，増幅に用いるプライマーを複数用意して，DNA サンプル液滴と合一化して混合させる．液滴を静電マイクロマニピュレーションにて，たとえば 94 ℃に移動させて DNA の

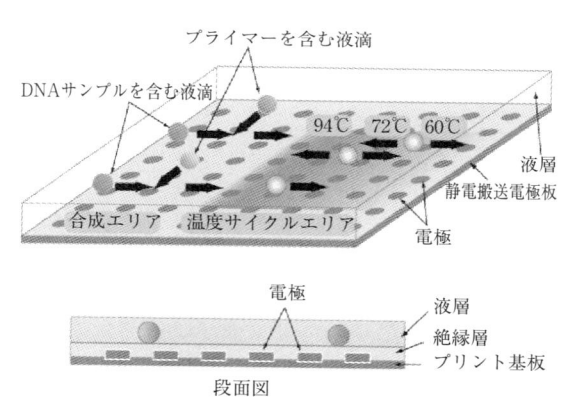

図 13　液滴型 μPCR デバイス

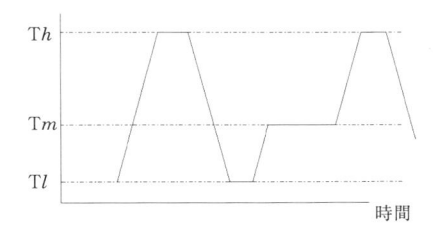

図 14　PCR の温度履歴

らせん構造を分離する．次に 60 ℃の位置に移動させるとプライマーが付着する．さらに，72 ℃の領域でオリゴの伸張が行われる．シングルストランド（一本鎖）DNA の場合はホットスタートで PCR を行う必要があり，初めに 94 ℃に加熱したあとで，プライマー液滴と合一させることにより実現できる．

5.2 DNA液滴型アレイ

DNA マイクロアレイを模した液滴型のアレイの応用も考えている．DNA マイクロアレイは，大量の遺伝子発現を検出できる反面，再現性やリアルタイム性など問題がある．そこで，配列の分かっているシングルストランド DNA をあらかじめ液滴として多数基板上にアレイ状にならべて用意しておく（図 15）．シングルストランド DNA サンプルを既知の DNA 液滴と合一させてハイブリダイゼーションさせる．ハイブリダイゼーションの強度が強いとインターカレートによる蛍光強度が強まると予想される（図 16）．実際，17BASE

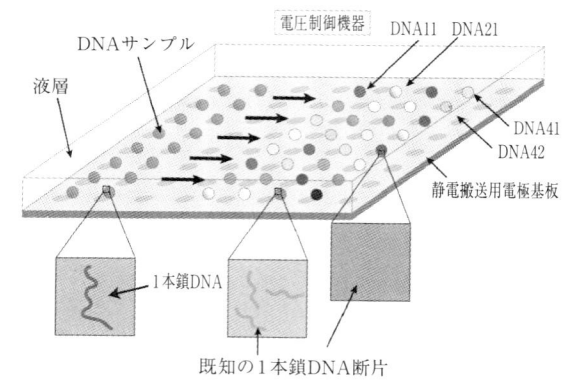

図 15　液滴型 DNA マイクロアレイ

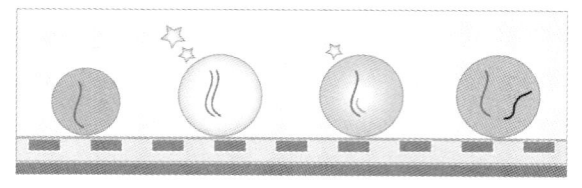

図 16　ハイブリダイゼーションの結合強さによる蛍光強度の差

試薬のみ	試薬 + Base + 6 Match	試薬 + Base + 11 Match	試薬 + Base + 17 Match	試薬 + Base
81.91	161.17	196.10	202.25	116.31

図 17　ハイブリサイゼーションの実験結果

のオリゴを用意してそれと相補的な配列を持ち，かつ相補関係が 17 BASE, 11 BASE, 6 BASE のものとリファレンスとして，試薬のみの場合と試薬と 17 BASE のオリゴだけを含む場合の蛍光強を調べた．その結果，17 BASE すべてが相補である場合は最も蛍光強度が強く，相補関係が少なくなるにつれて蛍光強度が低下した（図17）．さらに蛍光強度が強まるインターカレーターの選定などを行うことにより本デバイス完成させるための研究を続けている．

5.3 コンビナトリアルタンパク質結晶化デバイス

DNA のドラフト解読の記者会見が 2000 年 6 月 26 日に行われたのに続き，2003 年 4 月には完全解読されたと発表された．今後研究の重点は，タンパクの働きを明らかにするプロテオミクスに移ってくる．タンパクの分子量を明らかにするために MALDI-TOF と呼ばれる質量分析器が注目を浴びているが，タンパクの機能を明らかにするためには三次元構造の解析が不可欠である．一般に低分子のタンパクは NMR で解析することができるが，高分子の場合はタンパクを結晶化して X 線をあてて，回折画像から三次元構造を解析する必要ある．日本ではゲノム解析と同様に理化学研究所が中心となって，タンパク解析を行っている．NMR による解析は横浜研究所で行い，X 線回折による研究は播磨研究所で行っている．播磨研究所ではタンパクの結晶化のために大規模な装置を導入している．タンパクの結晶化は，各種バッファー類と塩類濃度を調節して長期にわたり保存することが必要で，この調整は試行錯誤により行われている．

一方，タンパクの特許化に結晶化を前提とされるなど結晶化へのニーズは高まっている．そこで，静電マイクロマニピュレーションを利用して，カード型デバ

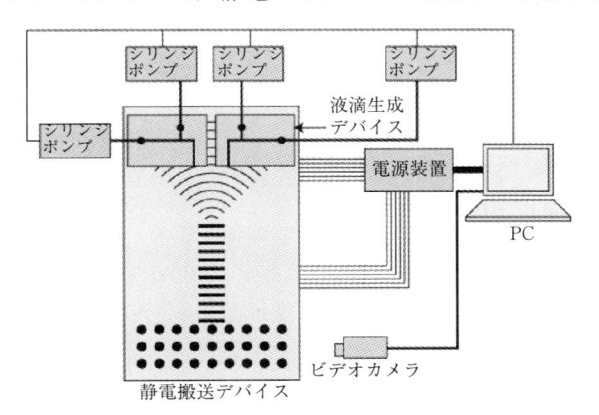

図18 タンパク結晶化コンビナトリアルデバイスの概念図

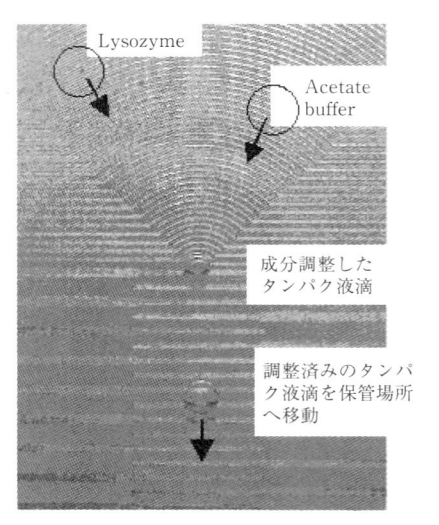

図19 電極と液滴

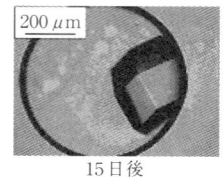

図20 液滴内のタンパク結晶
注入直後　　　15日後

イス上で結晶化を行う装置の開発を実施しており，平成15年よりNEDO「先進ナノバイオデバイスプロジェクト」のもとで研究を進めている．図18はカード型結晶化デバイスの概念図である．結晶化に必要な試薬類はシリンジポンプを通じてマイクロチャンネル内で液滴化して，これを扇状電極上に供給する．液滴は扇の中心に向かって搬送されるため，中心で液滴が合一する．所定の濃度になるように液滴を合一させた後に，調整済みの液滴を保管場所に移動させる．図19に移動中の液滴を表している．ここではタンパクとしてリゾチーム，バッファー類は酢酸バッファーを用いている．液滴中においての析出した結晶の例を図20に示す．これは，リゾチームを酢酸バッファーとNaClで析出された例である．このように析出した液滴を再度搬送して，結晶だけを取り出し，X線回折を行う．

6．おわりに

　以上静電マイクロマニピュレーションを用いた液滴型バイオチップの例を示した．生物生産の現場ではより広い応用，展開が考えられる．たとえば，DNAによるウイルス病の早期診断，O-157の検出，環境分析など枚挙に暇がないほどである．したがって，当該分野において，バイオチップデバイスの研究がますます発展するものと期待しており，多くの方が研究に関与されるようになることを願っている．

参考文献

1) Ehrfeld, W., V. Hessel and H. Lowe (2000) Microreactors, Wiley-VCH, 1.
2) Ito, T., T. Torii and T. Higuchi (2003) Proceedings of the 16th Annual International Conference on Micro Electro Mechanical Systems, 335-338.
3) 北森武彦 (2001) マイクロバイオリアクターへの展望講演要旨 1-18.
4) Moesner, F. M. and T. Higuchi (1995) Proc. IEEE Micro Electro Mechanical Systems Conf., 66-71.
5) Nisisako, T., T. Torii and T. Higuchi (2002) Lab on a Chip, 2, 24-26.
6) Taniguchi, T., T. Torii and T. Higuchi (2002) Lab on a Chip, 2, 19-23.

環境工学における一つの学術基盤とその展開

大阪府立大学大学院農学生命科学研究科　村瀬 治比古

1. 植物生理工学

　約30年前，気孔抵抗の研究で有名なミシガン州立大学のラシュケ教授のアプローチを導入して同大学のジョージ・メルバ教授が植物生理工学原論（Physioengineerig Principles）[1]を著し水ポテンシャルとSPAC（土壌・植物・大気連続系）をキーワードに新しい教育研究プログラムを同大学農業工学科に創設した．その後，それらを基礎に新分野創造の取り組みが始まった．これまでの植物生理学とは異なり熱力学，機械力学そして計算力学とシステム工学の視点を取り入れた極めて斬新な研究手法であった．しかも，生物物理学などとは一線を画し常に応用面を傍らに置く研究姿勢は正に工学の名を冠するに相応しい研究分野であった．具体的にはミシガンで当時大量に栽培されていたハウストマトの裂果抑制のための環境制御などであった．研究はトマト柔細胞の水ポテンシャル変化と膨張変形に関する熱力学解析と表皮細胞の水ポテンシャル変化と亀裂の機械力学的研究などであり，最終的には根のフラッシュのタイミングと湿度制御などの具体的栽培管理法にたどり着いた．その研究の道筋は，熱力学と機械力学による基礎的解析にシステム工学を応用して環境制御に帰結するというものであった[2〜6,13]．

　1983年頃に筆者を含む有志により植物生理工学をさらに発展させ生物生産を意識した分野を研究するファイトテクノロジー研究会が設立された．「植物との対話」や「篤農家を科学する」など画像解析や知能情報処理などの新しい工学の理論・技術やより高度な植物生理学などの融合を図るテーマで科学研究費の補助を受けて研究が始動した．同時期に橋本により生物生産のみならず，さらに広範な生物学をとらえたSPA（Speaking Plant Approach）が広く世に出たのは興味深いことである．

2. 農業知能工学

　生物システムは複雑系でそのモデリングも単に微分方程式を重ね合わせる努力

だけでは工学的な視点に立った実用性という観点では限界がある．そこで複雑系のモデリングでは適応的あるいは知能的な方法論を導入することが行われるようになった．後にこの知能的モデリングにおけるニューラルネットワークの適用を展開する中でノイズの多い生物系のデータの扱いにより適したカルマンニューロが開発され，一般工学分野で広く用いられることとなり生物系由来アルゴリズム開発研究の緒が築かれた[7〜11]．

3．システムズアプローチの導入

適応的方法，計算力学，システムズアプローチを組み合わせることでさらに有限要素ニューロや有限要素網膜といった生物情報を得るためのテクニックも生まれた．これらのアプローチの中で特に複雑系のパラメータ同定に逆解析手法を用いるなど計算力学の威力が発揮された[15, 16, 23]．また，画像解析と有限要素ニューロなどの適用により動画像の処理から植物成長をモニタする特殊なクリノスタットのシステム開発を可能にし，重力制御下における植物の成長などについての研究も実施可能となった[12, 14, 17〜20]．

4．重要課題

農業環境工学の中でも生物や生態系についてその環境の調節や制御を扱う場合，農学に限定することなく動物・微生物をも含む生物を対象に広義の生物学の範疇でその知見を実際に応用する場を対象とすることが重要と考えられる．具体的な研究領域としては，植物の環境応答・環境ストレスの解析，それらの解析法・実験法・予測法・計測法の開発，植物の環境の計測および環境成立機構の解析，植物の環境調節・制御法の開発，植物利用による環境改変法の開発などである．ここに掲げられた研究領域において植物の細胞からその成長さらに栽培環境の調節といった異なる階層をシステムアズプローチで連結しそのシステム解析には熱力学，機械力学および計算力学などの基盤的な工学の方法論を導入し画像処理，知能情報処理の他に計測・制御の技法・技術を融合させる形で機械システムなども導入して実用化への展開を考えることが今後の食糧や環境を考える上での農業環境工学としての重要課題である[22, 23]．

5. 展開例

　工業システムと農業システムの圧倒的な違いは，農業システムには生物システムが含まれていることと農業システムにおいては自然が巨大要素であることである．そこで，最適化について考えると次のようになる．すなわちエネルギーの消費と農業資材などの投入量を最小限にして環境負荷を低減し，自然の影響をできるだけ遠ざけ，経済・社会的に消費者および生産者の双方および関連産業に有利な方向へシステムを遷移させることが最適化の一つの方向である．したがって農業システムの最適化は生産システムの最適化をまず図ることが重要である．その大規模複雑系である農業システムの最適化という観点では，例えば精密農業や植物工場における重要技術の根底に流れるコンセプトは，ファイトテクノロジー[24]あるいはSPA[25]である．

　1980年代後半に米国を中心に局所管理作業（Site Specific Crop Management）あるいは精密圃場管理（Precision Farming）といった新しい農業技術思想が現れ実際に関連の研究開発が進められた[26]．その中心的技術はGPS（Global Positioning System）を利用した圃場における作業者の位置をデータ化する測位技術，農業機械（収穫機）に取り付けるセンシング技術（収量モニタリングシステム），位置情報と作物データ（収量など）からデータをマップ化するソフトウェア技術およびマップデータに沿って作業をする農業機械（作業機）に取り込み施用量可変技術などである．米国でこれまで行われてきた大規模で粗放的な圃場管理と比べると正に精密な圃場管理技術といえる．この精密な圃場管理法に加え，市場情報や流通情報など作業生育に直接関係しない情報なども利用する高度に情報化した農業を精密農業という．精密農業は高度情報技術を利用し，新しいセンシング技術と機械技術により農業生産における無駄を低減する（環境負荷を低減する）生産システムの構築と市場・流通関連の情報を生産システムへフィードバックするなどの先に述べた最適化の方向性を打ち出したIT利用の農業の典型と考えられる．

　精密農業の基本概念は環境保全と収益性を追求する新しい農業技術である．その実際は欧米の大規模粗放農業を対象とすれば圃場の「ばらつき」をデータとして把握しそのばらつきに対応した最適管理をする技術体系となる．それがたとえ40aに1点のデータしかもたないマップであってもこれまでの粗放的技術に比べれば精密農業であり環境保全や収益性についての効果もこれまでとの比較に於い

ては十分確認できる．圃場についての諸条件が米国とは異なるわが国に米国型精密農業をそのまま持ち込むことは不可能である．日本型精密農業を構築することが必要となる．

これに対して人工的圃場である植物工場はこの環境保全や収益性の問題に対して様々な角度から技術的接近が可能な系である．環境コストの高騰や新エネルギー開発が予測される将来において最適化が容易な完全制御型植物工場こそが代替農業（Alternative Agriculture）の雄たりうる大きな可能性を有する．

完全制御型植物工場では当初より「ばらつき」を最小限にすることが基本的目標の一つであり一般圃場を対象として構築されたばらつきに対して最適化を行う精密農業の新技術の適用だけでは効果が非常に限られる．植物工場に対してはさらに細かな精密農業を考える必要があり，また植物工場はそれが可能な系である．そのためには植物工場に関するこれまで培われてきた学問的・技術的蓄積を基盤として本領域のオリジナルな技術や学術の展開が必要である．環境保全と収益性が両立するための究極の最適化を施した植物生産システムとしての完全制御型植物工場を「細密農業」と称する[27]．

6．おわりに

生産緑地のような表現をしても大地をそのまま作物生産の場にすればいくら精密農業を展開しても環境保全についての効果の限界がすぐに訪れる．それは制御がほとんど不可能な環境の中で行う業であるから精密さを常に保つことや精度を上げることが困難であるが故のことである．消費が目的の作物生産の場はできるかぎり自然から切り離すべきである．必要なものはエネルギーを食料へ変換するシステムでありその高効率化，低環境負荷化，安全性の確保あるいは高収益性などはそのシステムの最適運用（最適制御）が可能かどうかに関わる．結局，綿密な最適化が可能なシステムが必要であり細密農業を展開できる完全制御型植物工場のようなシステムに関する技術はこの環境問題や食料問題を解決する一つの大きな21世紀のキーテクノロジーである．

参考文献

1) Merva, G. E. (1975) AVI Pub. Co., USA, pp. 353.
2) Murase, H., G. E. Merva (1977) *Trans. of ASAE* 20 (3) : 594-597.
3) Murase, H., G. E. Merva (1979) *Trans. of ASAE* 22 (4) : 877-880.

4) Murase, H., V. Horinkova (1979) *Agricultural Engineering.* 60 (9) : 23.
5) Murase, H., G. E. Merva, L. J. Segerlind (1980) *Trans. of ASAE* 23 (3) : 794-796, 800.
6) Murase, H. (1988) *Acta Horticulturae* Vol. 230 : 397-404.
7) Murase, H. (1992) *Acta Horticulturae* Vol. 319 : 619-624.
8) Tani, A., H. Murase, M. Kiyota, N. Honami (1992) *Acta Horticulturae* Vol. 319 : 671-676.
9) 村瀬治比古・山内良吾・穂波信雄 (1992) 生物環境調節 30 (1) : 37-44.
10) 村瀬治比古・小山修平・石田良平 (1994) 森北出版㈱ pp. 280.
11) Murase, H., S. Koyama, A. Tani (1994) *Control Engineering Practice* 2 (2) : 211-218.
12) 谷 晃・西浦芳史・清田 信・村瀬治比古・穂波信雄 (1994) *CELSS Journal* 6 (2) : 11-16.
13) 山田久也・村瀬治比古 (1994) 生物環境調節 32 (1) : 1-7.
14) Tani, A., Y. Nishiura, M. Kiyota, H. Murase, N. Honami, I. Aiga (1996) *Adv. Space Res.* 18 (4/5) : 251-254.
15) Suroso, H. Murase, A. Tani, N. Honami, H. Takigawa, Y. Nishiura (1996) *Trans. of ASAE* 29 (6) : 2277-2282.
16) Suroso, H. Muase, N. Honami (1997) 日本植物工場学会誌 10 (1) : 10-14.
17) Murase, H., Y. Nishiura, K. Mitani (1997) *Computers and Electronics in Agriculture*, 18 (2/3) : 137-148.
18) Zaidi, M. A., H. Murase, A. Tani, K. Murakami, N. Honami (1998) *CELSS Journal* 10 (2) : 1-6.
19) Zaidi, M. A., H. Murase, N. Honami (1999) 日本植物工場学会誌 11 (2) : 106-110.
20) Zaidi, M. A., H. Murase, N. Honami (1999) *J. agric. Engng. Res.* 74 : 237-242.
21) 村瀬治比古 (200) 日本植物工場学会誌, 12 (2) : 4-9.
22) Hashimoto, Y., H. Murase, T. Morimoto and T. Torii (2001) *IEEE Control Systems Magazine*, 21 (5) 71-85.
23) Takahashi, N., H. Murase, K. Murakami (2002) 日本植物工場学会誌, 14 (3) : 131-135.
24) 村瀬治比古 (編著) (2002) : ファイテク How to みる・きく・はかる－植物環境計測－, 養賢堂, pp. 237.
25) Hashimoto, Y. (1989) *Acta Horticulturae*, 260 : 115〜121.
26) National Research Council (1997) *Precision Agriculture in the 21st Century*, National Academy Press, USA. pp. 437.
27) 村瀬治比古 (1999) 日本植物工場学会誌, 12 (2) : 99-104.

森林の三次元リモートセンシング

東京大学大学院農学生命科学研究科　大政謙次

1. はじめに

　森林生態系の機能解明や保全，管理などのために，森林の構造やバイオマスを精度よく推定することが必要とされる．また，地球温暖化の京都議定書における炭素吸収源の問題に関連して，植林活動や森林破壊などによる森林のバイオマス（炭素吸収量）の変化を正確に評価するための手法の確立が急務とされている．このため，リモートセンシングと地上での生態学的な調査やフラックス測定ネットワークなどに関する研究が盛んに行われるようになってきた[1,2]．

　従来から森林の構造やバイオマスを調べるために，航空写真測量やSAR（Synthetic Aperture Radar），Landsat TM（Thematic Mapper）などを利用したリモートセンシングの研究が行われてきた[1,3]．また，新しく人工衛星や航空機に搭載されはじめたハイパースペクトルセンサ（例えば，EO-1 Hyperion）による観測が期待されている．しかし，これらは，広域の情報を得るには適しているが，精度の点で問題がある．最近，航空機搭載のスキャニングライダー（SL, Scanning Lidar）による森林のリモートセンシングが行われるようになり，森林の三次元構造やバイオマスがより正確に得られるようになってきた[4~6]．

　一方，リモートセンシングデータの解析のためには，地上調査による裏付けが必要である．通常，樹木の胸高直径の巻き尺による測定や層別刈り取りを行うことによりバイオマスを求めるが，このためには多大な時間と労力を必要とする[7]．また，林床に多くの草木が繁茂する自然の状態の森林では，調査により，林床を踏み荒らすという問題もあった．このようなことから，最近，地上調査にも，可搬型のSLを用い，樹木の三次元構造やバイオマスを計測することが行われるようになってきた[8~10]．

　ここでは，筆者らの研究[4,6,9,10]を中心に高空間解像度のヘリコプタ搭載SLや地上での可搬型SLを用いた森林の三次元構造や樹木位置のマッピング，バイオマスなどを求めるための新しい三次元リモートセンシングについて紹介する．

2. 航空機SLによるリモートセンシング

　航空機ライダーによる観測は，1960から1970年代に海洋の水深計測の分野で発達した．その後，1980年代になって，陸域の地形図作成の分野に応用され始めた．当初，森林の存在は，地形計測の誤差要因としての問題として扱われていたが，1980年代の中頃から，バイオマス量を推定するための樹冠（草本も含む）の平均高を求めるのに利用され始めた．この頃使用されたライダーシステムは，飛行方向に沿っての航跡上のみを計測していくものであった[11]．

　1990年代の中頃になると，飛行方向に直角に，パルスレーザをスキャン照射し，地形や樹高を計測するSLシステムが使用され始めた[12〜14]．しかし，スキャン間隔が粗く，地上でのビーム径（Footprint）が1m以下になると，地表面や平均樹高の正確な計測が難しく，実際の樹高に対して計測値が極端に小さくなる傾向がみられた．このため，数m以上の大きなビーム径のものが有効とされ，2003年に打ち上げが予定されているNASAのESSP（Earth System Science Pathfinder）プログラムによるVCL（Vegetation Canopy Lidar）では，人工衛星からの地球表面の観測ということもあって，25mのビーム径のものが搭載される予定になっている．この計画に関連して，航空機からの試験観測が実施されているが，最近，25mのビーム径内における地表面からの反射データを密に観測することにより，1m程度の空間解像度で大きな樹木の樹冠高を計測する試みもなされている[5]．

　一方，樹高の計測精度を高めるために，最近，数十cm以下の小さなビーム径でも，ビーム径に比べてスキャン間隔を細かくし，地表の観測面を漏れなくスキャンできる能力をもつヘリコプタ搭載の高空間分解能SLシステムが開発され，樹冠高やバイオマスの推定に利用されている[4,6]．図1は，このSLシステムによる地表面と樹冠高の三次元リモートセンシングの概念図である．このシステムでは，ヘリコプタから進行方向に対して直角方向に，パルスレーザ（25,000 Hz）を地表面に向かってスキャン照射し，地表面や樹木から帰ってくる反射パルスの飛行時間を計測することにより，地表面との距離を算出する．その際，樹冠の計測はレーザ光が反射して最初に戻ってくるパルスを受信するモード（FP-mode, First pulse mode）により，また地表面の計測はレーザ光が反射して最後に戻ってくるパルスを受信するモード（LP-mode, Last pulse mode）により行う．そして，あらかじめGround GPS（Global Positioning System）により正確に計測された基準位置（三角

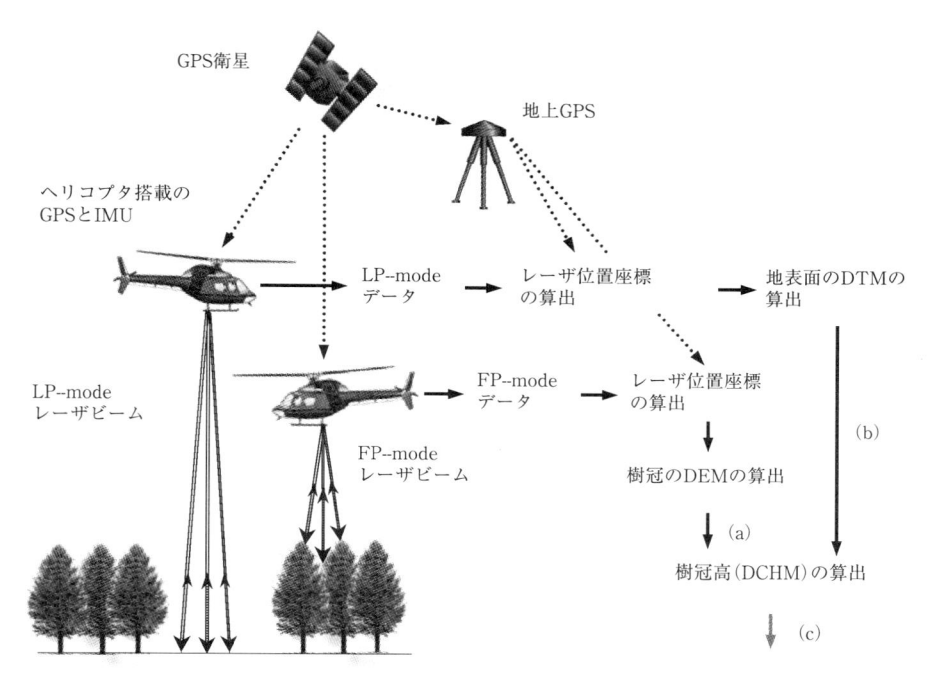

図1 ヘリコプタ搭載の高空間分解能SLシステムによる地表面と
樹冠高の三次元リモートセンシングの概念図[4]

点に設置）と，ヘリコプタに搭載されているAirborne GPSや機体の位置や姿勢をGPSと結合して正確に計測するIMU（Internal Measurement Unit）のデータ，さらに，レーザのスキャン角（照射角度）および計測された距離のデータなどから地上のレーザ反射位置の正確な三次元座標を算出し，標高を示すメッシュデータ（DEM，Digital Elevation Model）を得る（図1の流れ図を参照）．なお，このシステムにより求められる絶対座標の誤差は，20～30 cm程度であるが，基準点からの相対座標での誤差でみると，距離計測の精度である15 cm以内である．

FP-modeは，レーザ光が反射して最初に戻ってくるパルスを受信するモードであるので，このモードにより得られた標高メッシュデータ（FP-mode DEM）（図1（a）参照）は，樹木が生育している場所では，その位置で最も高い樹冠の標高を与える．図2は谷間の地域のFP-mode DEMの例である．下方の道路に隣接して植物園があり，この園内には，針葉樹や広葉樹の高低木，110余種が植栽されてい

図2　谷間の地域の FP-mode DEM の鳥瞰図[4]

た．また，植物園の右上方に隣接した山の斜面には，麓から頂上に向かって，アオキ－イロハモミジ群落，コナラ群落，オオバヤシャブシ群落が広がっていた．

一方，LP-mode は，レーザ光が反射して最後に戻ってくるパルスを受信するモードであるので，樹間を通して地表面までパルス光が到達した場所では，地表面の標高を与える．このため，このモードにより得られるデータにおいて，周辺に比べて標高が特に低い場所を抽出し，補間処理をすることにより，地表面の形状（地形，建物を含む）を示す標高メッシュデータ（DTM ; Digital Terrain Model）（図1 (b) 参照）を得ることができる．図3は LP-mode DEM から推定された DTM（建物を含む）を鳥瞰図として示したものである．右上の山の斜面が高く，また，左上から右下に向かって，標高が低くなっていることがわかる．対象地域の地形図や地上調査の結果から判断して，樹木が茂っていたにもかかわらず，植物園内の地形が正確に描かれていた．また，山の斜面や建物，道路，河川なども細部にわたって現況と一致していた．

図4は FP-mode DEM から DTM を引くことによって求められた樹冠高のメッシュデータ（DCHM ; Digital Canopy Height Model）（図1 (c) 参照）の鳥瞰図である．山や谷，建物などの部分が除かれ，平地に樹木が生育しているように表示されている．この鳥瞰図から，樹冠の形や樹木の高さがわかる．個々の樹木におい

て，針葉樹で47 cm，広葉樹で40 cmの誤差内での計測が可能であった．また，RMSEでみると，針葉樹で19 cm，広葉樹で12 cm程度の誤差であった．なお，DCHMの算出の際に，ノイズ除去のために3×3メッシュのメディアンフィルター

図3 LP-mode DEMから推定されたDTM（建物を含む地表面）の鳥瞰図[4]

図4 FP-mode DEM（図2）からDTM（図3）を引くことによって求められたDCHM（樹冠高）の鳥瞰図[4]

処理を行った.

次に,秋田地方のスギ林を対象として,DCHM画像から樹冠高だけでなく,樹冠の形状やバイオマス(炭素蓄積量)を求める手法について検討した.図5は,FP-mode DEMからDTMを引くことによって得られたスギ林のDCHMの鳥瞰図である.このDCHM画像から,画像処理によって個々の樹木の頂点を求め,DCHM画像と合成表示したのが図6である.この樹冠高の頂点から,樹木マップと樹高が求められる.図7は,図6において検出されたスギ394本の樹高のヒストグラムである.この領域のスギは,6.0 mから27.0 mの間に分布していたが,そ

図5 スギ林のDCHM(樹冠高)の鳥瞰図[6]

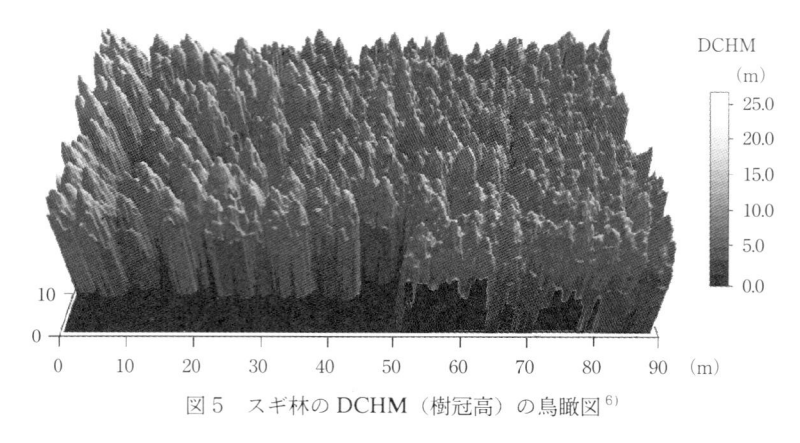

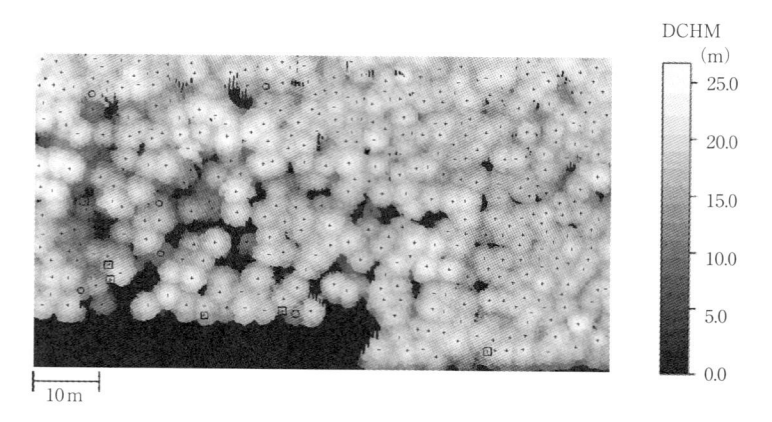

図6 スギの頂点とDCHMの合成画像[6] +:頂点,○:未検出,□:ノイズ

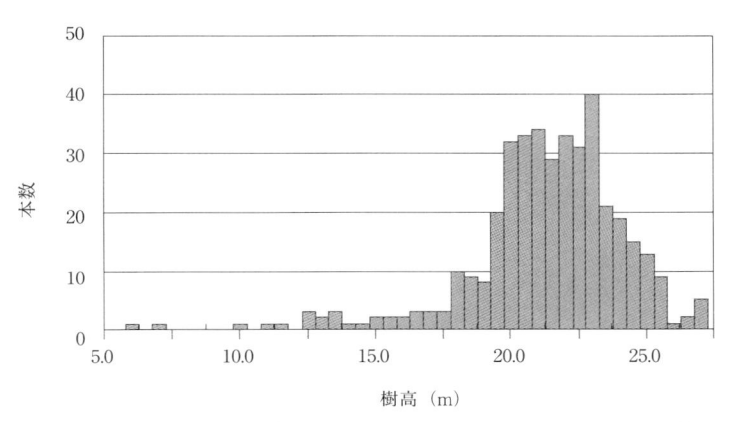

図7 図6における検出されたスギ394本の樹高のヒストグラム[6]

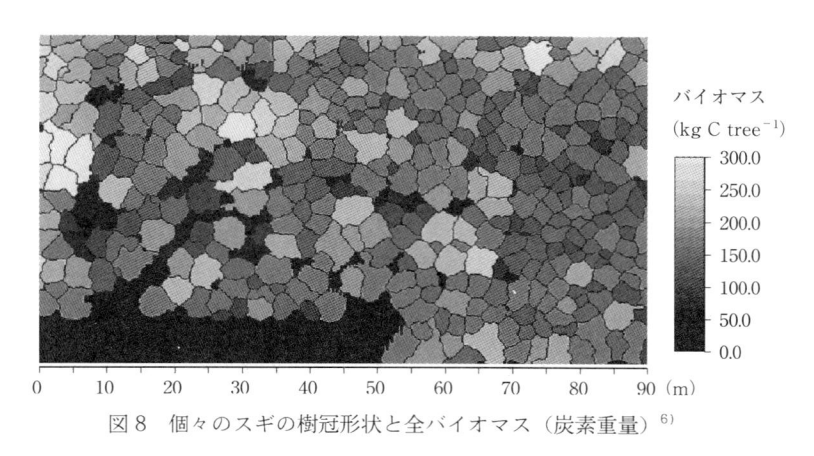

図8 個々のスギの樹冠形状と全バイオマス（炭素重量）[6]

の大半（90%）は18.5 mから26.0 mの範囲にあった．なお，平均樹高は21.3 mであった．

一般に樹木の幹材積の推定には，樹高と胸高直径の関数である材積式が用いられる．幹材積に全乾比重0.35を掛けると乾物重量が求まり，その乾物重量に0.45を掛けると幹の炭素重量（kgCtree^{-1}）が求まる．樹高のみの関数で表すと誤差は大きくなるが，3 mから30 mまでの全国のスギのデータおよび秋田のスギのデータを用いて求めた幹の炭素重量（C_{stem}）と樹高（H）との関係は $C_{stem} = 0.0119H$

$^{2.9696}$ ($R^2 = 0.933$),同様に,枝と葉,根などの炭素重量(C_{BFR})と樹高との関係は,$CBFR = 0.0075H^{2.9516}$ ($R^2 = 0.864$) で表される.これらの式を用いて個々のスギの全炭素重量を計算したのが図8である.この図では,樹冠の形状も同時に示されている.大半のスギが 110 kg から 300 kg までの間にあり,平均は 175.9kgCtree^{-1} であった.

以上の結果から,小さなビーム径のヘリコプタ搭載 SL システムを用いて,地表の観測面を漏れなくスキャン計測することにより,地形や樹冠の標高を正確に計測できることがわかった.また,計測された樹冠高を解析することにより,樹冠の形状やバイオマス(炭素重量)を精度よく求めることができた.

3. 可搬型 SL によるリモートセンシング

森林の三次元構造や正確なバイオマスを求めるには,航空機からのリモートセンシングだけでなく,地上での計測,調査が不可欠である.そこで,最近では精度の高い可搬型 SL を地上あるいは樹冠上部に設置して,森林構造や林分パラメータを計測する試みがなされている[9,10].

図9は,可搬型の SL を用いて,比較的林床植物が多く茂る初秋のカラマツ林を計測した距離画像の例である.林内には,カラマツの他,各種の広葉樹が存在し,また,林床植物としてシダ類やササ類が生育していた.使用した可搬型 SL の性能

図 9 可搬型の SL を用いたカラマツ林の距離画像の計測例[9]

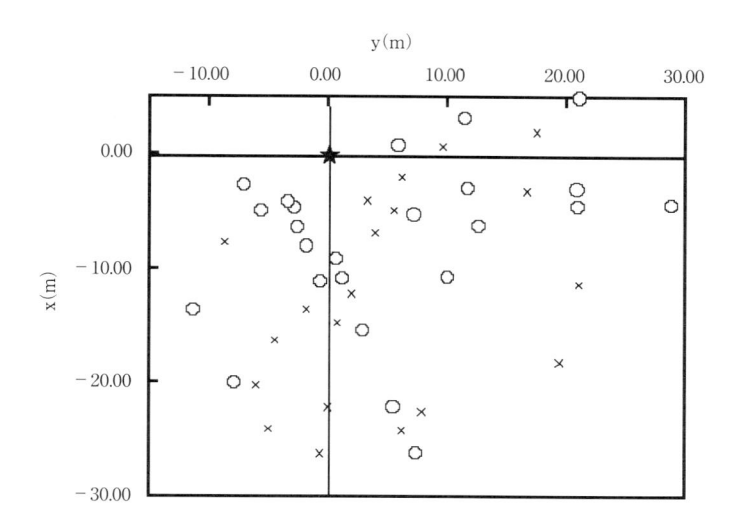

図10 カラマツ林の樹木位置のマッピング[9] ○：樹幹径計測可能，×：樹幹径計測不可能

は，計測範囲が 2 m～60 m，計測の距離精度が±8 mm，水平，垂直方向の角度分解能が±0.009 度であった．また，樹幹計測の精度をあげるために，樹幹へのレーザの到達度が高くなるラストパルスモードで計測した．その際のレーザのフットプリントは 20 m 離れた地点で直径約 20 mm であった．

図10 は，図 9 に示した距離画像から検出できるカラマツの樹木位置をマッピングしたものである．図は，可搬型 SL の設置点を (0,0) の原点として，樹幹径が計測できたカラマツ（24 本）と樹径が計測できなかったカラマツ（20 本）の相対位置を表している．計測対象範囲の毎木調査と比較すると，樹幹径が計測できたカラマツは，可搬型 SL の設置位置から 10 m 以内で 64 %（計測可能本数＝9 本），15m 以内で 52 %（15 本），20 m 以内で 39 %（17 本），30 m 以内で 25 %（24 本）であった．また，樹幹径が計測できなかったものも含めると，10 m 以内で 100 %（計測可能本数＝14 本），15 m 以内で 83 %（24 本），20 m 以内で 66 %（29 本），30m 以内で 45 %（44 本）であった．この数字をどのように評価するかは意見が分かれるが，自然の生育状態で生育している樹木を林床植物の攪乱なしに，一カ所からの計測で求められること，また，踏査では困難な樹木の正確な位置を知ることができるという点で優れている．

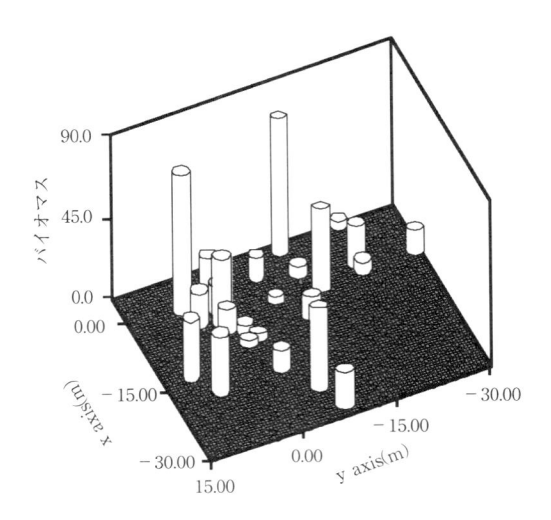

図11 個々のカラマツの地上部バイオマス（炭素重量）[9]

次に，個々のカラマツのバイオマス（炭素重量）を推定するために，計測された樹幹径データから，前もって求めておいた胸高直径と任意の高さでの樹幹径との関係式を用いて，対象とするカラマツの胸高直径を推定した．さらに，胸高直径と炭素重量の関係式（二次回帰式：$R^2 = 0.96$）から，胸高直径が推定できた24本のカラマツの地上部バイオマスを推定した（図11）．24本のカラマツの炭素重量は，0.72 kgC から 109 kgC に分布し，68 kgC 以下の比較的炭素重量の小さいものが全体の 88 ％，39 kgC 以下のものが 63 ％を占めていた．

次に，図11の結果から，このカラマツ林の単位面積あたりのバイオマスを推定した．図11において，可搬型SLからの距離が 10 m 以内に生育していたカラマツ 9本（総本数の 64 ％）のバイオマスは炭素重量で 342 kgC，20 m 以内のカラマツ 17本（39 ％）のバイオマスは 648 kgC，30 m 以内のカラマツ 24本（25 ％）のバイオマスは 924 kgC であった．ここで得られたバイオマスを実際に生育しているカラマツの総本数当たりに換算し，スキャン角 170°内の面積で割れば，単位面積当たりのカラマツのバイオマスが推定できる．結果は，10 m 以内で，炭素重量で 3.59 kgCm^{-2}，20 m 以内で 2.83 kgCm^{-2}，30 m 以内で 2.80 kgCm^{-2} であった．ここで，可搬型SLの計測対象とした同領域において，カラマツの胸高直径を実測して求めた単位面積当たりのバイオマスは 10 m 以内で 2.58 kgCm^{-2}，20 m 以内で 2.94 kgCm^{-2}，30 m 以内で 2.88 kgCm^{-2} であった．すなわち，単位面積当たりの

炭素重量の推定誤差は，10 m 以内で 28.0 %，20 m で 4.3 %，30 m で 2.7 %であった．10 m 以内の誤差が大きいのは，可搬型 SL を設置した場所周辺がカラマツ林のギャップにあたり，20 m や 30 m に比べて，カラマツの本数が局所的に少ない場所であったためと考えられる．しかしながら 20 m から 30 m と範囲が広くなるほど誤差が炭素重量で 4.3 %から 2.7 %と低くなる結果が得られた．

以上の結果より，胸高直径とバイオマス（炭素重量）との関係が前もってわかっていれば，可搬型 SL を用いて計測（あるいは推定）された胸高直径から，個々の樹木のバイオマスが推定可能であることが示された．特に可搬型 SL からの距離が 30 m の範囲内において，単位面積当たりのバイオマスを誤差 2.7 %という高い精度で推定することができるということがわかった．ここで述べた方法は，自然の状態の樹林において，林床を攪乱することなく，踏査では困難な樹木の正確な位置のマッピングや胸高直径，バイオマス（炭素重量）などの樹木パラメータを精度よく推定できるという点で優れている．

4．おわりに

ここでは，高空間解像度をもつヘリコプタ搭載型 SL および可搬型 SL を用いた森林の構造や樹木位置のマッピング，バイオマスなどを求めるための新しい三次元リモートセンシングについて紹介した．ここで述べた方法は，従来のリモートセンシング手法に比べて，高空間分解能をもつ三次元情報に基づいていることから，精度の点で優れている．また，地上調査における労力を軽減し，林床に多くの草木が繁茂する自然の状態の森林でも，林床を踏み荒らすことなく調査ができるという利点がある．今後，森林生態系の機能解明や保全，管理などのために，また，京都議定書における炭素吸収源の問題に関連した植林活動や森林破壊などによる森林の炭素吸収量変化を評価するために有効的に利用できよう．

引用文献

1) Hobbs, R.J. and H.A. Mooney (eds.), 大政謙次他（監訳）(1993) 生物圏機能のリモートセンシング, Springer-Verlag Tokyo, 東京.
2) 山形与志樹他（2002）日本リモートセンシング学会誌 22 : 494-509.
3) Goward, S.N. and D.L. Williams (1997) Photogramm. Eng. Remote Sens. 63 : 887-900.
4) 大政謙次他（2000）日本リモートセンシング学会誌 20 : 34-46.
5) Lefsky, M.A. *et al.* (2002) BioSci. 52 : 19-30.

6) Omasa, K. *et al.* (2003) Environ. Sci. Technol. 37 : 1198-1201.
7) 大隅眞一（編）（1995）森林計測学講義,養賢堂.
8) 吉村充則（2001）科学 71 : 1210-1216.
9) 大政謙次他（2002）日本リモートセンシング学会誌 22 : 550-557.
10) 浦野　豊・大政謙次（2003）Eco-Engineering 15 : 79-85.
11) Nelson, R. *et al.* (1988) Remote Sens. Environ. 24 : 247-267.
12) Nilson, M. (1996) Remote Sens. Environ. 56 : 1-7.
13) Nasset, E. (1997) ISPRS J. Photogramm Remote Sens. 52 : 49-56.
14) Nasset, E. and T. Økland (2002) Remote Sens. Environ. 79 : 105-115.

砂漠化問題への取り組み－主に中国の砂漠化－

九州大学大学院農学研究院　真木太一

1. はじめに

砂漠化の用語が初めて使われたのは，1923年の日本で，「世界大勢」の中に記載されていることが最近になってわかった（石，2002，講演会）．なお，その砂漠化は1977年の国連砂漠化防止会議で初めて定義されて以来，幾分変更されてきている．1996年12月発行の国連砂漠化対処条約で，砂漠化とは「乾燥地，半乾燥地および乾燥半湿潤地域において，気候変動や人間活動を含む様々な要因に起因して起こる土地の劣化」と定義されている．

砂漠化は最近では人為的な原因がほとんどであり，現在でも地球規模で進行している現実がある．ここでは砂漠化について世界の砂漠化の状況，特に中国の状況および砂漠化への取り組み方・防止対策について報告する．

2. 世界の砂漠化状況

国連砂漠化対処条約の中では砂漠化する可能性のある範囲は$0.05 \leq AI < 0.65$（$AI = R/Et$, R：年降水量，Et：最大可能蒸発散量，乾燥指数AI：乾燥・湿潤の程度）であるとしている．

世界の乾燥度の程度とその程度別の面積分布割合は，極乾燥地：$AI < 0.05$では7.5％の面積である．乾燥地：$0.05 \leq AI < 0.2$では12.1％，半乾燥地：$0.2 \leq AI < 0.5$では17.7％，乾燥半湿潤地：$0.5 \leq AI < 0.65$では9.9％であり，湿潤地：$0.65 \leq AI$では39.2％，さらに寒冷地：$0.65 \leq AI$では13.6％であるとされる[14]．世界の地域別の乾燥度と乾燥度分布比率は非常に高く，また乾燥度分布面積と分布比率も高い．したがって，砂漠化に関して一口でいえば，乾燥地は世界の陸地の1/3を占めており，その地域で砂漠化が発生しやすい状況にある．

次に，世界の乾燥地の地域別および土地利用別の砂漠化面積と面積比率を表1[10,17]に示す．砂漠化している面積，特に放牧草地で極めて高く2/3であり，また降雨依存農地でも1/2で著しく高い．さらには，灌漑農地でも20％で高い．

なお，世界の地域別の砂漠化傾向の変化状況を図1[1,14]に示すと，世界のほとん

表1 乾燥地の地域別，土地利用別の砂漠化面積とその比率
（UNEP, 1984；真木ら, 1993）（単位：万 km^2）

地域名	放牧草地		降雨依存農地		灌漑農地	
	全面積	砂漠化比率	全面積	砂漠化比率	全面積	砂漠化比率
アフリカ	7100	*85.4%	1620	*61.6%	60	*22.0%
スーダン・サヘル	3800	90	900	70	28	20
南アフリカ	2500	80	520	65	20	20
地中海アフリカ	800	80	200	15	12	30
アジア	8160	*70.9	2130	*58.9	845	*21.4
西アジア	1160	85	180	75	75	15
南アジア	1500	80	1500	65	590	25
旧ソ連領アジア	2500	60	400	30	80	15
中国・蒙古	3000	70	50	50	100	10
オーストラリア	4500	30	390	20	16	15
北　米	3000	50	850	25	200	20
メキシコ・南米	2500	75	310	65	120	10
地中海ヨーロッパ	300	55	400	25	64	20
計	25560	*65.5	5700	*49.9	1305	*20.0

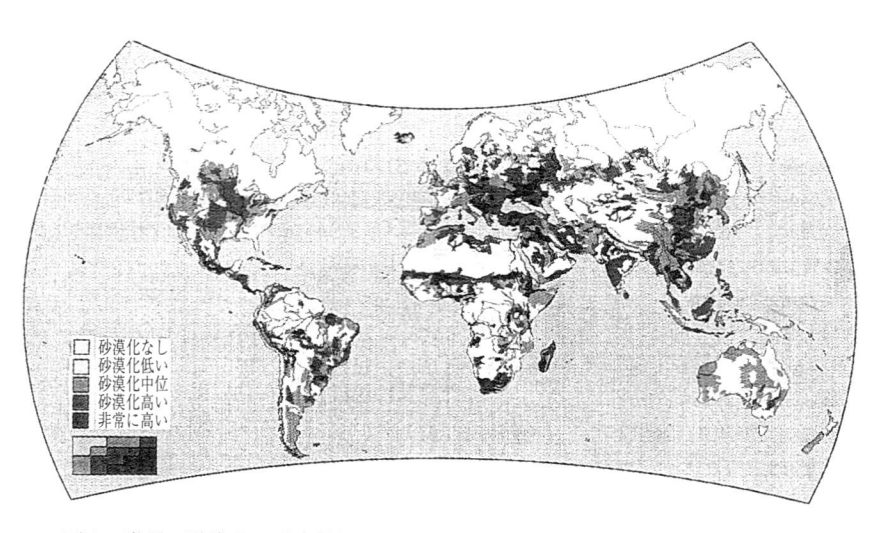

＊著者算定

図1　世界の砂漠化の分布状況（World Atlas of Desertification；UNEP, 1992）

どに及び，非常に広いことがわかる．なお，サハラ砂漠やタクラマカン砂漠の内部では本来砂漠であるので，砂漠化した地域からははずしてあるにもかかわらず，広範囲に及んでいることがわかる．

3．中国の砂漠化状況

現在，中国で砂漠化の影響を受けている土地面積は262.2万km^{2}であり，中国全土の27.3％を占めている[2]．

①発生原因別の砂漠化土地面積は風食砂漠化160.7万km^2，水食砂漠化20.5万km^2，物理的（土壌凍結・融解）砂漠化36.3万km^2，化学的（塩類集積）砂漠化23.3万km^2，その他の原因による砂漠化21.4万km^{2}である．

②土地利用別では耕地砂漠化7.7万km^2，草地砂漠化105.2万km^2，林地砂漠化0.1万km^2，その他の砂漠化149.1万km^{2}である．

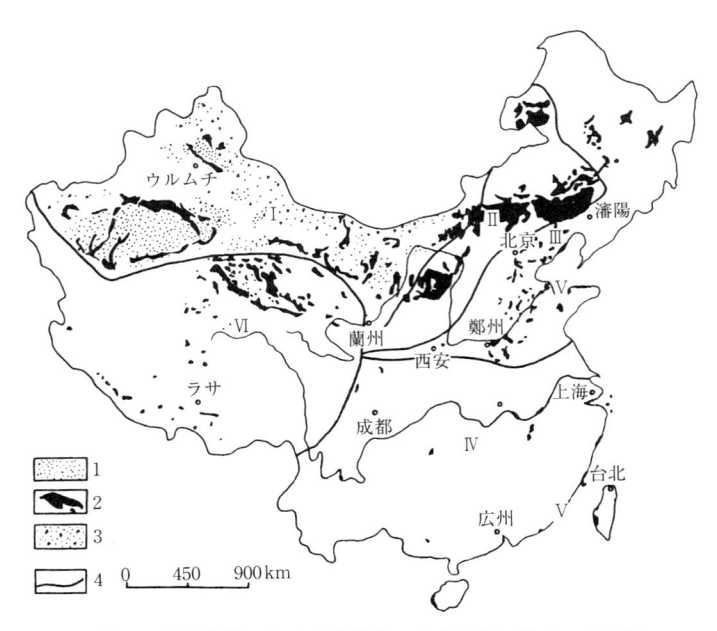

図2 中国全域における砂漠化の分布状況（朱ら，1994）
1.砂砂漠 2.砂漠化・風砂化 3.ゴビ砂漠 4.境界線
Ⅰ.西北部の乾燥オアシス周辺の砂漠化地域，Ⅱ.内モンゴル・万里の長城沿いの半乾燥草原の砂漠化地域，Ⅲ.東北部の半湿潤域の砂砂（風食・砂地）化地域，Ⅳ.南部の湿潤域の風砂化地域，Ⅴ.海岸域の風砂化地域，Ⅵ.チベット高原の寒冷域の砂漠化地域

③気候区分別では，乾燥地 114.8 万 km^2，半乾燥地 91.9 万 km^2，乾燥半湿潤地 55.5 万 km^2 である．

④砂漠化の程度別では軽度 95.1 万 km^2（36.3 ％），中度 64.1 万 km^2（24.4 ％），重度 103.0 万 km^2（39.3 ％）の砂漠化土地面積がある．

中国の砂漠化の状況は図2[16]に示すように，非常に広範囲に及んであることが分かる．北京の北西部や中国東北の内陸部（カルジン砂地）でも相当の砂漠化が進行している．なお，中国西部のタクラマカン沙漠では周辺部が砂漠化しており，砂漠内部は元から砂漠であるので，砂漠化とはいわないためである．

中国では，主として1950年代から砂漠化防止対策に力を入れており，1991年以来，植林，植生の回復，農地改良などによって 4.3 万 km^2 の砂漠化土地を回復させている一方，その逆に広大な面積が砂漠化しており，中国全体では風食に起因するものだけでも毎年 2,460 km^2 のスピードで砂漠化しており[3,15]，いわゆる砂漠化は年間 1 万 km^2 以上のスピード（西日本新聞，2002）での進行であるといわれており，ゆゆしき現状がある．

4．中国の砂漠化防止対策

中国では国連の砂漠化対処条約締結以降，1994年から砂漠化対処条約中国実行委員会[2]を立ち上げて対策に乗り出し，1997年に中国砂漠化報告が実施された．これによると，砂漠化の状況，砂漠化の原因，砂漠化の傾向，砂漠化防止戦略などについて，かなり詳しく報告されている．砂漠化防止対策としての基本的対策は以下のとおりである．

①中国人民に対する宣伝・教育の強化と全面的社会参加の推進
②砂漠化防止関連法令の制定・整備と法律施行の強化
③先進的科学技術の利用と人材育成による砂漠化防止の強化
④合理的な資源利用による持続的生態系の保持
⑤特別地域の優遇政策と資本投資の増額

中国の場合，これらの対策に相当するのが西部大開発であるとされる．なお，西部とは内蒙古，安徽，河南，湖北，陝西など中部9省・自治区，四川，雲南，甘粛，青海，新疆など西部10省・自治区・直轄市である．

西部開発では道路，鉄道，空港の交通インフラや水利・都市基盤の整備に重点を置くとともに，天然ガスや鉱物資源の開発，地域の特性を活かす産業企業の育

成，効率的産業構造の転換，観光資源活用，資金借款，外資系資金の投資増強を実施する．また，生態系破壊や砂漠化に対処するために，自然環境の回復・保全として長江（揚子江）と黄河の流域周辺での天然林の保護・植林の推進を実施する．以上が推進目標とされる．

5．中国乾燥地での砂漠化対策

テラス耕作，耕作軽減・停止（退耕返林・返牧），節水灌漑，集水域統合管理，薪炭林の造成，草方格や防風林の整備・植林，太陽エネルギー・風力エネルギーの利用による持続的生態系の構築などによって，砂漠化地域の自然資源の経済価値の増強・変換によって砂漠化地域の住民が貧困－資源の過度利用－貧困強化の悪循環からの脱出を図る計画であり，現在強力に推進されている．しかし，現実的にどのような成果が得られるのか，期待されてはいるが，難しい状況でもある．砂漠化対策には継続的な実施が不可欠である．

6．中国乾燥地の気候特性と防風施設による気象改良・砂漠化防止（草方格）

中国乾燥地のトルファンや敦煌などでの気候特性および防風施設による気象改良について著者らの観測結果を紹介する．

6.1 中国新疆トルファンにおける乾燥地の気候特性

中国乾燥地では大陸性の気候のため，夏季は暑く，冬季は寒い，いわゆる気温較差の大きい地域が多い．また，春季と秋季がないともいわれるほど，急激に気温が変わり，冬から夏，夏から冬へと急変する．したがって，気温は日較差，年較差とも大きく，当然乾燥して湿度の低い気候である．

トルファンの気候は最高気温 47.6 ℃，最低気温 － 28.0 ℃，年降水量 16.4 mm，平均風速 1.7 m/s であるとされる．なお，著者の観測では最高気温 47.9 ℃，最高地表面温度 84.9 ℃であった．相対湿度はしばしば5％以下で，時に1％以下になる．フェーン風が良く吹き，内陸・盆地としては，一般的には風は弱いにもかかわらず，強風の吹く回数が多く，強風期の春季～夏季は砂嵐の発生もかなり多い．このように非常に厳しい盆地気候を示す．

6.2 タマリスク防風林による気象改良効果と収量増

砂漠化を防止するには，緑化が最適である．これにはまず，草方格で風速を弱め，地表面の砂の移動を抑え，同時に乾燥植物の種が芽生え，活着するようにす

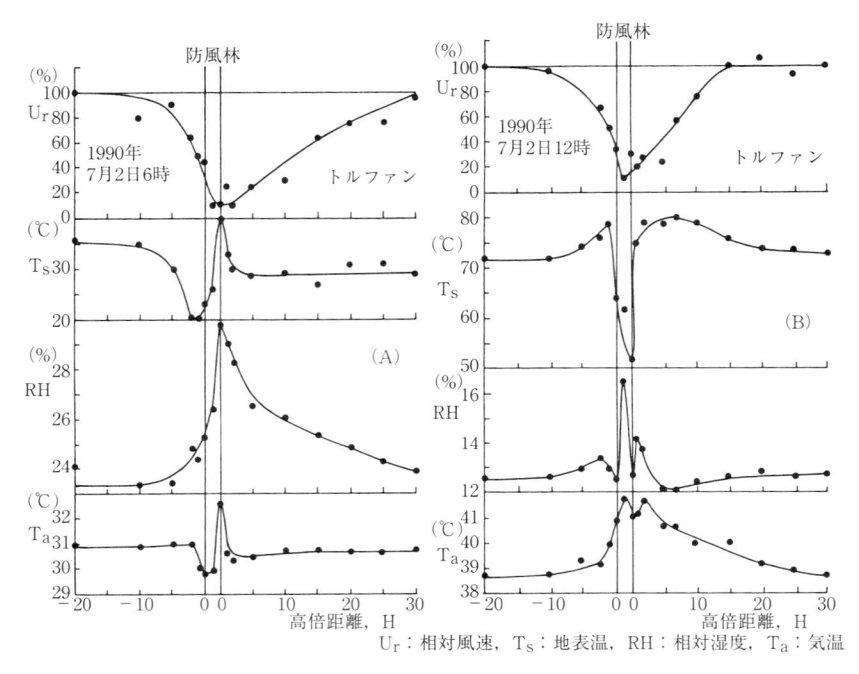

図3 中国トルファンのタマリスク防風林による気象改良効果（真木，1992）

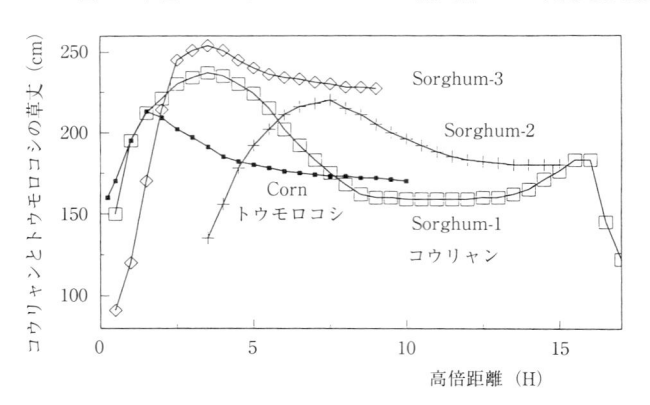

U_r：相対風速，T_s：地表温，RH：相対湿度，T_a：気温

図4 防風林による3種コウリャンとトウモロコシの草丈の変化（真木ら，1998）

ることが効果的である．そして，防風林を育て，その防風効果によって気候を緩和し，気象を改善することが有効である．このため，事例としてトルファンの砂漠の境界地域で実施した防風林の効果として，図3[4]に示す．このように，風速，気温，湿度，地表面温度など気象が改善されていることがわかる．

また，防風林による重要な最終の目的としての効果は，農地への防風林の利用であり，作物に対する効果を期待している．これによって，収量の増加が可能になり，また品質の良い作物が得られることになる．防風林による草丈の増加，すなわち，乾燥地では草丈が増加すれば当然収量の増加が期待できることになる．その状況をトルファンで測定した混交防風林によるコウリャンとトウモロコシでの草丈変化を図4[5)]に示す．防風林の風下2〜10倍（高倍距離）付近で草丈が高くなっていることがわかる．また，収量では草丈よりも，さらに増収効果が顕著に出る場合が多い結果を得ている．

6.3 砂漠化防止と緑化のための草方格の普及

　中国では砂漠化防止および砂漠の緑化のために，草方格（図5）を導入している．この写真はタクラマカン沙漠で産出する石油開発のために南北に縦断する砂漠道路を保護するため導入された草方格である．この草方格は，ロシア，あるいは日本がオリジンとされるが，中国では黄河沿いの沙坡頭付近で，鉄道と道路を保護するために応用され，そこで成功したために中国

図5　タクラマカン沙漠道路の飛砂保護用の草方格（2002年7月）

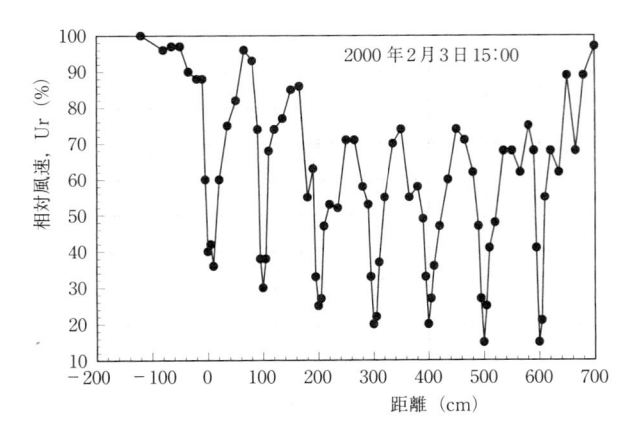

図6　草方格による減風効果を示す風速分布（真木ら，2000）

国内に普及しつつある．

なお，著者は中国敦煌で草方格による気象改良効果に関して観測を実施しており，気象改良効果および防砂効果が評価されている．ここでは，愛媛大学構内に設定した実験用の草方格での減風効果について観測した結果を図6[13]に示す．風速の減少が顕著であるとともに，条件の良い観測時には風速の最低値と極大値（風速の回復状況）が小さい方に加算されている状況が観測された．なお，これらの加算効果は5〜6列程度であり，その状態でほぼ一定となる傾向が認められる．

7．中国の砂漠化に関連する砂丘の移動特性と黄砂の発生特性

中国北西部における砂丘の移動状況および沙漠とオアシスにおける黄砂の発生特性の差異について記述する．

7.1 中国北西部の砂丘の移動

砂の移動は風速の3乗に比例して起こる．そのため脊の高い大きい砂丘の動きは遅く，例えば高さ1m程度の小さいバルハン型の砂丘では，1日に1mも移動す

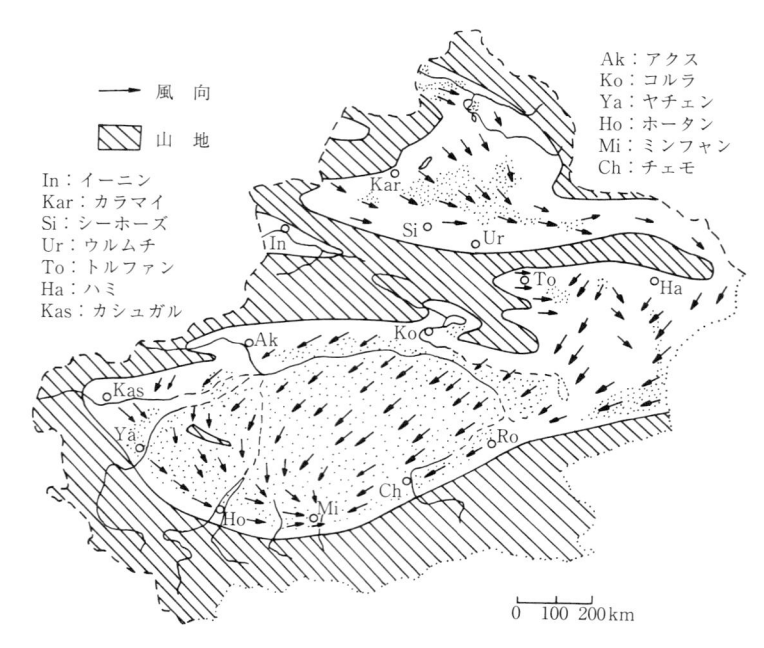

図7 中国西北部の砂丘の移動方向または風向（真木ら，1995）

ることは，しばしば発生する現象である．トルファンにおける砂丘の移動方向は西〜西南西の風によって東〜東南東へ移動する．高さ7m程度の砂丘では，移動速度は数年間の平均で年間約10.3mであった[11]．なお，砂丘は形態によって，またもちろん，その場所による風速で移動速度がかわるが，一般にバルハン型の砂丘では移動速度が早く，高さが非常に高くなるピラミッド型の砂丘では，季節，時期によって風向が変わるため，ある一方向への移動速度は非常に遅くなる．

なお，中国タクラマカン，グルバントングト沙漠での砂丘または風向は図7[11]のとおりである．タクラマカン砂漠に対して西部からは北西風，東部からは北東風によって，砂，砂丘が中央・南部へと移動する状況が評価できた．このため，西域南道の道路が砂漠に飲み込まれて，長年の間にコンロン山脈側の南側へと移動せざるを得なくなる状況が理解できる．

7.2 砂漠化の関連としての黄砂の発生状況

最近，黄砂が異常に増加している．図8（気象庁）に示すように2000年より3年連続して黄砂が記録を更新して増加しており，極めて特異な状況が継続している．2002年には黄砂は例年のとおり春季に多く，すでに春季だけでも記録を更新していたが，11月12日に九州から北海道までの全国にわたって黄砂が観測された．この広範囲の黄砂は観測開始以来はじめてのことであるが，九州の福岡では6年振りの現象であった．なお，2002年は北京空港の閉鎖から韓国では学校の休校や温室ハウス内での作物の減収まで，被害が種々の範囲に及んだ．その原因は中国北西部から内モンゴルおよびモンゴル人民共和国での砂漠化が原因とされている．そして，地球温暖化による間接的な気候変化（乾燥地域と降雨地域が移動）が原因している．特に北京の北西部で比較的近い農地からの黄砂の供給が激しいといわれている．

なお，2003年は黄砂がどのようになるか危惧されるところであったが，その結果は1990年代のレベルに激減した．その理

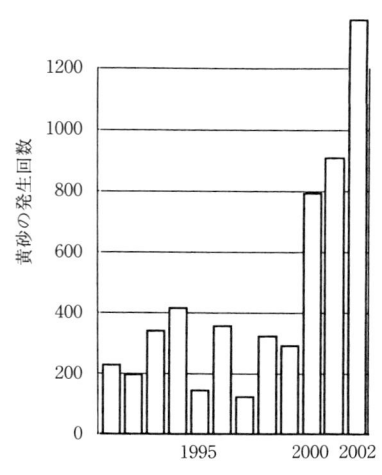

図8　全国123ヶ所の気象台における黄砂の発生回数の積算値（気象庁）

図9 中国敦煌莫高窟の上側のゴビ砂漠での気象・黄砂の観測風景（2002年4月）

図10 春季，敦煌の耕耘した裸地の農地と葉のないポプラ防風林（2002年4月）

由については興味の持てるところである．

これらは敦煌での著者らの観測（砂漠での観測風景，図9）で，一般的にはオアシスよりも砂漠の方が黄砂の発生が少ないと思われがちであるが，実は春季の乾燥・強風期においては，農地を耕耘するため，細かい粒子の砂・土が表面に出されることで（図10），砂面からの砂の舞上がりが，図11（杜・真木，2002，ホームページ）に示すように，砂漠よりもかなり多く発生する現象が明確に観測された．このことで，日本に飛来する黄砂も当然多くなっていると推測される．すなわち，砂漠化は人為的な現象で起こるが，それが黄砂にも影響して，いわゆる，過開墾・開発，過放牧，過伐採が影響して黄砂の著しい増加が発生していると推定される．

8．あとがき

砂漠化は地球規模で現在も進行している．基本的背景には人口増加が関与するため，多くは人為的な自然環境破壊に起因している．すなわち，過放牧，過伐採，過耕作，過開発や過剰な水使用に起因する．砂漠化は多くは，農業開発に代表されるように，乾燥地の河川にダムを建設し，その水を利用して灌漑農業を行った結果，緑化して，ある地域では農業生産が上がっている一方，本来そのわずかな水で乾性植物が生育していた広範囲な地域が水の減少によって広域に砂漠化し，半固定砂漠であった地域が，活動砂丘に逆戻りさせているケースが多い．なお，本

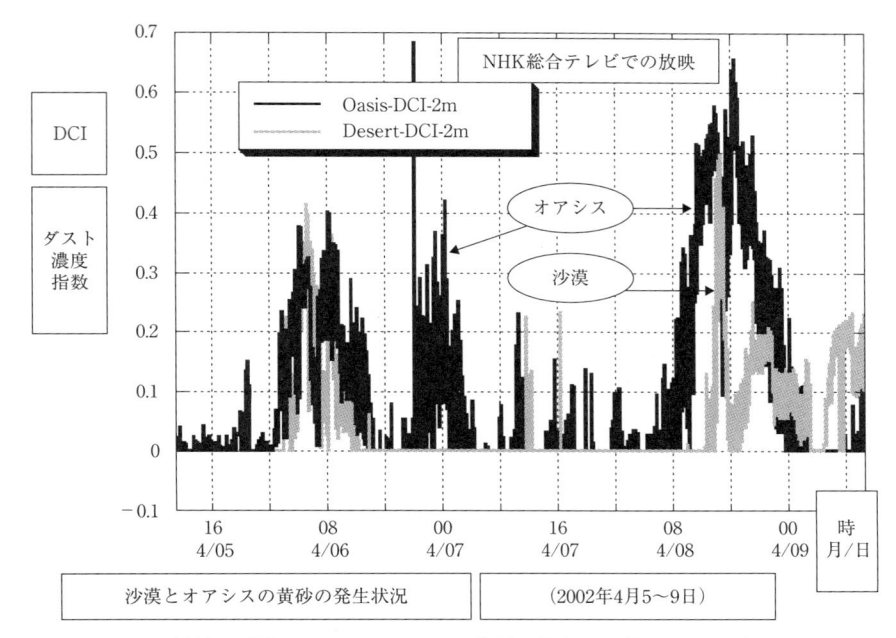

図11 敦煌の砂漠とオアシスにおける黄砂の舞上がり状況（2002年4月）

来利用されていなかった地域の開発とはいうが，さらなる乾燥化によって，その土地の荒廃，砂漠化を引き起こし，特に砂丘の移動という，砂漠の拡大をもたらすケースが認められる．この意味からも環境アセスメントが必要である．

なお，砂漠の開発，砂漠化防止対策は難しいとはいえ，過去に植生があった地域での植生（灌木や乾燥草本植物）の回復は，大きく条件が変わらない限り可能であると思っており，成果を期待している．

参考文献

1) CGER（1997）Data Book of Desertification / Land Degradation, pp. 68.
2) CCICCD（China National Committee for the Implementation of the United Nations Convention to Combat Desertification）（1996）China Country Paper to Combat Desertification, China Forestry Publishing House, Beijing.
3) 邱国玉・戸部和夫・清水英幸・大政謙次（2000）沙漠研究10（4）：269-273.
4) 真木太一（1996）中国の砂漠化・緑化と食料危機，信山社，pp. 191.
5) 真木太一（1998）緑の沙漠を夢見て，メディアファクトリー，pp. 128.

6) 真木太一（1999）写真で見る中国の食糧・環境と農林業，筑波書房，pp. 174.
7) 真木太一（2000）大気環境学，朝倉書店，pp. 140.
8) 真木太一・潘伯榮・黄丕振・閻国榮（1992）農業気象 48（2）：157-164.
9) 真木太一・真木みどり（1992）砂漠の中のシルクロード，新日本出版社，pp. 206.
10) 真木太一・中井　信・高畑滋・北村義信・遠山柾雄（1993）砂漠緑化の最前線，新日本出版社，pp. 213.
11) 真木太一・潘伯榮・杜明遠・鮫島良次（1995）沙漠研究 4（2）：91-101.
12) 真木太一・杜明遠・大場和彦（1998）沙漠研究 8（2）：95-104.
13) 真木太一・伊藤代次郎・中山美歩・新山奈央子・中野貴文（2000）日本沙漠学会講演要旨集，11：23-24.
14) UNEP（Middleton, N.J. and Thomas, D.S.G.）（1992）World Atlas of Desertification.
15) Wang, L.（1999）Chinese initiatives to combat desertification. Agenda of International Symposium on Research to Combat Desertification "Listen to Degrading Arid Land？", Tokyo.
16) 朱震達・陳広庭等（1994）中国土地沙質荒漠化，中国科学出版社，pp. 250.
17) UNEP（1984）General assessment of progress in the implementation of the plan of action to combat desertification 1978-1984, p. 23.

温暖化の農業への影響

独立行政法人農業環境技術研究所 林 陽生

1. はじめに

「気候変動に関する政府間パネル (IPCC)」の第三次評価報告書/第一作業部会 (2001)[27,29]によると、地球の平均地上気温は、20世紀に約0.6℃上昇したことが明らかになった。この値は、第二次報告書が刊行された1994年時点の上昇幅より約0.15℃高い値である。このような近年の昇温傾向は、1998年が観測史上最も暖かい年であったこと、1990年代が最も暖かい10年間であったことに象徴されている。降水量については、気温ほど系統的な変化は現れなかったものの、北半球の中・高緯度地帯を中心として5~10％増加したことが明らかになった。

最近100年間について、気温と降水量の変化を世界の地域ごとに整理した報告[5]では、気温上昇の規模が日本を含む北アジア地域で最大(1.0℃)かつ降水量増加の割合が同地域で最大(約12％)であったことが示されている。ここで定義されている北アジアは、ユーラシア大陸東部および日本列島を含む広大な領域であり、顕著な変化が現れている地域は比較的高緯度地帯であるが、今後もこの傾向が継続すれば、日本の農業は世界の中で最も早く温暖化に代表される地球規模の環境変動の影響を被ることが考えられる。

それでは、温暖化は農業にどのような影響を及ぼすだろうか。一般に、温暖化およびその原因である大気中のCO_2濃度の上昇により、乾物生産量の増大や栽培可能期間や地域の拡大などといった好ましい影響が考えられる一方、高温ストレスの影響、害虫の増加や雑草の繁茂、さらには土壌中の微生物や有機物相の単純化など好ましくない影響が考えられる。

2. 温室効果ガス排出シナリオ

IPCC第三次評価報告書は、第二次報告書以後に開発した多様な温室効果ガス排出シナリオを大気大循環モデルに組み込み温暖化予測を行った結果を示している。すなわち、将来の経済活動、人口、ライフスタイル、社会構造などの要素の変化を組み合わせ、温暖化の原因である温室効果ガス濃度の変化のシナリオを設定し

た．その際，経済志向（A）－環境志向（B）および地球主義志向（1）－地域主義志向（2）という二つの座標軸を設け，四つの象限に対応したA1，A2，B1，B2のストーリーラインを定義した．各ストーリーラインの概要を表1に示す．各ストーリーラインは，合計40種に及ぶ詳細なシナリオ（総称してSRESシナリオと呼ぶ）で構成されている．

ところで，これまでの温暖化影響に関する研究では，主にSRESシナリオの1世代前の温室効果ガス排出シナリオ（IS 92 a）に基づいた予測結果を利用する場合が多かった．IS 92 aシナリオはSRESシナリオの中ではB1（環境志向－地球主義志向）に近いといわれている．今後の影響評価では，SRESシナリオに基づく予測結果を利用した研究が進むであろう．

また，IPCC第三次評価報告書では，大気中のCO_2濃度はSRESシナリオに依存してバラツキが大きいが，2100年までに540 ppm～970 ppmに増加すると予想している．この値を産業革命以前の値280ppmと比較すると，約2～3.5倍に増加することになる．このようなCO_2濃度上昇に伴い，2100年の地球の地上平均気温は1990年と比較して1.4 ℃～5.8 ℃上昇するとされている．この気温上昇幅は，IS 92 aシナリオを基に予測された気温上昇幅1.0 ℃～3.5 ℃を上回っている．この理由として，温暖化を抑制する要因の主役である二酸化硫黄の排出量がそれほ

表1　IPCC第三次報告書で使用されているストーリーラインの概要
（IPCC Special Report on Emissions Scenarios,
http://www.usgcrp.gov/ipcc/SRs/emission/001.htmから引用）

	経済志向（A）	環境志向（B）
地球主義志向（1）	A1 低い人口増加のもとで高い経済成長が続く．高い技術水準が維持され，地域間の壁は次第に縮小する． 社会構造や所得は一定の水準に収束する．	B1 低人口増加と高経済成長はA1と同じだが，低資源消費やクリーンエネルギー利用など，持続可能な観点で開発した技術が適用される．経済成長はA1より劣るが，地球主義の価値観が行き届き，結果として温室効果ガスの排出量は2100年には1990年を下回る．
地域主義志向（2）	A2 地域主義が強く，各地域はブロック化し，独自の伝統文化をあまり崩さない．自由貿易に基づく経済発展に重きを置かず，世界人口は約150億人に達する．エネルギーも地域内の資源に依存する割合が高く，技術進歩も相対的に遅い． このため，アジアなどでは石炭への依存度が高く，温室効果ガスの排出量も多い．	B2 地域主義が強い中で，経済・社会・環境の持続性が追求される． 世界は多様性を持つが，A2ほどではない．人口は国連の中位推計に従って変化する．四つのストーリーラインの中で最も平均的である．

ど増加せず，したがって温暖化にブレーキをかける効果があまり大きく働かないためと考えられている．

3. 温暖化影響の概要

　IPCC第一作業部会報告－政策決定者向けの要約 (2001)[28]は，将来予測のなかで「可能性がかなり高い」現象として，①ほとんど全ての陸域で最低気温が上昇し寒い日や降霜日が減少する，②陸域で日較差が縮小する，③陸域で最高気温が上昇し暑い日が増加する，④強い降水が増加する，などを指摘している．これらの現象を農業との関わりの観点から考えると，高温による作物の生育障害，夜間の呼吸量の増大による相対的な乾物生産量の低下，干ばつの危険性の増大，耕地の土壌浸食の危険性の増大，などが考えられる．

　またIPCC第二作業部会報告－政策決定者向けの要約 (2001)[30]は，地域別にみた温暖化の影響をまとめている．アジア地域における特徴は次の通りである．①開発途上国では，開発が進んだ国に比べ温暖化に対する適応力は低い．②中緯度帯および熱帯で，洪水，干ばつ，森林火災，熱帯性低気圧などの発現頻度が増す．③乾燥地帯や熱帯さらに中緯度帯の諸国では，高温および水不足，海面上昇，洪水や干ばつ，熱帯低気圧の発生が穀物生産量や漁獲量の減少を引き起こし，最終的に食料の安定的供給が脅かされる．④乾燥および半乾燥地帯では，表面流出や土壌水分が減少するなど乾燥化が進む一方，アジア北部では逆の傾向が現れる．⑤蚊などの保菌生物が媒介する伝染病および熱波により，人間の健康が脅かされる．⑥海面上昇と強い熱帯性低気圧の発現が，中緯度帯と熱帯の沿岸に住む数千万人の移住を強いる．また，中緯度や熱帯地方では，洪水の危険性が増す．⑦エネルギー需要が高まり，一部の地域で人々の交通に支障が生じる．⑧土地利用の変化および人口増大が生物多様性の脆弱化を引き起こす．特に，海面上昇によりマングローブやサンゴ礁などの生態系の維持に危惧が生じる．⑨永久凍土帯の南限の北上がカルスト地形を変貌させ，融解による侵食を引き起こす．これらにより社会基盤などへ負のインパクトが及ぶ．

4. 農業への影響

4.1 最近の研究動向と水稲栽培への影響

　大気中のGHG (温室効果ガス) 濃度の上昇によって引き起こされる気温，日射

量，降水量などの気象要素の変化，さらに水温や海流の変化などは，将来の食料生産量を大きく変化させる要因である．これまで，時間的にも空間的にも平均的な気温上昇を条件とした影響評価・予測の研究が多く行われてきた．しかし最近では，これに加えてENSO（エル・ニーニョ/サザン・オッシレーション）など，相対的に時間・空間スケールの小さな現象が農業生態系や農林水産業へ及ぼす影響の評価が進んでいる．また，平均気温ばかりでなく最高気温や最低気温の予測結果を加えて作物生長モデルの応答を条件別に比較する研究など，詳細な観点からの研究が行われている．すなわち，地域規模の影響を対象とした研究[1,10,11,18,20,24,26]が多く行われるに至っている．さらに，作物の収量変化に関する研究では，高CO_2濃度の施肥効果を考慮した研究が一般的になりつつあり，高CO_2濃度条件と高温条件の複合効果の解明が重要な研究対象となっている．新しい研究アプローチとして，高濃度のCO_2ガスを水稲圃場の直径約12mの領域内に定常的に放出して生育期間中のCO_2濃度を高める実験（FACE）が行われ，施肥量と収量との関係などにつき定量的な解析が進んでいる[9]．FACEに関する研究レビューはKimballほか[6]に詳しい解説がある．

ところでIPCC（1996）[3]は，温暖化による脆弱性評価に関する研究方向について，多様な形態の影響のなかでも負の影響に対する緩和策を考慮したうえで影響評価を行うことが重要である点を強調している．この視点は今後の影響評価研究の立場を示すもので重要である．そこで，生産量を維持するために栽培期間を移動する効果や新しい品種の導入の有効性などが議論されている．これらの研究は，最終的には食料の安定的な生産を予測するための具体策のパーツとして食料問題に関する総合的モデルに組み込まれることが期待される．

日本の農林水産業へ及ぼす影響と対策技術に関しては，IPCCやCOP（気候変動枠組条約締約国会合）の国際的な活動と並行して，広範な分野を対象とした研究が行われ，影響メカニズムの解明，定量的評価・予測手法の開発，適応・対応策における農林水産生態系の機能の活用といった観点で報告書（農林水産技術会議事務局，1999）など[14,15]がまとめられた．これらの研究を実施する過程で，GCM（全球気候モデル）の予測値を統計的な手法を用いてスケールダウンする手法[16,23]が開発された．最近では，過去の気圧配置の特徴と気象要素との関係に基づいて，GCMで再現される将来の気圧配置における気温・降水量・日射量を10km程度のメッシュで推定したデータベースが開発されつつある[13]．このほか，東京大学気

候センター，気象研究所，電力中央研究所，防災科学技術センターなどでは，東アジア域を対象とした大気循環モデルの開発が進んでいる．狭い国土を対象とし，また農業といった地表面に近い大気環境と密接に関わる現象について影響予測を行う場合には，詳細なメッシュデータは不可欠であり，早急に整備が進むことが望まれる．

　日本における水稲の生育・収量に関する研究では，登熟期間の気温と日射量に依存するなど従来から多くの知見が得られている．温暖化の影響予測を行う場合，大気大循環モデルが予測対象とする一般的な気象要素を用いて収量を予測することができれば有効である．この観点から幾つかの研究が行われた．それによると，気温上昇により水稲収量は北海道周辺を除いて減少し，西日本では水田水温の上昇が障害の要因となり，CO_2濃度上昇による施肥効果を考慮しても九州地方の穀

図1　現在と温暖化時（2060年代）における水稲の最適出穂日の変化（林ほか，2001）

最適移植日の変化と生育期間の短縮を考慮し，収量を高位に維持する条件における出穂日（最適出穂日）の分布を示す．最適な出穂日が早まる地域を濃い影，遅くなる地域を薄い影で示した．中部地方の比較的標高が高い地域および関東地方を除く東北・北海道地方で出穂日を早めることにより，高い収量が期待できることを示している．

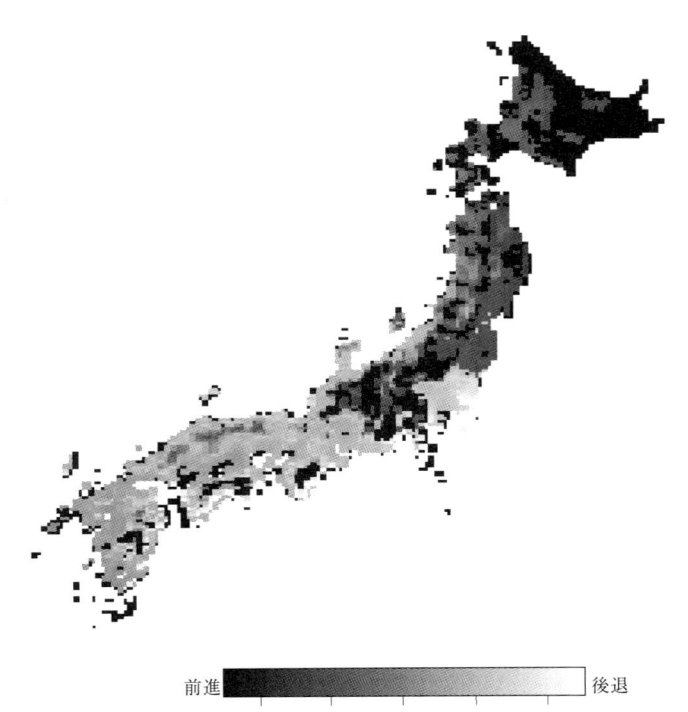

物収量は増加しない．また，収量を安定的に確保するためには，栽培期間の移動や栽培作目の交換が有効と考えられている[2,16,17,25]．図1に，栽培期間の移動と密接に関係する温暖化時の最適出穂日の変化を示す．中部地方の比較的標高が高い地域および関東地方を除く東北・北海道地方で出穂日を早めることにより，高い収量が期待できることが示唆される．

気温上昇に加え大気中のCO_2濃度の上昇の効果を明らかにするための研究が進み，大気中のCO_2濃度が2倍となる条件では到穂日数が約5％短縮すること，乾物重や収量が約25％増加することなどが示されている[12]．しかし，高温による不稔の発生が高CO_2濃度条件下で増加するなど，気温とCO_2濃度の変化を複合的にみると負の効果が予測される[7]．このほか，CO_2濃度上昇による直接的な施肥効果および日射変換効率や水利用効率の変化，水田水温上昇による蒸発効率の変化などが作物群落における物質生産と深く係わるため，収量への詳細な影響についてさらに検討する必要がある．

水稲栽培への影響を総合的に評価するためには，大気環境の変化だけでなく土壌環境の変化，害虫の増加，雑草の繁茂などの効果を同時に考察する必要がある．これらの効果については「地球温暖化の日本への影響2001」[4]にまとめられている．次にその概要を示す．

4.2 水稲以外の作物栽培への影響

高温条件でコムギを栽培すると，出穂時期が早まる．冬コムギの場合には，出穂の早期化によって登熟期が春先の気温変動の激しい時期になるため，低温に遭遇する危険性が増すと考えられる．このことは，気温上昇のみならず低温発生率の変動といった観点で影響予測を行う重要性を意味している．ダイズについては，根圏の地温が上昇すると生育が抑制される可能性が，トウモロコシについては，生育後期に高温に遭遇すると不稔障害が生じる危険性が指摘されている．

CO_2濃度の上昇はこれらの作物の乾物重を増大させると考えられる．水稲栽培については，気温上昇とCO_2濃度上昇との複合効果の研究が着手されている一方，ムギ類，ダイズ，トウモロコシに関しては未着手の部分が多い．また，畑作物への影響予測には，降水量や土壌水分量に関する予測精度を向上させることが望まれる．

4.3 土壌環境への影響

気温の上昇は土壌有機物の分解を促進し，この傾向は高緯度ほど顕著に現れる

ことが指摘されている．また，土壌微生物相へも影響が及び，高温域を好適環境とする菌群の相対的優占が起こり土壌微生物相は単純化することが考えられている．土壌水分量の変化も重要であるが，温暖化影響の要素としては今後に待つところが大きい．雨量強度が増大することにより土壌浸食量は加速度的に増すことが考えられる．

さらに，温暖化の結果として起こる海面上昇が，沿岸地帯の農地の土壌環境にさまざまな影響を及ぼすと考えられる．ちなみに，IPCC[29]は，2100年までに現在より0.09 m～0.88 m上昇すると予想している．農地の水没や地下水上昇・塩類化が水稲を中心とした農作物生産に影響を及ぼすと考えられるが，農地の標高分布および養水分の保持や供給力に関係する土壌条件の違いによって影響の程度は異なることが指摘されている．

4.4 害虫への影響

昆虫への影響については，主に冬季の気温が上昇することにより越冬可能地域が北へ広がり，生息分布が北上することが予想される．しかし害虫の分布の変化は，被害を受ける植物そのものの生育や薬剤による防除の影響が大きいため，必ずしも気温上昇を反映しない場合もある．また，一般に昆虫は複雑な食物連鎖の中に位置しており，その生存量は競争種や天敵などとの相互作用の結果に支配されている．したがって的確な影響予測には，温暖化がこれらの生物間相互作用に与える効果を考慮する必要がある．

温暖化による世代交代数の増加について研究[21,22]が進んでいる．イネ縞葉枯病はヒメトビウンカによって媒介されるウイルス病だが，イネが移植後の数週間の間に保毒虫に吸汁された場合に多く感染するため，成虫の移動分散・産卵時期が田植え後の数週間（6月初旬）に一致する場合に発病が多くなると考えられる．そこで，現在および2060年代の6月1日の気候条件を基にして推定したヒメトビウンカ世代数分布を図2に示す．現在は，関東以西の沿岸地帯で2世代であるが，2060年代には3世代となり被害を受ける危険性が増すものと考えられる．

4.5 雑草への影響

雑草が自然植生と異なる点は，気温やCO_2濃度に対する生理生態的応答性の違いと同時に，作物栽培の時期や水田や畑といった土地利用の違いによって異なる分布を示す点である．日本の水田雑草に関する温暖化の影響の実験的研究はほとんど行われてこなかった．しかし，最近になってカヤツリグサ科の一年生抽水植

現在
6月1日

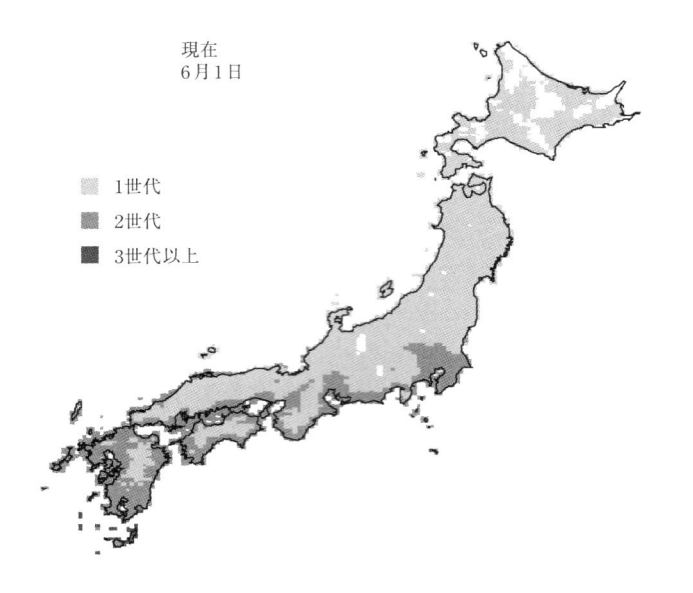

■ 1世代
■ 2世代
■ 3世代以上

CCSR2060
6月1日

図2 現在と2060年代におけるヒメトビウンカの世代交代数の変化（山村, 2001）
最も被害が多くなる時期の世代交代数を比較すると，現在は関東以西の沿岸地帯で2世代であるが，2060年代には3世代となり被害を受ける危険性が増大するものと考えられる．

物とウキクサ類を対象とした研究が行われている．前者については，二酸化炭素濃度が高い条件でもバイオマスや葉面積には明瞭な違いが現れないことなどが示されている．後者については，高濃度条件でバイオマスが3倍になることが報告されているが，生長の適温が比較的低いため，高温条件では減少することが確認されている．このほか，より温暖な気候に適した雑草が侵入する可能性が指摘されている．たとえば，東南アジアの水田雑草が国内で確認されており，温暖化が進行した場合国内の水田に定着することが危惧されている．

ところで，一般にC4植物は熱帯に起源をもち，高温乾燥条件でC3植物より活発な生長を示す．わが国のような温暖地帯では，両者のバイオマスに季節的な交代が現れる．最近の研究によると，つくば市周辺では積算温度1450℃dayでC3植物からC4植物へ優占種が移ることが示されている．温暖化により2℃気温が上昇すると，C4種へ交代する時期は全国的に2～3週間早まることなどが考えられる[8]．

5．あとがき

温暖化が日本の農業へ及ぼす影響のうち，水稲に関する研究蓄積は豊富なため，影響評価の研究も進んでいる．しかし，新たなシナリオに対する予測や対策技術の提言のためには，気温上昇とCO_2濃度の上昇の複合効果のほか，土壌の物理性・化学性および微生物相の変化，害虫発生や雑草繁茂との関係などについて取り組む必要がある．

温暖化の傾向が顕在化する一方，わが国を含むアジア地域では，2050年までに食料供給必要量が現在の2倍に達すると指摘されている．このため，温暖化の農業への影響評価と対策技術の開発は早急に解決しなければならない大きな課題である．

地球温暖化に関わる最新の研究については「地球温暖化の日本への影響2001」[4]に詳細に報告されている．本文の4節では，この報告書を引用した．さまざまな影響のうち「土壌環境への影響」については谷山一郎（農業環境技術研究所），「水稲栽培への影響」は中川博視（石川県農業短期大学）および堀江　武（京都大学），「水稲以外の作物栽培への影響」は横沢正幸（農業環境技術研究所），「害虫への影響」は山村光司（農業環境技術研究所），「雑草への影響」は鞠子　茂（筑波大学）の各氏がそれぞれ執筆している．

本文では，インターネットで収集した情報も利用した．それらのアドレスは

参考文献の末尾に記載した．

参考文献

1) Esterling, W., Weiss, A., Hays, C. and Mearns, L.O., (1998) Forest Meteorol., 90 : 51-63.
2) 林　陽生, 石郷岡康史, 横沢正幸, 鳥谷　均, 後藤慎吉 (2001)　地球環境, 国際環境研究協会6 : 141-148.
3) IPCC (1996) Cambridge Univ. Press : 572p.
4) 問題検討委員会温暖化影響評価ワーキンググループ (2001) : 439p.
5) 気象庁編 (1994) 異常気象レポート'94 – その実態と見通し (V). 大蔵省印刷局 : 444p.
6) Kimball, B.A., K. Kobayashi and M. Bindi (2002) Advances in Agronomy, Elsvier Science 77 : 293-368.
7) 金　漢龍, 堀江　武, 中川博視, 和田晋征 (1996) 日本作物学会紀事 65 : 644-651.
8) Mariko, S., M. Yokozawa and T. Oikawa (2001) Environ. Sci. (submitted).
9) Kobayashi, K., M. Okada and H.Y. Kim (1999) Proc. Int. Symp. "World Food Security", Kyoto : 213-215.
10) Matsuoka, Y., M. Kainuma and T. Morita (1995) Energy Policy 23 : 357-374.
11) Meehl, G. A. (1997) Ocean & Coastal Management 37 : 137-147.
12) Nakagawa, H. and T. Horie (2000) Global Environmental Research, AIRIES 3 : 101-113.
13) 西森基貴・鬼頭昭雄 (2002) 第6回水資源に関するシンポジウム論文集, 489-494.
14) 農林水産技術会議事務局 (1999) 研究成果 339 : 311p
15) 西岡秀三, 原沢英夫編 (1997) 地球温暖化と日本. 古今書院, 256p
16) Ohta, S., Z. Uchijima and H.Seino (1996) J. Agric. Meteorol. 52 : 1-10.
17) 清野　豁 (1995) 農業気象 51 : 131-138.
18) 清野　豁 (1999) システム農学 15 (別1) : 53-54.
19) Singh, B., Maayar, M.E., Andre, P., Bryant, C.R. and Thouez, J-P., 1998 Climatic Change, 38 : 51-86.
20) Smit, B. and Yunlong, C., 1996 Global Environ. Change, 3 : 205-214.
21) 山村光司 (2001)　地球環境 6 : 251-257.
22) Yamamura, K. and M. Yokozawa (2002) Applied Entomology and Zoology 37 (1) : 181-190.
23) Yokozawa, M., S.Goto, Y. Hayashi and H. Seino (2003) J. Agric. Meteorol. 59 (in press).
24) 横沢正幸, Tao Fulu, 林　陽生, Lin Erda (2001) 地球環境, 国際環境研究協会6 : 159-167.

25) 米村正一郎, 矢島正晴, 酒井英光, 諸隈正裕（1998）農業気象 54：235-245.
26) Yoshino, M., K. Urushibara and W. Surataman (2000) Global Environ. Res., 3:187-197.
27) http://www.grida.no/climate/ipcc_tar/wg1/index.htm：Climate Change 2001：The Scientific Basis.（IPCC第三次評価報告書／第一作業部会）
28) http://www.kishou.go.jp/press/0103/06a/tarspm00.pdf：気候変動に関する政府間パネル（IPCC）第三次評価報告書第一作業部会報告政策決定者向けの要約（気象庁訳）－気象庁編集
29) http://www.ipcc.ch/pub/spm22-01.pdf：Summary for Policymakers- A Report of Working Group I of the Intergovernmental Panel on Climate Change, IPCC WG I "Climate Change 2001：The Scientific Basis"
30) http://www.ipcc.ch/pub/wg2SPMfinal.pdf：Summary for Policymakers, IPCC WG II "Climate Change 2001：Impacts, Adaptation and Vulnerability"
31) http://www.usgcrp.gov/ipcc/SRs/emission/001.htm：IPCC Special Report on Emissions Scenarios.

閉鎖生態系の物質循環

(財) 環境科学技術研究所　新田慶治

1. はじめに

今や人類は地球環境の問題に対面し,今後どのようにこの困難を克服して行ったらよいのか四苦八苦しているのが現状である．豊な効率の良い社会を求め，ただひたすら，地下に眠っていた資源を大量に掘り起こし，大量に消費し，大量に廃棄するといった現代工業社会を構築してきた．当面の問題として人類が生存して行くための食糧をどうするか，また，この地球環境問題にどう対処するのかが問われている．前者の食糧問題は他の執筆者が，種々の面から論じるものと思われるので，ここでは，人類のエネルギー使用が環境に与える影響をどう解決して行こうとしているのかという観点から人工のエコシステムを取り扱っていくこととする．

2. 温暖化とエネルギー消費

世界のエネルギー使用を経年的に見てみると1973年には石油換算tで54.5億t, 1985年で69.7億t, 1997年で86.3億tとなっている[1]．増加する人口に加え，その人々により豊な生活を保証するため，先進諸国が派を競って工業化を進めてきたためである．エネルギー源の変動を見てみると石炭，石油，天然ガスの占める割合は現在でも90％に近い．これらの化石燃料は過去の長い地球の歴史の中で地中に蓄積されたものであるから，消費によって温室効果ガスである二酸化炭素の大気中の濃度を高めることになる．1988年のトロントサミットを契機に設立されたIPCCで，産業活動などの人間の活動が気候変動にもたらす影響が，科学的, 技術的，社会経済的な面から評価されるようになり1997年に京都で開催された第3回締約国会議（COP 3）で先進国の温室効果ガスの削減目標が決められたことは衆知の事実である．1990年の温室効果ガス排出量に対して目標削減量は日本が6％，米国が7％，EUが8％となっており，日本では温室効果ガスを発生しない原子力発電の開発と森林によるCO_2等の吸収，排出量取引などで対応しようとする流れが主流であったが，ここに来てもんじゅやJCOの事故に加え，東電の原発に

おける修理検査の偽装工作が発覚し，原子力に対する信頼が低下し始めるのと併行して，再生可能エネルギーであるバイオマスエネルギー，風力発電，太陽光発電，燃料電池などの技術開発に注目が集まり始めている[2,3]．

3. 物質循環と気候変動

地球の気候変動を考える場合には太陽活動，地球の軌道の変化，地軸の歳差運動，地球を取り巻く大気圏の物質の成分構成とその量などを考慮する必要がある．太陽活動や地球軌道の変化などは人間の活動によって容易に変えるといったことは出来ない天文学的事象であるので，当然取り扱う対象は大気圏の物質ということになる．大気圏と水圏，陸圏の間では物理化学的作用，生物学的作用ならびに人間活動によって物質の交換が行われる．水圏，陸圏から気圏に放出される物質量が，気圏から水圏，陸圏に戻る量より大きくなれば当然その物質は大気圏に貯蔵され濃度が高くなり，逆に少なければ濃度は下がる．このようなフローとストックからなる物質の循環によって気候の変動がもたらされる．水と炭素（二酸化炭素）についての循環に関しては多くの研究者によって検討され，ボックスモデルが開発されている[4]．北野らのボックスモデルによると陸上動物の代謝と土壌微生物のリター分解によってそれぞれ50億ギガトン（炭素換算），海の表層のプランクトンや珊瑚の炭酸カルシウム溶解と中層，深層での生物遺体などの微生物有機分解などで90ギガトン，あわせて190ギガトンが大気圏に放出され，一方で陸上植物の光合成で102ギガトンと海水の表層での二酸化炭素溶解で92ギガトンが大気圏から取り除かれるとされている．

それに加えて化石燃料の燃焼と森林伐採による影響であわせて7ギガトンが大気圏に放出され，年々3ギガトンが大気圏に蓄積されるとされている．言わば人間活動によって放出される7ギガトンのうち4ギガトンは吸収されうるが3ギガトンは大気に蓄積されるとも言い換えることができるであろう．このモデルを作るに当たっては種々の仮定のもとで推定されたものであるが現実と本当にあっているかどうか大きな問題で，フラックスネットを組んで二酸化炭素の出入りを地球規模で測定したり，宇宙からの遠隔探査でバイオマスでの二酸化炭素固定量の推定が行われている．このようなグローバルな測定によって物質がどのように循環しているのかを調べることも重要であるが物質の循環にはその場所場所ごとに存在する植物，動物，微生物からなる生態系の相互作用に支配されていることを

忘れてはならない．生物にとって欠くべからざる炭素，窒素，リンの循環経路が調べられている[5]．植物，動物，微生物の生理作用は当然ながらそれぞれの生存場所での環境（温度，湿度，水分，光強度など）に規制される．さらに厄介なことに環境だけでなく養分となる物質の供給量にも大きな影響を受ける．例えば植物であれば，二酸化炭素（二酸化炭素濃度）だけでなく生長に必要な窒素やリンがどれだけ供給されるかによって正常な成長をするか否かが決まってくる．したがってフラックス測定や遠隔探査だけでは現時点での循環量がわかっても気候が変動した場合の循環量を推定するのは難しいであろう．このためには閉鎖施設を使った実験が有効と考えられるが，温度，湿度，光強度の制御に加えて，二酸化炭素濃度の制御ができるものが必要になるであろう．さらに窒素，リン等の循環制御が可能なものであれば温暖化問題だけに限らず循環型社会を構築するための実験などにも利用できるものとなるであろう．

4．核使用済み燃料の再処理[6]

もし大気中に年々蓄積される3ギガトンの二酸化炭素の源が人間活動によるものであるとすれば，その大半は人間が快適に暮らすために用いているエネルギー消費にあることは間違いない．したがって環境問題を考えるためにはエネルギー問題を避けては通れない．

国のエネルギー政策として使用済み燃料から燃え残りのウラン235と燃えないウラン238から出来たプルトニウム239を取り出し再度核燃料として使う計画が進められ，使用済み燃料の再処理工場が青森の六ヶ所村に建設されている．各原発から出てくる使用済み燃料をキャスクと呼ばれる容器に入れ六ヶ所村に運び入れる．キャスクから取り出した使用済み燃料を水槽に沈め，ある一定期間冷却した後，使用済み燃料を引き出しスライサーで切断し，硝酸に浸し使用済み燃料を溶解する．燃料棒のさやは硝酸に解けないのでこれを分離し容器に入れ保管する．溶解した燃料棒の部分には核分裂の生成物とウランとプルトニウムが含まれているので核分裂生成物を初めに分離しガラス固化体として貯蔵し，残りの溶液からウランとプルトニウムを分離し，その後ウランとプルトニウムの精製工程に送ることとなっている．使用済み燃料を切断し硝酸で溶解する段階で燃料棒に含まれている微量の^{14}Cが二酸化炭素となって外部に放出される．^{14}Cの発生原因は燃料棒のさやの内側に含まれる微量の窒素が放射化し^{14}Cになると言われている．外部

に放出された^{14}Cの二酸化炭素は拡散され大気中の^{12}C二酸化炭素と混合し炭素循環に入って行くことになる．

5．農業生態系における^{14}Cの循環

かくして地球大気圏に入った^{14}Cの二酸化炭素は^{12}Cの二酸化炭素とともに陸上生態系および海洋生態系の循環に組み込まれることになる．大気圏と陸上生態系間の循環系と大気圏と海洋生態系間の循環系に配分されるであろう．人類は過去の狩猟生活から抜け出て，生活の糧のほとんどを農畜産業に依存しているので陸上生態系を多少乱暴な考え方かも知れないが人間，家畜と農耕地を含む農業生態系と森林，草原，砂漠からなる自然生態系とに分けて考えることが出来るであろう．そうしたとき大気圏と農業生態系間の循環系と大気圏と自然生態系間の循環系とに^{14}Cの二酸化炭素がどう配分されるかは大きな問題となるであろうが，人工衛星による遠隔測定とかフラックスネットに拠る広域の測定法が急速に進歩してきているので近い将来，この点は解決されるものと思われる[7]．以上の理由から^{14}Cの二酸化炭素が核燃料の再処理施設から大気圏に放出され，海洋生態系，陸上生態系の自然生態系および農業生態系と大気圏との間の循環系に配分されたとき農業生態系の中でどのように循環し，生態系のどこにどれだけ蓄積され得るかを解明するため通称ミニ地球と呼ばれている閉鎖型のエコシステム施設CEEF（Closed Ecology Experiment Facilities）を開発した．以下この施設のシステム構成と今後この施設を使って実施しようとしている実験について述べることにする．

6．CEEFのシステム構成[8]

農業生態系での炭素循環を推定するには，農業生態系を再現することが必要になる．一口に農業生態系といっても，生態系を構成する生物群を構成する種と数は多彩であり人工的に生態系を再現することは至難の業である．したがって生物種の特徴を踏まえた簡易化が必要になってくる．一般に生態系の機能は，生産者がいてそれを消費する消費者がおり，生産者や消費者から排出される有機物を分解し，生産者に生産原料を供給する分解者から構成されると言われている．農業生態系を考えるのであれば，人間や家畜の食糧を生産する植物群が生産者であり，家畜や人間が消費者であり，植物に成長の為の栄養を供給する土壌微生物が分解者にあたる．したがって人工的に農業生態系を作るためには，人間や家畜，食糧

源となるの農作物,および土壌を収容する閉鎖空間を構築することが必要になる.バイオスフェア-2のように,巨大な閉鎖空間を作り全ての生物を一つの空間に閉じ込めることにすると例えば植物群が時々刻々どれだけの物質を吸収しどれだけの物質を放出しているのかが測定出来なくなる.したがって,生産者である植物群,消費者である人間および家畜,および分解者である微生物を含む土壌を別々の閉鎖空間に収容しそれぞれの空間間での物質の移動量を測定できるように系を構成すれば,農業生態系内の物質循環量をシミュレート出来ることになる.ここで問題になるのは分解者である土壌微生物の取り扱いであろう.通常土壌は植物に栄養を供給するだけでなく,植物そのものを保持する役割も兼ねている.しかも土壌微生物の有機物分解速度は著しく遅いため過去に蓄積された大量の土壌から栄養分を摂取して成長をしている.したがって本来,植物と土壌を物理的に分けることは困難なものであるが,近年の養液栽培などの進歩により,成長に必要な養分を与えれば土壌栽培時と同じ様に成長を促すことが出来る事がわかっているので土壌の部分を別の閉鎖空間に収容する方針を採用することとした.しかし土壌微生物による有機物分解については,有機物の構成成分によって著しく分解速度が異なってくることと,分解のしかたが温度や,湿度等の環境条件に大きく左右されることはわかっているが,分解速度を制御するだけの工学的手段が未開発であるので,土壌微生物を収容する単なる閉鎖空間を構築するのではなく有機物が入ってきたら直ちに植物の栄養素となる無機物までに分解してしまう物理化学的分解装置で代替する事とした.以下に開発されたCEEFの概要を示す.

6.1 閉鎖植物栽培モジュール(大型の植物チャンバー群)[9]

人間2名,小型家畜2頭の食糧ないし飼料が供給できる閉鎖植物栽培モジュールを開発した.植物の種によって育成環境条件が異なってくるので別々の温度,湿度,および照度が設定できる四つの閉鎖モジュールで構成されている.四つの内三つのチャンバーにはそれぞれに$5m^2$の面積を持つ栽培ベッドが6個収容されており,残りの一つには同じく$5m^2$の栽培ベッドが12個収容されている.各チャンバーには外圧と内圧の差を一定に保つためのエアバッファーシステムと気温,湿度を設定値に保つ為の空調システムが取り付けられている.また,各チャンバーには内部の二酸化炭素濃度,酸素濃度を一定の設定値に保ち有害微量ガスを除去するための排気ラインと給気ラインが取り付けられている.さらに植物に養液を供給し使用済み養液を排水するための給水排水ラインと粉砕した収穫物の非可食

部を排出するパイプラインが取り付けられている.

6.2 植物系物質循環設備[9]

植物系物質循環設備は植物栽培モジュールに取り付けられ,各チャンバー内の空気組成を調整する空気処理システム,植物の非可食部を酸化分解し肥料に変換する廃棄物処理システム,非可食部を分解し肥料化の際に起きる脱窒を補うための窒素固定システム,植物栽培養液の成分調整と使用済みの養液排水を処理するための養液,水処理システムから構成されている.以下各システムの機能を示す.

a. 空気処理システム

植物栽培モジュールの空気の二酸化炭素濃度が設定値より高い場合には排気ラインから排出された空気から二酸化炭素分離器によって設定値になるまで分離し給気ラインに戻し,二酸化炭素タンクに貯蔵しておく.酸素濃度が高い場合は酸素分離器によって設定値まで酸素を分離し,給気ラインに戻し,分離した酸素は酸素タンクに貯蔵する.また窒素濃度が設定値より高い場合には同様に窒素分離器で分離し給気ラインに戻す.分離された窒素は窒素タンクに貯蔵する.二酸化炭素濃度,酸素濃度,窒素濃度がそれぞれ設定値より低くなった場合にはそれぞれのタンクから必要量を放出し空気組成調整器を通して給気ラインに供給する.二酸化炭素タンクは動物飼育,居住モジュールに取り付けられた動物,居住系物質循環設備の二酸化炭素タンクから余剰の二酸化炭素と植物系物質循環設備内の廃棄物処理システムから放出される二酸化炭素を受け入れる構造になっている.また植物系物質循環システム中の余剰酸素は酸素タンクから動物,居住系の物質循環設備に送出されるようになっている.さらに排気ラインと給気ラインの間に微量有害ガス除去装置が常時接続されており微量有害ガスが取り除かれる構造になっている.紙面の関係上一つだけ紹介するが,二酸化炭素の分離には固体アミンの吸脱着特性を利用したものが使われている.

b. 廃棄物処理システム

CEEFの中で発生する廃棄物は植物の非可食部と人間,動物の糞尿,厨房屑等である.人間,動物の糞と厨房屑は動物,居住系物質循環設備で一次処理され,植物系物質循環設備の廃棄物処理システムに送られてくる.植物系物質循環装置の廃棄物システムでは植物の非可食部,栽培養液の排液の濃縮液と動物系から送られてくる一次処理された廃棄物を混合し高温高圧酸化法で分解処理を行う.分解後の液は養液,水処理システムに送られ栽培養液の養液調整に使われ,廃ガスは

空気処理システムに送られモジュール内の炭酸ガス濃度調整に使われる．

　c．窒素固定システム

　CEEF内で発生する廃棄物を分解し植物栽培養液を得る段階で廃棄物中の窒素成分のかなりの部分が脱窒を起こす．このため空気処理システム内の窒素タンクから得られる窒素を使って脱窒した分だけ窒素肥料を合成する必要が出てくる．水電解で得られる水素と酸素を利用して必要量のアンモニアと硝酸を作り養液，水処理システムに送り，養液成分調整が行われる．

　d．養液，水処理システム

　このシステムは二つの機能を持つ．一つは使用済みの植物栽培養液の排水を浄化し再度栽培養液に再生する機能と二つ目は植物からの蒸散水を凝縮し飲料水等に転換する機能である．使用済み栽培養液を再生するために，養液排水をろ過するためフィルターが設置されている．このろ過水と廃棄物処理システムから供給される処理水とを混合し，廃棄物分解処理時に沈積または脱窒で除去されたミネラル分と窒素肥料分を加えて養液成分調整を行う．飲料水等を供給する機能としては植物からの蒸散水をモジュール内空調機の除湿器で凝縮しその凝縮水を上水タンクにため動物，居住系物質循環設備にも供給できるようになっている．

6.3 閉鎖動物飼育，居住モジュール[9]

　閉鎖空間で人間が生活したり動物を飼育するための閉鎖動物飼育，居住モジュール（以下チャンバーと言う）が開発されている．同チャンバーは動物飼育室と人間の居室の二つに区分けされている．動物飼育室には2頭の小型ヤギが飼育できるケージと給水設備が設置されている．居室には2台のベッド，2組の机と椅子，トイレットとシャワー設備が備え付けられている．植物栽培モジュールと同様に外気圧力と内圧の差を一定に保つためのエアバッファーシステムと気温，湿度を設定値に保つための空調システムが設置されている．内部の空気の組成を外部で成分調整を行う必要があり，排気ラインと給気ラインが取り付けられている．一つのチャンバーの中に動物と人間が共存することになるので，動物の臭気が直接居室に流れ込まないように，給気ラインと排気ラインは基は1本であるが，2本に分けて動物飼育室側と居室側に取り付けられ，それぞれの排気ラインの入口で脱臭される様に設計されている．居室側にはトイレや，シャワー,厨房の給水ラインがとりつけられている．動物飼育室には動物の糞の配送ラインが取り付けられ，居室にはトイレの大便配送ラインと厨房屑等の生活屑配送ラインが取り付けられ

ておりそれぞれのラインで動物，居住物質循環設備の排泄物処理システムに送られる．また動物と人間の尿とシャワー排水は排水ラインによって集められ，排泄物処理システムの尿処理装置に送られる．

6.4 動物，居住系物質循環設備[9]

この設備は動物飼育室，人間の居室内の空気の成分を設定値に保ちかつ微量有害ガスが室内に蓄積しないようにするための空気処理システム，人間や動物からの廃棄物を回収し，分解処理して植物栽培養液の原料を作る廃棄物処理システム，動物や人間の尿から食塩を回収するミネラル回収システムおよび生活排水から飲料水などを作り出す水処理システムから構成されている．以下各システムの機能を示す．

a. 空気処理システム

植物系物質循環設備の空気処理システムと同様に，動物飼育，居住チャンバー内の二酸化炭素濃度や酸素濃度などを設定値に保ち，かつ，微量有害ガスの蓄積を防ぐもので，動物飼育，居住チャンバー内の二酸化炭素の濃度が設定値より高ければ，排気ラインを流れる空気から二酸化炭素分離器によって二酸化炭素を分離し，設定値になったところで分離を中止する．分離した二酸化炭素ガスは，二酸化炭素タンクに貯蔵する．酸素や窒素の濃度が設定値より高い場合にも同様に酸素分離器や窒素分離器を使ってそれぞれのガスの設定値になるまで分離し，それぞれのタンクに貯蔵する．逆にそれぞれのガス濃度が設定値より低い場合にはそれぞれのタンクから空気組成調整器を使って設定値になるまで供給する．二酸化炭素のタンクと窒素タンクには植物系物質循環設備に余剰ガスを送出できる様に配管がされており，酸素タンクには植物系物質循環施設から酸素を受け入れるための配管がなされている．内部で発生する微量有害ガスは，排気ラインと給気ラインの間に設置された微量有害ガス除去装置で処理される．

b. 廃棄物処理システム

動物，居住系の廃棄物処理システムは大きく分けて二つの機能からなっている．第一の機能は動物，人間の糞と厨房から出てくる生活屑を混合粉砕しこれを高圧高温で酸化分解する糞，生活屑分解処理であり，第二の要素は動物，人間の尿を高圧高温で酸化分解した後，酸化液から食塩を分離するミネラル回収機能である．第一の糞，生活屑分解処理から得られる溶液は植物系の廃棄物処理システムに送られ再度処理されて植物栽培の養液として使われる．一方ミネラル回収から得ら

れる食塩は，再度人間，動物に再利用されるが，食塩を取り去った廃液は植物系の養液，水処理システムに送られ，栽培養液の一部として使われる．

c. 水処理システム

動物，居住系の水処理システムは厨房やシャワー等の生活廃水を浄化し，飲料水やシャワー用水を作り出す各種装置とタンク類から構成されている．なお，飲料水の不足分は植物系の養液，水処理システムから送られてくる上水で補われる．

7. 閉鎖生態系内の物質循環システム要求

閉鎖された空間の中で生態系を維持するためには先ず初めにどのような生態系を維持しようとするのかを明確にして置く必要がある．CEEFでは人間2名，家畜としての山羊2頭，これを支えるための農作物を念頭に置いた．人間2名と山羊2頭を支えるにはどのような農作物をどれだけ栽培しなければならないのかを検討する必要がある．人間の食糧については，閉鎖系内で生活する人間のカロリー摂取量，必要タンパク量，必要脂質量，必要炭水化物量を先ず初めに決定することが必要である．さらに健康に生活するためには必須アミノ酸量，必須ビタミン量および必須微量元素量を明らかにし，これらを含む農産物の種類と栽培必要量を決めることが要求される．動物についても全く同様な検討が必要になる．以上のような検討を経て栽培すべき農作物の種類と量が決定される．決定された農作物の種類と量に基づいて，これらを栽培収穫するにはどれだけの栽培面積が必要でまたどのような環境条件で栽培を行ったら良いのかを検討しなければならない．

以上の検討から農作物栽培用の栽培室の大きさと栽培室の空調設備の性能要求が決定される．次に決定された農作物を必要な環境条件で栽培した場合，昼夜にわたって，農作物が成長に従ってどのような栄養素を根からどれだけ吸収し大気からどれだけの二酸化炭素を吸収しどれだけの酸素と微量の有害ガスを大気に放出するのか，また蒸散量はどう変化するのかを明らかにする検討が要求される．さらに収穫物のうち人間や動物に利用されない非可食部量を検討することも要求される．このような検討から農作物栽培室に取り付けなければならない物質循環設備の性能要求が決定されることになる．

一方人間や動物が快適な環境条件で生活するためには，ただ，必要にして十分な食糧が支給されると言うだけでなく，快適な温湿度を与えなければならない．

一般に 15〜25 ℃で湿度が 40〜60 %であれば特に問題が無いので簡単に居室や動物室の空調設備への性能要求が決定できる．人間，動物は必要な食料水を摂取するとともに大気中から酸素を取り込み，尿，大便（糞）を排出するとともに，呼気から二酸化炭素とかメタンや蒸散水を大気中に放出する．またメルカプタンなど悪臭を放つガスの放屁もある．どのくらいの量の大気から酸素を摂取し，どのくらいの量の尿，糞，二酸化炭素，メタンが生理代謝によって放出されるのか検討を行うことによって，居室や動物飼育室に取り付けなければならない物質循環設備のうちの空気処理システムと廃棄物処理システムの性能要求が決まってくる．

ここで最も大きな課題となるのは植物を栽培していくときの栄養素をどのようにして閉鎖された空間の中で調達していくかであろう．CEEF では植物系と動物，居住系系の廃棄物処理システムとして高温高圧で一気に酸化分解する装置を導入している．植物系と動物，居住系の廃棄物から栽培時の農作物すなわち植物栄養を過不足なく回収しなければならないわけであるが土壌微生物のような生物処理で分解をすると廃棄物の単位体積当たりの分解速度が遅いため巨大な処理システムが要求されることになるからである．生態学の教えるところでは，分解者，生産者，消費者の階層ピラミッドが下位の生物層ほど大きいと言うことからも理解できるであろう．いずれにしても廃棄物の分解によって得られるプロダクトから栽培に必要となる植物養分を回収する必要がある．したがって得られるプロダクトの量とプロダクト内の栄養要素の濃度の測定検討と植物が生育する場合の培地の最適栄養素濃度と必要供給量の検討が必要である．これらの検討の結果に基づいて植物栄養供給システムの性能要求が決まってくる．CEEF では廃棄物処理に用いている高温高圧の酸化分解反応の段階で脱窒で失われる窒素成分を補充するため植物栽培室内の窒素を固定しアンモニアや硝酸を作り出す装置や酸化分解過程で沈積し系から抜けてしまうリンやカルシウムなどを補充するシステムを設置してある．以上のような検討結果に基づいて閉鎖生態系の設計が可能になり設備の開発が進められるようになる．

8．循環型社会のモデルとしての閉鎖生態系

以上に述べたように閉鎖生態系を開発するためには生態系の構造と大きさを前もって決め，その生態系が維持できるような物質循環系を設計開発することが要求される．我々人類は長い歴史の中で過去に地中に埋もれ，地球上の物質循環系

から離脱してしまった埋蔵資源を大量に掘り起こし，大量に消費し大量の廃棄物を環境中に投棄すると言った暴挙を行ってきた．このため地球生態系の持つ物質循環能力を超えた廃棄物が環境中に蓄積し地球温暖化を含む環境破壊が始まっている．閉鎖生態系は生態系に見合った物質循環機能しか持たない．今まさに，廃棄物を環境中に投棄しない循環型社会を構築しようと言った動きが始まろうとしている．物質循環型社会に生きると言うことは，限られた物質循環機能の中でどう生きていくかと言うことと等価である．人類は長い間地球の限界を自覚せずに勝手気ままな生活に慣れ親しんできた．閉鎖生態系内で生活してみれば，如何に我々の生活は安易なものであったかを自覚できるであろう．さらには限られた物質循環系の中で生活した場合の不便さや不快感を克服するにはどうしたらよいのかと言ったノウハウが獲得出来るであろう．CEEFではこのような問題にチャレンジしようとEconaut（内部で生活をする実験者）たちが生活訓練中である．どのような成果が得られるのか期待されるところである．

9．おわりに

閉鎖生態系の考え方，閉鎖生態系の開発方法，一例としてのCEEFの物質の循環系等について解説した．ここで扱った閉鎖生態系はあくまでも物質の閉鎖のみである．エネルギーや情報に関しては完全に開放系である．生命現象にも物質循環にもエネルギーは必要である．完全な循環型社会を作るとなれば，太陽エネルギー以外のエネルギー源も循環型にしなければならないであろう．CEEFでは一部の農作物の栽培光合成にだけ太陽エネルギーを利用し，他に必要なエネルギーは全て外部から供給している．出来れば全ての農作物の光合成に太陽エネルギーを利用し，必要となるその他のエネルギーも新エネルギーシステムを使って内部で供給できる施設が出来れば本当の循環型社会のシミュレーションが可能になるであろう．そのような閉鎖生態系実験施設の開発に挑む人が現れるのを期待したい．

参考文献

1) 田中紀夫（1998）エネルギー問題入門，日経文庫．
2) TEPCOレポート（2002）12 Vol. 100，東京電力．
3) エヌ.テイ.エス（2003）バイオマスエネルギーの特性とエネルギー変換.利用技術.NTS．
4) 鳥海光弘 等（1996）地球システム科学，岩波講座地球惑星科学 2，岩波書店．

5) 地球環境ハンドブック（2003）不破敬一郎編,朝倉書店.
6) 六ヶ所再処理工場の概要, 日本原燃株式会社（パンフレット）, 2003.
7) Omasa *et al.* (2003) Environ. Sci. Technol. 37 : 1198-1201.
8) Nitta, K. (2001) Purpose and Schedule of Habitation Experiment in CEEF, Proceedings of the International Meeting for Advanced Technology of Environment Control and Life Support.
9) 閉鎖型生態系実験施設（パンフレット）(2000) 環境科学技術研究所.

人口・食糧・環境・原子力

国際科学技術財団　近藤次郎

　21世紀は国際的,国内的にいろいろ問題があると考えられる.特に人口が急増することがその一つである.現在世界の人口は約62億人であるが,2050年には約98億人を超えると予想されている.一方地球上の耕地面積は現在より拡張するとは考えられない.その上,地球温暖化や酸性雨,砂漠化,種の減少など地球環境も大きく変化するであろう.

　人口が増えれば食糧不足が問題となる.しかし農産物や水産物の種類やその特性がそれほど画期的に改善されることは期待できない.現在わが国では飢餓はほとんど起こらない.したがってこの言葉は死語となっているが,世界中の飢餓人口は8億5000万人に達しており,世界人口が100億人に達すると少なくとも約20億人は極端な飢餓に襲われるであろう.

　人間は食物なしでは生きていくことができない.最低の食糧が供給されるだけでは仕事をしたり,物を考えたりすることができない.物を考えるということには,それほどエネルギーが必要とされないと考えがちであるが,空腹になると机に向かっていても集中して問題を解決することができない.これは戦後の体験を経た著者の思いである.

　最近では狂牛病の問題のように,折角生産した食糧でも,食糧に利用できない場合がある.国会でも当時の武部農林水産大臣が野党から攻撃された.またこれに関連して雪印食品が犯罪的行為をしたことが表ざたになっている.このようなことになると,製造した牛肉も食糧にすることができなくなり,その損失は極めて大きい.このことを考えると食糧問題は単に農家や消費者だけに留まらず,国の政治の在り方にまで大きく影響を与えるであろう.わが国は国内で消費する食糧の全てを生産するのではなく不足分は輸入に頼っている状況である.この輸入は将来何時も常に確保されていくとは限らない.

　長崎県諫早湾を干拓して,広大な米作地帯を造成するという計画は農林水産省で立案された.その後,米余りの状態になってきたため,計画は縮小され,湾中央部を全長4 kmの潮受け堤防を締め切ることに変更された.このようにして3,555 haの土地を造成する計画であった.ところが堤防内側の濁り水が流出し,7

万 ha の有明海の水質が悪化した．このためアサリ，ウミタケ，タイラギ貝などの漁獲量が減少し，海苔の色が変色したので漁民から干拓工事に対して強い抗議が行われた．そこで農林水産省は 2001 年 8 月に干拓をさらに縮小するという計画を立てた．千葉県の三番瀬も同様な埋め立て計画がある．こちらは地域住民からの反対が強く，堂本暁子知事は当選後，この計画を全面的に中止するとの声明を出している．これは必ずしも食糧増産とは関係なく，むしろ廃棄物処理の場所と考えられていた．

病原性大腸菌 O-157 の問題は発症すると腹痛や下痢，血便を起こす．1996 年 5 月末に岡山県で集団発生し，7 月末までに全国の感染者は 8700 人に達し，死者 7 人を出した．ことに大阪・境市内では，小学校の児童など 6500 人の大量食中毒が発生し，1990 年には浦和市内の幼稚園で死者 2 名が出た．感染力が強く，二次感染が起こりやすい．抗生物質を投与しても治療効果が上がらないので，この対策が大きな問題となっている．いずれにしても経口感染するので食物に関係があると考えられる．特に大阪・堺市の場合にはカイワレ大根が原因でないかと報道され問題となったのは記憶に新しい．

このように土壌汚染や水質汚染が発生すると食中毒などの健康被害が拡大する．特に食糧生産の場合には注意が必要である．農業環境工学や生態工学というのは工学的技術を用いて土壌や水質などの環境をモニタリングし，適切な対策を立てることができる．それらの研究を実施することによって食糧の大量生産を可能にし，さらに安全を確保することが必要である．

太陽，水，空気などの自然環境要目を利用して食糧を生産するというのは従来の考え方であった．ところが大気汚染でも水質汚濁でも公害防止技術によって改善することが可能となった．農業生産を行う場合には必然的に人手が加わる．そのことによって，環境汚染が起こり，生産された食糧が汚染される場合がある．それらを工学的技術を用いて防止されなければならない．

放射線が原子力発電所などから漏れると大騒ぎになる．例えば 1999 年 9 月末，茨城県の JCO 東海事業所において臨界事故という大惨事が起こった．著者は当時，日本原子力研究所顧問，(社)原子力産業会議副会長として，これらの対応に務めたが，努力のかいも無く，同年 12 月 21 日 (火) の夜，作業中に平常の 1 万年分程度の放射線を一度に浴びた大内　久さんがついに帰らぬ人となってしまった．

しかしながらほとんど被害を与えない程度の放射線を利用すると，農業生産に

役立つことができる．例えば1995年，環境保全重視の農林水産科学・技術分野で日本国際賞を受賞したエドワード・F・ニプリング博士は1931年以来，農業昆虫学者として家畜害虫の研究に精励するとともに，家畜や農作物の害虫防除に関して環境を重視した先駆的防除理論を提案し，食糧生産の安定に尽力した．特に1931年，アメリカで猛威をふるっていたラセンウジバエ防除のために「不妊虫放飼法」を発案し，ラセンウジバエの根絶防除に画期的な成功をおさめている．

この他，2000年10月，アメリカ・フロリダ州において郵便物に炭疽（たんそ）菌を入れて郵送されるという事件が起こった．炭疽菌は胞子状の伝染性病原菌で普段は土壌中や，感染した動物の排せつ物の中に存在する．菌を吸い込み，肺に感染すると呼吸困難や高熱を引き起こし，炭疽病にかかってしまう．炭疽菌に感染した場合，処置が遅れると肺に感染した場合で致死率はほぼ100％に達する恐ろしい病気である．

この事件を未然に防ぐため，郵便局にて郵便物を自動仕分け機で分類中に弱い放射線を照射させると，事前に炭疽菌の入った郵便物を滅菌することが出来る．同じようにこの方法を用いればO-157の大腸菌も死滅させることができるであろう．さらに微弱な放射線を用いて香辛料などの長期間貯蔵を可能とするような利用法もある．

人類の生存領域の拡大と地球環境の保全に必要となる生態工学を利用すれば農業がますます人類にとって有益なものとなるであろう．農業は森林を開伐して耕地を作って行うので農業は環境を破壊すると責められる．その他にも海洋汚染により漁獲が減ったり，二枚貝の収穫や海苔の養殖などにも悪い影響を与えることがある．したがって農業や水産業はいずれも環境破壊の原因のように言われることが少なくない．しかしながら同時に林業は森林を育てるので，環境を守る上で役に立つと認識されることもある．実際に農地は他の人工建設物とは異なり，地球環境を保全するのに実際的に役立っている．このような農学の役割を環境保全の面からも改めて認識しなければならない．

第Ⅱ部　生物環境調節の21世紀のパースペクティブ

―生物環境調節に関する82項目で描くそのパースペクティブ―

高CO_2

今井　勝

[乾物生産，光合成，呼吸，収量，地球温暖化，水利用効率]

CO_2と生命・光合成

CO_2（二酸化炭素）は分子量が44，無色・無臭・不燃性でかすかな酸味を有し，気相中に10％以上の濃度で存在しない限りヒトの生命を危うくしない，通常おとなしい気体である．太古の生命も高濃度CO_2を含む酸化的原始大気の下で誕生したといわれている．大気および水の中では希薄な状態で存在し，緑色植物の光合成により有機態炭素としてとらえられ，食物連鎖を通じて最終的にはわれわれの食糧となる，生命を維持するための必須要因である．緑色植物における光合成の営みは生育環境のCO_2濃度の変化に対して敏感に反応し，ある程度までCO_2濃度が高い場合光合成は円滑に進行する．人類の経済活動が活発に行われている現代，人為起源のCO_2が大量に大気中へ放出されて蓄積を続け，毎年1−3ppmも濃度が高まって既に2002年には380ppmを越えた．高CO_2により，動植物の生活が変貌を遂げることが地球温暖化という気候変化への懸念を含めて予測されている．

高CO_2が植物に及ぼす影響の多面性

過去の文献を調べると，高CO_2の影響はかなり多面的で興味深い．現象としては，生理代謝・形態形成・生殖にまで広くかかわっていて，その一部は光合成・呼吸と関連している．例をあげると，クロロフィル形成の抑制（CO_2 10％以上），Hill反応促進（1.5−5％），カーボニックアンヒドラーゼ活性阻害（5％），コハク酸酸化酵素活性阻害（10％以上），葉での有機酸生成促進（0.1％），葉でのデンプン蓄積（0.22％）養分吸収抑制（100％バブリング），根での原形質流動阻害（20％以上），鞘葉の伸長抑制（5％），根の伸長抑制（6.5％以上），根の分枝促進（5−10％），根粒発達（0.12％），重力屈性・光屈性の抑制（45％以上），アブシジョン抑制（1−10％），老化抑制（4％），蔓の巻き込み促進（100％5分），自家不和合性解消（4−6％），発芽抑制（10％以上），塊茎形成促進（80％），水生植物で陸上葉が水中葉へ変化（5％），等が報告されている．

高CO_2が植物のガス交換に及ぼす影響

CO_2は光合成の基質であり，我々の周りに存在する濃度より上昇するにつれて光合成は促進されるが，やがて濃度が上昇してもそれ以上光合成が促進されない「飽和」状態になる．そのような高いCO_2濃度，かつ強い光照射の下で植物が光合

成を継続すると，その速度はやがて低下を始める．これが光合成の CO_2 濃度に対する「順化」と呼ばれている．光合成産物は葉緑体の中で形成され，細胞質へ向けて輸送され，スクロース等に変換されてから師部を通って他の部分へと転流して行くが，高 CO_2 下ではややもすると光合成産物の生成量が転流量を上廻り，葉緑体中にデンプンが過剰に蓄積し，膜系に障害を与えることさえある．また，高 CO_2 下で生育した植物は体内窒素濃度が低下する傾向がみられ，Rubisco 含量も低下して，光合成速度の低下につながる．この場合，光合成産物が転流しやすい条件，すなわち適切なソース－シンク関係が保たれていれば順化は起こりにくいことが経験的に知られている．C_3 植物では光呼吸が高 CO_2 により抑制を受け，光合成促進につながる．また，暗呼吸も多少抑制される例が報告されている．高 CO_2 下では気孔が閉鎖気味になるので，葉の表面からの水の蒸発，すなわち蒸散が抑えられる．このことは，水利用効率の向上につながる，すなわち単位量の光合成生産をより少ない水消費でまかなえるのである．

高 CO_2 が作物の乾物生産および収量に及ぼす影響

温室，ファイトトロン，温度勾配付ビニルハウス，オープントップ・チャンバー，FACE（Free-Air CO_2 Enrichment）等を用いた研究によれば，施与する濃度にもよるが，一般に高 CO_2 環境下では，光合成が促進されて植物の発育と乾物生産も促進を受け，それが特に作物では収量の増加や品質向上（糖度等）につながることが知られている．また，窒素固定細菌と共生関係にあるマメ類等では，高 CO_2 による光合成促進が根粒の発育を促し，固定窒素が植物体の発達を促し，と好循環がみられる場合もある．そこで，ハウスや植物工場などの外界と区切られた空間の CO_2 濃度を高く維持する「CO_2 施肥」として，栽培技術体系に採り入れる農家や事業家が増加している．この面を取り上げれば CO_2 は有用な気体である．

参考文献

1) Allen, L. H., Jr. *et al.* (eds.) 1997. Advances in Carbon Dioxide Research. ASA-CSSA-SSA, Madison.
2) Luo, Y., Mooney, H. A. (eds.) 1999. Carbon Dioxide and Environmental Stress. Academic Press, San Diego.
3) Raschi, A. *et al.* (eds.) 1997. Plant Responses to Elevated CO_2. Cambridge Univ. Press, Cambridge.

強光と弱光

平沢　正

[光合成有効放射（PAR），光補償点，陽生植物，陰生植物，葉面積指数]

　植物は光受容体の吸収特性に基づいて特定の波長の光に強く反応する．光合成は光化学反応を反応過程の中に含むので，吸収する光量子の量によって速度が大きな影響を受ける．そこで，強光と弱光に対する植物の反応について，ここでは光合成に着目して記述し，これを基礎に今後作物の乾物生産や収量を高めていくための研究の方向を考えてみたい．

1. 光の強さと個葉の光合成速度

　太陽放射のうち，400〜700 nmの波長域は光合成有効放射（PAR）と呼ばれ，真夏の太陽南中時のPARは約500 W m^{-2}，光合成有効光量子束密度は約2 mmol m^{-2} s^{-1}になる．一般に光合成速度は光が強くなるに伴って直線的に増加し，光強度がさらに大きくなると増加程度が小さくなり，ついには光飽和するという光−光合成曲線を示す．しかし，この曲線は植物の種，葉のエイジ，栄養条件やストレスなどの生育環境によって大きく異なる．光−光合成曲線は光合成における炭酸固定経路によって異なり，多くのC$_3$植物の光合成速度は地表の最大PARの1/2程度で光飽和に達するが，C$_4$植物は地表の最大PARでも光飽和せず，C$_3$植物に比較して光合成速度も高い．しかし，弱光域では両植物における光合成速度の差は小さくなり，C$_3$植物がむしろ高くなることも認められている．葉の老化に伴って光合成速度は弱光下，光飽和下のいずれでも小さくなる．

　生育環境をとくに光環境に着目すると，光のよく当たる場所に生育する陽生植物は，光の弱い場所に生育する陰生植物に比較して，光飽和点とその時の光合成速度は大きいが，光補償点は陰生植物が低く，したがって光補償点付近の弱光下では光合成速度は逆に陰生植物が大きくなる．同じ植物でも弱光下で形成される陰葉は強光下で形成される陽葉に比較して，葉が薄く，柵状組織の発達が悪いなどの形態的特徴をもち，光飽和点とその時の光合成速度は小さいが，光補償点は低くなる．

　葉がCO$_2$固定に利用される以上の強い光を受けた時には，過剰となる光量子エネルギーが発生する．植物はこのような過剰なエネルギーを消去する複数のシステムを持っているが，これらのシステムでも消去できない時には，発生する活性酸素によって光合成は光阻害を受ける．

葉緑体は光が強い時は光と平行になるように, 光が弱い時には光の方向と垂直になるように向きを変えることが知られており, 弱光下での光の吸収の促進と強光下での光阻害の回避に意味があると考えられている. この葉緑体の定位運動や上述の陽葉と陰葉の形成, さらには葉緑体の形成にはフィトクロムや青色光受容体が関与する.

2. 個体群における光合成

葉面積指数が大きくなり, 葉の相互遮蔽によって内部に光が透過しにくくなった時は, 個体群の光合成速度には受光態勢が大きな影響を及ぼす. 受光態勢の良い個体群の光合成速度は, 地表の光強度では光飽和しない. より直立した葉をもつ個体群では, 最適葉面積指数あるいは限界葉面積指数が大きくなり, 個体群の光合成速度は大きくなる. 品種改良による水稲の単位面積当たり収量の増加には, 受光態勢の改良によるところが大であったことはよく知られている.

個体群光合成速度を今後さらに高めていくためには, 受光態勢を一層改良すること, そして光合成能力（最適条件での光合成速度で表される）やストレス耐性を高めることが重要であると考えられている. 個体群の中では, 個体群の外と同程度の強い光を受けることのできる葉は個体群上層の限られた葉のみで, 個体群を構成する大部分の葉は, 上層部の葉に比べるとかなり弱い光を受けている. このことを考えると, 個体群光合成速度の向上のためには, 個体群内の弱光条件にある葉の光合成速度を高めることが併せて重要になると考える. これによって受光態勢改良の効果も高まるはずである.

分枝に着生する葉が個体群を構成する葉の多くの割合を占める作物では, 個体群内の弱光下で形成される分枝の葉の光合成特性に着目することが必要となるかもしれない. 個体群の中にあり, 弱い光のもとにおかれている葉は老化過程にあることを考えると, 葉の老化が遅く, 弱光下でも高い光合成速度を維持することに関わる性質を解明していくことも重要となる. 葉の老化はストレスによっても促進されるので, この視点からの検討も必要であろう. 品種や生育条件が異なり乾物生産や収量の異なる作物についての筆者らのこれまでの比較では, 共通して老化過程における光合成速度の相違が顕著であった. 作物の乾物生産を今後さらに向上させていくためには, 強光下での光合成速度の向上とともに, 個体群内の弱光下にある葉の光合成速度を維持するための研究が重要であると考えている.

光　質

羽生　広道

[光質（応答），光形態形成（反応），補光，光受容体，成長促進]

　高品質作物の周年安定生産を目的として，栽培施設の高度な環境制御技術の開発が試みられている．光環境の制御は，省エネルギーで成長を促進し，徒長抑制や有用成分増大など品質を高めることなどを目標とするが，人工照明や光選択性被覆資材を有効利用するためには，植物の光質応答を解析し，特定の光成分が引き金となって誘導される光形態形成反応を把握する必要がある．

　植物を取り巻く光環境の変化は，光受容体という色素タンパクで感知され，適応のための反応が起こると考えられている．分子遺伝学的研究によりフィトクロム，クリプトクロム，フォトトロピンという構造と性質の異なる3種類の光受容体が同定され（いずれも複数の分子種からなる），受容体が担う生理機能の解明も目覚しい．光シグナルの細胞内と細胞間の伝達，遺伝子の発現制御の仕組みについては不明な点が多いが，全ての光反応は受容体による光吸収から開始することから，その光成分に着目して植物の光質応答を解析することが有効と考えられる．光質応答に関する実験では，目的とする光質処理が複数の光質パラメータの変化を伴う場合が多く，実験間の統一的な解釈を困難にしているため，筆者らは青色，緑色，赤色，遠赤色の単色蛍光ランプを組み合わせて，各光成分を独立に可変制御できる人工光チャンバーを製作し，インゲンマメなどを用いて様々な光質実験を進めてきた．本稿では，その成果を中心に光質応答を解説する．

　樹冠や作物群落内のように赤色光の遠赤色光に対する光量子束の比（R：FR比）が低い条件下では，茎や葉の伸長が増大する現象が認められ，日陰回避反応とよばれている．そこでまず，青色光はもとより，赤色光を一定にして遠赤色光を付加的に増やしたところ，R：FR比の低下にともなう茎の伸長促進のほか，葉の成長と乾物成長の促進が認められた．これに対して，赤色光と遠赤色光を比例して増やすと，R：FR比は一定であるが茎の伸長促進や乾物成長の増加が起こり，また遠赤色光を一定にして赤色光を減らすと，R：FR比は低下するものの影響が認められなかった[3]．このことは，樹冠や作物群落内での植物の日陰を回避する現象が，R：FR比による説明だけでは不十分であり，赤色光と遠赤色光の光量による影響（遠赤色光の増加と赤色光の減少が等価ではないこと）を勘案する必要があることを示している．

一方，青色光の増減による成長への影響については既往の知見が少ない．そこでR：FR比が一定のまま青色光を増やす光質処理をしたところ，茎の伸長が抑えられ，乾物成長と葉厚が増大するとともに，茎の成長抑制効果に関してはR：FR比によって異なることが明らかになった[2]．また，茎が短いホウレンソウ，チンゲンサイ，ベカナにおいても青色光を増やすと徒長が抑制され，さらに遠赤色光を減らすと抑制効果が高められた．クリプトクロムとフィトクロムの協同作用を示唆する生理反応が知られていることから，形態形成に対しても青色光とR：FR比の複合影響の評価が必要な場合があるものと思われる．

夜間補光については，光質と時間帯による影響に未解明の点が多い．ホウレンソウを用いて人工光チャンバー実験を行ったところ，夜の終了時に青色光を照射するか，夜の開始時に赤色光を照射すると成長促進の効果は大きく，しかもわずか30分間の補光でも乾物重は20数％増加した．この短時間の夜間補光による成長促進は，それ以外の光質と時間帯の組み合わせでは認められないことから，光刺激による現象と考えられた[1]．成長促進が起こる仕組みは明らかでないが，日没や日の出には遠赤色光が相対的に増加することや，日没直後や日の出直前には相対的に青色光が増し，遠赤色光が赤色光に比べて多くなる光環境の変化との関連が推測される．今のところ，青色や赤色の光シグナルによる成長促進は，いずれも昼間の光強度によって効果が異なり，日長による影響は認められないことや，併用すると相加効果を示すことがわかっている．この現象を理解するためには，光スイッチの働きの把握が必要であろう．

野菜に含まれるフラボノイド類は抗酸化作用を持つ食品成分で，その一つであるアントシアニンはサニーレタスの着色成分として欠かせない．夜間補光を利用して水耕栽培サニーレタスの着色不良を改善する実験を行ったところ，青色光の照射が効果的で，光強度が増すとアントシアニン含量が増加することが明らかになった[4]．アントシアニンは紫外線から葉緑体を守る役割をもつため，紫外線を補光に利用すると青色光より低強度でも含量を増やすことが可能と考えられる．

引用文献

1) Hanyu, H. and Shoji, K. (2002) Acta Horticulturae 580 : 145-150.
2) Hanyu, H. and Shoji, K. (2000) Environ. Control in Biol. 38 : 13-24.
3) Hanyu, H. and Shoji, K. (2000) Environ. Control in Biol. 38 : 25-32.
4) Shoji, K. *et al.* (2001) Abiko Res. Lab. Report U01009 : 1-13.

光周期

全 昶厚

[光周性,概日リズム,光周期環境要因,光周期的花成,遺伝的制御機構]

　光周期は (photoperiodic cycle) は 24 時間の昼夜あるいは明暗サイクルのことで,生物が光周期に対して反応する性質を光周性 (photoperiodism) という[1].光周性および概日リズム (circadian rhythm,環境の影響を排除した恒常条件のもとで,概ね (circa) 1 日の (-dian) 周期で変動する生命現象[2,3]は,生物において高い一般性を持つ生理現象である.そのため,光周性および概日リズムは生物学の重要な研究テーマとして様々な分野で取り上げられてきた.周期性の調整には光受容 (photoreception) が深く関係していることが明らかになり[4],最近では光受容分子およびその分子機構について解析が進められている.

　植物における光周性の研究は,1920 年の Garner と Allard[5] による "日長 (daylength,光周期における昼あるいは明の長さ) が栄養茎頂を花芽形成に転換するかどうかを決める" との報告から始まった.彼らは日長による花成の違いを光周性と呼んだ.しかし,日長に対する反応は花成に限られず,その後の研究から,休眠芽の形成,休眠の解除,鱗茎や球茎の形成も日長に反応して起こることが明らかになった[6].よって,これら光周期に反応する性質をまとめて光周性と呼ぶ.なお,光周性にもとづく反応としての花成を光周期的花成 (photoperiodic flowering) と呼び,日長とかかわりのない,低温やストレスによる花成と区別する.

　日長が一定の長さより短い時に花成が起こる植物を短日植物 (short-day plants),逆に,日長が一定の長さより長い時に花成が起こる植物を長日植物 (long-day plants) という[7].ここで,一定の長さとは,各植物にとっての一定の長さであり,12 時間より短いか長いかで一律に分けるものではない.光周期的花成を制御するのは日長ではなく,暗期 (dark period,光周期における夜あるいは暗の長さ) であることから,その一定の長さを限界暗期 (critical dark period) という.自然界では明暗周期 (明期と暗期の和) が 24 h に固定されているため,24 h から限界暗期を差し引いたものが限界日長 (critical photoperiod,限界明期ともいう) となる.適当な日長条件下でなければ決して花成が起こらない絶対的 (obligatory) 短日・長日植物と,不適当な日長条件下でも遅れはするもののやがて花成が起こる条件的 (facultative) 短日・長日植物がある.他方,花成が光周期に依存しない植物を中性

植物 (day-neutral plants) という. また, 長短日植物 (long-short-day plants), 短長日植物 (short-long-day plants), 中間植物 (intermediate-day plants), 両日性植物 (ambiphotoperiodic plants) など, 複雑な光周期的反応を示すタイプもある.

　花成は, 自律的に, または, 環境要因が引き金となる花成遺伝子の活性化によって起こる. 光周期的花成における花成遺伝子の活性化は, 光周期環境要因 (photoperiododic environmental factors, 明期 (日長), 暗期およびそれらを組み合わせてできる環境要因) に影響される. 近年, 花成および花形態形成の研究分野における分子生物学・分子遺伝学の著しい発展にともなって, 従来の花成生理学の知見との乖離が生じ始めている. 環境調節工学の研究手法を用いて光周期環境要因以外の影響を排除し, 様々な光周期環境要因を組み合わせた条件で光周期的花成に関する研究[8),9)]を行い, 分子生物学・分子遺伝学の研究と連携すれば, 上記の乖離を減らすことができると考えられる.

引用文献

1) Büunning, E (1936) Berichte der deutschen botanischen gesellschaft 54 : 590-607.
2) Danilevskii, A.S. (1965) Photoperiodism and seasonal development of insects, Oliver and Boyd, Edinburgh.
3) Shawn L. et al. (1996) Trends in plant science 1 (2) : 51-57.
4) King, R. and D. (1996) Bagnal. Seminars in cell and developmental biology 7 (3) : 449-454.
5) Garner, W.W. and H.A. Allard. (1920) J. Agric. Res. 4 : 553-606.
6) Thomas, B. and D. Vince Prue. (1997) Photoperiodism in Plants, Academic Press, San Diego.
7) Salisbury, F.B. and C. W. Ross. (1992) Plant Physiology, 4 th ed., Wadsworth Pub. Co., Belmont.
8) 全昶厚ら. (2002) 農業環境工学関連4学会合同大会講演要旨 359.
9) Anan, J. et al. (2002) XXVI International Hort. Congress, 408.

[118]

大気汚染物質

野内　勇

[オゾン，活性酸素，クリチカルレベル，酸性雨，二酸化イオウ]

　大気中には煤煙などの粒子状物質やフッ化水素などのガス状物質など様々な大気汚染物質が存在している．しかし，植物への毒性や影響の大きさなどから，主要な大気汚染物質は金属の精錬過程や石炭と石油の燃焼に伴って排出される二酸化イオウ（SO_2），自動車排気ガスを主体とする光化学オキシダント，イオウ酸化物や窒素酸化物が大気中で変質して長距離輸送される酸性雨である．

SO_2

　植物への SO_2 の悪影響は300年以上も前から知られており，例えば銅の精錬から排出された SO_2 は激しい森林破壊をもたらせた．先進国では様々な規制と発生源対策がとられており，わが国の現在の年平均値10 ppbv以下に低下している．感受性の高い植物では，200 ppbv程度の SO_2 に数時間曝露されると葉の可視被害を生じる．SO_2 の細胞毒性は，気孔から取り込まれた SO_2 がアポプラスト（細胞壁などの細胞外空間）内の水に溶存し，解離して生じた SO_3^- と H^+，さらには二次的に生成される活性酸素などがあげられているが，その本質はまだはわかっていない．現在では，SO_2 に係わる植物影響の研究は少なくなっているものの，SO_2 ストレスを克服し，植物に抵抗性の付与する解毒機構の研究が進められている．

光化学オキシダント（Ox）

　光化学オキシダント（90％以上はオゾン）は，自動車排ガスなどから排出された窒素酸化物と炭化水素が，太陽の紫外線により光化学反応を起こし，生成したものである．オゾンの植物毒性は強く，80～100 ppbv程度の濃度が3～4時間継続するとアサガオやホウレンソウなどの感受性の高い植物では，葉に漂白斑などの可視被害が発生する．

　オゾンは自身強い酸化力を有するばかりでなく，アポプラスト内の水や溶質との反応により細胞毒性の強い活性酸素も生成する．その活性酸素により脂質やタンパク質などの重要な生体物質が損傷を受け，障害が発生すると考えられている．しかし，最近，遺伝子レベルの解析により，オゾンによって生じる防御遺伝子群の発現誘導とエチレン，ジャスモン酸やサリチル酸などのシグナル伝達物質の増加など，植物の病原体による感染生理でよく知られていた過敏感反応と共通した現象であることがわかってきた．そこで，植物のオゾン障害は，過敏感反応の誘

導とそれに伴う遺伝的なプログラムにしたがった細胞死によって起こるとする考え方が提案されてきている[3]．このように，オゾンの障害発現機作はオゾン自身の毒性，二次的に生成される活性酸素の毒性，あるいは過敏感反応であるかなどまだよくわかっていない．最近の分子生物学の技術と知識の投入による作用機作の解明に焦点が向けられている．

オゾン濃度と農作物の生長・収量とのドース・レスポンスに関しては，米国では，全生育期間の日中7時間平均濃度を用いて収量減少を定量化し，大気オゾン濃度による年間の農作物減収の経済評価を行った[2]．一方，欧州では，可視被害が発生しないかバイオマスや収量の低下を示さない限界値であるクリチカルレベルの設定を目指している．例えば，オゾンに最も感受性な植物種を保護するレベルI値のクリチカルレベルは，農作物では3ヶ月間の日中のAOT40（1時間平均値が40 ppbを越えた濃度を積算した値）が3,000 ppb-hであり，森林樹木では6ヶ月間で10,000 ppb-hである[1]．

アジア，南米やアフリカにおいてオゾンの前駆物質の発生が増加しており，将来，オゾンはこれら地域の農作物や森林にきわめて大きな影響を及ぼす恐れがある．事実，対流圏オゾンの増加が認められている．

酸 性 雨

欧米の最も低いpHの酸性雨を示す地域では，年平均値がpH 4.2〜4.4とかなり低いが，わが国の降水の年平均値はpH 4.6〜4.8である．人工酸性雨実験によると，多くの農作物は雨がpH 3.0以下になると生長や収量が減少するが，通常の降雨ではその影響はないであろう．樹木もpH 2.0〜3.0の人工酸性雨により，可視被害や生長阻害が発現することが確認されているが，多くの調査研究にもかかわらず，世界各地で生じている森林衰退と酸性雨との因果関係は明らかではない．このため，欧米や東アジア地域において，国際的な酸性雨の広域モニタリングや生態調査などが行われつつある．

引用文献

1) Fuhrer, J. *et al.* (1997) Environ. Pollut., 97 : 91-106.
2) Heck, W. W., Taylor, O. C. and Tingey, D. T. (eds.) (1988) Assessment of Crop Loss from Air Pollutants. Elsevier Applied Science.
3) Rao, M. V. *et al.* (2000) Plant Mol. Biol., 44 : 345-358.

有害化学物質

野内　勇

[カドミウム汚染米，環境ホルモン，硝酸態窒素，ダイオキシン，地下水]

　現代の物質文明の社会では，膨大な種類の化学物質が日々生産され利用されている．また，物の焼却に伴い非意図的に発生する化学物質もある．有害化学物質とは，イオウ酸化物や窒素酸化物などの旧来型の汚染物質を除いて，化学物質が直接的な曝露により人の健康や生態系に悪影響を及ぼす恐れがある化学物質をいう．有害化学物質による環境汚染の例として，1950年代の農薬による環境汚染（1962年のR.カーソンの「沈黙の春」），有機水銀による水俣病（1953年頃），カドミウムによるイタイイタイ病（1955年頃），1968年のPCBによるカネミ油症事件，1980年代のIC産業からのトリクロロエチレンなどの有機塩素系溶剤による地下水汚染，1990年代のゴミ燃焼に伴い排出される発ガン性の強いダイオキシンや，動物の生殖機能に障害を与える内分泌攪乱化学物質（環境ホルモン）などがある．ここでは，現在，農業が直面している重要問題である食品中のカドミウムとダイオキシンおよび地下水の硝酸態窒素汚染について述べる．

カドミウム汚染米等

　イタイイタイ病とカドミウム（Cd）汚染の研究の進展により，Cdは低濃度でも腎機能障害を引き起こすことがわかった．そのため，国際機関のFAO/WHO合同食品規格委員会（CODEX）は，食品中のCd許容基準の強化に乗り出しており，コメ，ダイズ，葉菜などで0.2 ppmを提案している．現在のわが国のCd基準値は玄米中1 ppmであり，これを越えると販売が禁止され，0.4～1 ppmのものは準汚染米として政府が一括買い上げて非食用（工業用の糊等）に処理されているが，金属鉱山や精錬所周辺や流域を中心として汚染米や準汚染米が見いだされている[1]．そこで，Cd汚染土壌の排土客土などの抜本的な対策ばかりでなく，農作物中のCd含量を軽減する技術開発が求められている．

　Cdは還元的な土壌条件下で生成する硫化水素と反応して，難溶性の硫化物となるので，水田では常に湛水することによって，水稲が根から吸収するCdをかなり抑制できる．しかし，水稲の健全な生育や収穫作業の容易さなどを勘案した湛水管理技術の開発が必要である．一方，畑は土壌が酸化的であるため，農作物によるCd吸収の抑制は困難である．そのため，Cd吸収の少ない作物や品種などの選抜や作出などが重要である．

ダイオキシン

ダイオキシンは農薬などの化学物質の不純物として,また,都市ゴミや産業廃棄物等の焼却に伴って生成される[2].燃焼生成し大気中に放出されたダイオキシンはいずれ地表に降下し,雨水などにより河川に流入し,河川底質や海域沿岸底質に沈積する.一方,農薬中に不純物として含まれているダイオキシンは,農薬散布に伴って農耕地土壌に吸着残留し,一部は灌漑水に懸濁し河川等の汚染を引き起こす.水系に至ったダイオキシンは魚介類などの体内に取り込まれ,生物濃縮により生態系の高次生物種に蓄積し,内蔵障害や発ガン性を発揮する.一方,農作物中に含有されるダイオキシンは土壌から吸収されたものではなく,大気から直接に吸収・吸着されたものである.ダイオキシンの環境負荷の低減化をはかるためには,発生源における生成の抑制・分解技術の開発と,環境中の汚染域での分解・除去技術の開発が必要である.

地下水の硝酸態窒素汚染

わが国や米国の水道の硝酸態窒素の環境基準は 10 mg L^{-1} 以下である.1970年代以降,世界的に食料生産の増加に伴って窒素肥料と畜産廃棄物の施用量が増加してきたが,それとともに地下水中の硝酸態窒素濃度が水道水基準を超える地域が拡大してきた.特に,欧米においてはその他の地域に比較して地下水中の硝酸態窒素濃度が高い.高濃度硝酸含有水の飲用はメトヘモグロビン血症を発生し死にいたる場合がある.わが国における地下水の硝酸態窒素汚染の状況は以下のようである[3].① 茶園地帯で汚染が高まっている,② 果樹園,野菜畑において汚染地が広く分布している,③ 畜産経営は近傍の地下水の大きな汚染点源となっている,④ 一般畑地帯でも汚染が広がっている,⑤ 水田地帯では一般的に汚染は認められないか軽微である.地下水の硝酸態窒素汚染を防止する農業技術的対策として,栽培技術の見直しによる化学肥料の削減,流亡の少ない形態の肥料の開発,輪作体系の構築などの技術開発が必要である.

引用文献

1) 畑　明郎 (2002) 日作紀 71 : 530-533
2) 河野公栄 (2002) 日作紀 71 : 533-538
3) 熊沢喜久雄 (1999) 土肥誌 70 : 207-213

[122]

重　力

高橋　秀幸

[アミロプラスト，宇宙実験，オーキシン，重力感受，重力形態形成（ペグ）]

　重力は一つの環境要因として，植物の成長に大きな影響を及ぼす．たとえば，多くのウリ科植物の芽ばえは種特異的な重力形態形成によって，発芽直後に，根と胚軸の境界域に1個の突起（ペグ）を形成して，それをテコにして胚軸が伸長することによって，芽ばえが種皮から抜け出す（図1A）．平べったい形のキュウリ種子が発芽すると，ペグは，一時的に横になる根と胚軸の境界域の下側（重力刺激側）に形成される．しかし，根が真下に伸長するように種子を垂直にして発芽させると，根と胚軸の境界域の両側（子葉面側）に1個ずつのペグを形成するようになる．微小重力の宇宙でもキュウリ芽ばえは，根と胚軸の境界域に2個のペグを対称的に発達させる（図1B）．この宇宙実験は，重力がペグ形成に不可欠ではないが，地上では重力応答によって，横になった根と胚軸の境界域の上側（反重力刺激側）におけるペグ形成が抑制されることを示している[4]．

　ペグ形成にはオーキシンが重要な役割を果たしている[1]．オーキシンによって制御される遺伝子（*CS-IAA1*）の発現および内生オーキシン量は，ペグ形成側に比較して非ペグ形成側で低下する．すなわち，ペグ形成が反重力刺激側で抑制されるのは，その部位におけるオーキシンの絶対量および細胞内オーキシンレベルが低下するためであると考えられる．事実，種子を水平において発芽させるときに外生オーキシンを処理すると，ペグは根と茎の境界域の両側に発達する．

　植物の重力応答は，主に重力屈性で研究されている[5]．主根は正の重力屈性によって重力ベクトル側に伸長し，側根は初期的には横重力屈性か傾斜重力屈性によって，水平方向か斜めに伸長する．一方，茎葉や花序は負の重力屈性によって反重力ベクトル方向に伸長する．この重力屈性のため

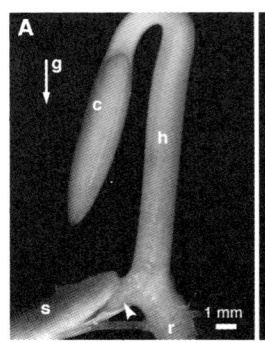

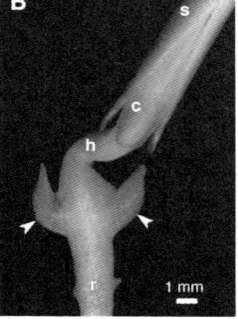

図1　地上（A）と宇宙（B）で発芽・生育させたキュウリ芽ばえのペグ形成[4]
矢尻；ペグ，c；子葉，h；胚軸，r；根，s；種皮

の重力感受細胞は，茎葉や花序では内皮細胞，根では根冠中の柱軸細胞である[2]．したがって，内皮細胞の分化を欠損した突然変異体は重力屈性を発現せず，柱軸細胞をレーザーで破壊すると重力屈性が抑制される．また，内皮細胞と柱軸細胞は，比較的大型のアミロプラストを含み，その沈降が重力感受の最初のステップと考えられている．実際にアミロプラスト中のデンプンを消化させると重力屈性が抑制され，また，デンプン合成能を欠損した突然変異体の重力感受性は小さい．内皮細胞および柱軸細胞におけるアミロプラスト沈降による重力感受機構の詳細は不明であるが，アミロプラストの沈降にはアクチンフィラメントなどの細胞骨格が重要な役割を演じ，何らかのメカニズムによって膜系に存在するイオンチャンネルなどが活性化されるものと考えられている．

　重力屈性は重力感受によって誘導される偏差成長であるが，中でも，オーキシンの不均等分布が，この偏差成長を制御する要因として注目されてきた[3]．それを支持するように，オーキシン輸送を担うタンパク質（オーキシン細胞外排出キャリアの PIN2，PIN3，PIN4 およびオーキシン細胞内取り込みキャリアの AUX[1]）やオーキシン制御遺伝子のプロモーター領域のシスエレメントと相互作用して転写調節にかかわるオーキシンレスポンスファクター（ARF7）の突然変異体は，異常な重力屈性を示す．オーキシンの細胞内取り込みキャリアの PIN3 は，根の柱軸細胞に発現し，その細胞膜上における発現部位が重力依存的に変化するという．また，これらのオーキシンキャリアタンパク質の活性はリン酸化・脱リン酸化によって制御されることも示されている．したがって，柱軸細胞や内皮細胞において，アミロプラスト・細胞骨格・膜系を介して感受される重力がオーキシンキャリアタンパク質に作用して，その局在や活性を制御している可能性がある．

　植物が効率的な物質生産を営むために重要な重力応答を理解するために，今後，重力感受とそれがオーキシン動態を制御するメカニズムを解明する必要がある．

引用文献

1) Kamada, M. et al. (2000) Planta 211：493-501.
2) Kiss, J.Z. (2000) Crit. Rev. Plant Sci. 19：551-573.
3) Muday, G.K. (2001) J. Plant Growth Regul. 20：226-243.
4) Takahashi, H. et al. (2000) Planta 210：515-518.
5) 寺島一郎編（2001）朝倉植物生理学講座第5巻　環境応答，朝倉書店

屈　性

高橋　秀幸

[根冠；重力屈性；水分屈性；突然変異体；光屈性]

　植物の伸長器官は，光，重力，水分，接触，電磁場などの方向に応答して成長方向を変化させる．これは屈性と呼ばれ，傾性や走性，回旋運動などとともに，固着生活が一般的な植物にとって，ストレス環境を回避・緩和する仕組みとして機能する．一般に，植物の茎葉や花序は正の光屈性と負の重力屈性，主根は正の重力屈性を発現する．また根の場合，植物種や環境条件によって，水分屈性，光屈性，接触屈性，電気屈性，磁気屈性を発現する．

　重力屈性については前項で述べたが，光屈性も重力屈性と類似して，オーキシン濃度勾配を反映した偏差成長で屈曲するものと考えられている．そのためにオーキシンが反光源側に輸送される仕組みはわからないが，光屈性は主に青色光で誘導される．光屈性をまったく示さないシロイヌナズナの突然変異体として見いだされた *nph1* は，青色光でリン酸化される細胞膜結合タンパク質（NPH1）を欠損している[1]．このフラビン結合部位をもつNPH1は光受容体と考えられ，フォトトロピンと命名されている[1]．シロイヌナズナの根は，青色光に対して負の光屈性を示し，赤色光に対して弱いながら正の光屈性を示す．この場合の負の光屈性も *nph1* 突然変異体では欠損している[5]．

　地球上では重力屈性が強く発現して，それが他の屈性現象に干渉する．そのような例として水分屈性が知られている[6]．たとえば，重力屈性を欠損したエンドウ

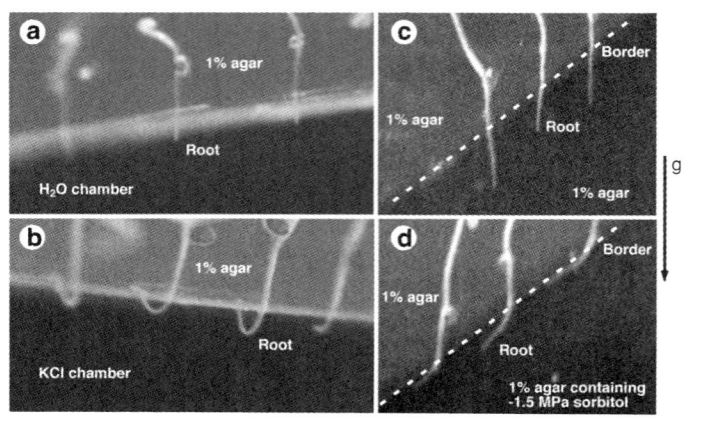

図1　シロイヌナズナの根の水分屈性[7]
a；水飽和状態で下に伸びる根，b；寒天とKCl飽和塩溶液の間の水分勾配に反応する根，c；寒天表面を下に伸びる根，d；ソルビトール寒天と反対側（高水ポテンシャル側）に伸びる根

突然変異体の根が水分勾配に応答して多湿側に成長し、正の水分屈性を示す。また、重力屈性の正常な野生型も、クリノスタット上で回転させて重力屈性を消去させると、同様に水分勾配に応答するようになる。さらに、宇宙実験では、キュウリ芽ばえの根が、微小重力下で水分勾配に応答して水分屈性を顕著に発現するようになる[4]。一方、シロイヌナズナの根では、水分屈性が地上でも重力屈性に打ち勝って発現する（図1）[7]。

　根の水分屈性のための水分勾配は、重力感受の場合のように、根冠で感受される[7]。これは、根冠が複数の刺激を感受することを示すものとして興味深い。しかし、水分勾配を感受する細胞が重力感受細胞の柱軸細胞なのか、それ以外の根冠細胞なのかはわからない。根冠による水分勾配の感受機構は不明であるが、水ポテンシャル差に起因する根冠中の水輸送や水分ストレスによる細胞構造の変化が膨圧変化や膜系に対する機械的刺激の原因となり、メカノセンサーなどの膜タンパク質が活性化されることなどが考えられる。

　根の水分屈性は、高水分側で伸長速度が顕著に低下するのに対して、低水分側で伸長速度が維持されるために起こる偏差成長である。そのとき水分屈性による屈曲部位（伸長帯）では、細胞壁の伸展性と水透過性が高水分側で顕著に低下する[3,6]。この水分屈性の発現制御に、オーキシン、カルシウム、アブシジン酸などが重要な役割を果たしている[4,6,7]。水分屈性も重力屈性の場合に類似して、根冠細胞における機械的刺激応答性のカルシウムチャネルが水分勾配感受に関与し、それが伸長帯におけるオーキシン動態の変化を誘導するのかもしれない。シロイヌナズナで最近単離されている水分屈性突然変異体の解析から、水分屈性の制御因子と発現機構が明らかになるものと考えられる[2]。

引用文献

1) Huala, E. *et al.* (1997) Science 278 : 2120-2123.
2) 小林啓恵 他 (2002) 宇宙生物科学 16 (3) : 151-152.
3) Miyamoto, N. *et al.* (2002) Plant Cell Physiol. 43 : 393-401.
4) Mizuno, H. *et al.* (2002) Plant Cell Physiol. 43 : 793-801.
5) Sakai, T. *et al.* (2000) Plant Cell 12 : 225-236.
6) Takahashi, H. (1997) J. Plant Res. 110 : 163-169.
7) Takahashi, N. *et al.* (2002) Planta 216 : 203-211.

気　圧

後藤　英司

[ガス分圧，極限ガス環境，全圧，低圧，低酸素]

はじめに

　多くの高等植物，とくに栽培作物は平地の気圧である1気圧（約101 kPa）に順応して進化してきた．そして遺伝的には1気圧下で栄養成長が促進され，花芽形成，種子繁殖をする能力を備えている．地上の低い気圧の地域である高地は，気圧が低いだけではなく，呼吸・光合成に必要な O_2 ガスおよび CO_2 ガス分圧も低くなり，また低温になるため，平地に順応した植物をそのまま高地に移植しても正常な成長は得にくい．

　高地以外で平地と異なる気圧環境に宇宙がある．宇宙空間は微小重力環境であると同時に高真空環境である．近い将来，有人宇宙活動のために閉鎖生態系生命維持システム（CELSS）を構築し，ガス交換，水浄化および食料供給の目的で植物を育成する場合には，1気圧という固定観念にとらわれることなく，積極的に真空環境の利用を検討すべきである．実際には，植物には O_2・CO_2 ガスおよび水蒸気の混合気体を与える必要があるため，真空は現実的ではなく，0.1気圧までの低圧環境が対象範囲になる．このような背景から，1980年代後半よりフランス，ドイツ，日本，米国，カナダの研究者により，人工的な低圧と植物生育の関係解明の研究が行われている．

　低圧は極限ガス環境の一種である．極限ガス環境とは，O_2 ガス分圧，CO_2 ガス分圧および水蒸気分圧を1気圧と同値に維持する低圧環境だけではなく，O_2 および CO_2 ガス分圧の組成が平地と大きく異なるガス環境や，N_2 ガスを He や Ar で置換する空気環境を含める．様々な植物種について全圧およびガス分圧の育成可能範囲を調べることは，植物学的にも，植物の潜在能力を理解する上でも有意義である．筆者らは，多くの植物は大気中の窒素ガスを直接は利用しないことに着目し，窒素ガスを減じた低圧環境における植物育成の可能性を探るため，低圧チャンバーを用いて実験を行っている．その知見を以下に紹介する．

発　芽

　イネとシロイヌナズナでは，O_2 分圧を制御すれば，25 kPa までの低圧でも問題なく1気圧と同等に発芽する[3]．10 kPa では発芽率は0％であることから，10 kPa から25 kPa の間に発芽の限界圧が存在するようである．25 kPa までの低圧では，

同一 O_2 分圧であれば全圧が低いほど発芽率が高くなる[3]．その理由は，低圧下では O_2 ガス拡散速度が上昇するため種子内により多くの O_2 が供給されるためであり，低圧下における正のガス拡散効果と言える．

栄養成長

ホウレンソウとトウモロコシでは，光合成速度は，全圧が低くなると CO_2 ガス拡散係数が大きくなり葉面境界層抵抗と気孔抵抗が小さくなるため，同じ CO_2 分圧であれば低圧下で増加する[2]．これも低圧下における正のガス拡散効果と言える．また蒸散速度は，葉面境界層抵抗が小さくなるため同じ水蒸気分圧であれば低圧下で増加する[2]．蒸散速度の適値は生育条件に依存するが，一般に低圧では，ガス拡散が速いため，蒸散は高湿度条件でも抑制されにくい．長期間低圧環境で養液栽培を行える実験装置でホウレンソウを発芽から収穫まで栽培したところ，25 kPa で 1 気圧と同等の成長が得られた[1][4]．また，水蒸気分圧を適値に制御すれば，低圧の光合成促進効果を利用して速い成長を得ることも可能である．

種子成長

シロイヌナズナでは，全圧が 23 kPa で O_2 分圧が 21 kPa の条件で，1 気圧条件と同じく正常な種子が得られる[3]．花成も低圧下で正常であることから，シロイヌナズナは 23 kPa の低圧でも種子生産が可能である．また，O_2 分圧が 2 kPa の低い条件では，低圧下で 1 気圧よりも良好な種子成長が得られる．これは，呼吸による酸素消費量が多い種子形成初期～中期に，低圧のガス拡散効果により鞘内に多くの O_2 を供給できるためと考えられる．

以上のことから，植物は，O_2 分圧，CO_2 分圧および水蒸気分圧と気温を適値に維持すれば，0.2 気圧という低圧でも発芽～栄養成長～生殖成長～種子生産に至る生活環を行う能力を十分に備えていることがわかる．

引用文献

1) Goto, E. *et al.* (1995) J. Agric. Meteorol., 51 : 139-143.
2) Goto, E. *et al.* (1996) J. Agric. Meteorol., 52 : 117-123.
3) Goto, E. *et al.* (2002) Proceedings of 32nd ICES, SAE Technical Paper Series, 2002-01-2439.
4) Iwabuchi, K. *et al.* (1996) Environ. Control in Biol., 34 : 169-178.

環境ストレスと遺伝子発現

～1. 遺伝子発現およびタンパク質の機能化～　　　　林　秀則

[ストレス因子, ストレス遺伝子, シグナル伝達, ストレス耐性, 熱ショックタンパク質]

　植物の生育に影響を与える環境要因（ストレス因子）には，高温，低温，凍結，乾燥，紫外線，放射線，強光，化学物質，活性酸素，塩，pH，イオン，重金属などの物理的・化学的要因と，ウイルスや病原菌などの生物由来の要因がある．ストレスによって生じる細胞内の損傷を回避し，生理活性を一定以上に保つ機構をストレス応答といい，この過程で発現が誘導される遺伝子をストレス遺伝子という．ストレス応答の一般的な機構は，① ストレスの検知，② シグナル伝達，③ ストレス遺伝子の誘導，④ 発現したタンパク質による損傷の修復およびストレス応答に必要な化合物の合成，である．

　各ストレス因子に対し，それぞれ多くのストレス遺伝子が知られている．ストレス耐性を左右する生理活性が既知の場合，その機能を担うタンパク質の情報から遺伝子を同定し，さらにその発現調節機構を解析できる．近年では，ディファレンシャルスクリーニング法によって異なった個体におけるmRNA発現量を比較し，ストレスによって発現量が増減する遺伝子が多数同定されているが，いまだ機能未知の遺伝子も多く存在する．また多数の突然変異体のライブラリーからストレス応答に異常のある変異株を選別し，変異の生じた遺伝子を検索する方法，あるいは全ゲノム解析が終了した生物のDNAマイクロアレイを用い，ストレスによって発現量の変化する遺伝子を網羅的に解析する方法なども可能になってきており，これまでは量的に少なく検出が困難であったシグナル伝達成分やセンサタンパク質などの直接的な同定が進められている．

　既に知られているストレス遺伝子の機能を見ると，特定の遺伝子が特定のストレス要因に対してのみ機能するのではなく，複数のストレス要因に対して機能していると考えられる．例えば乾燥によって発現する遺伝子の産物は水チャンネルや適合溶質の合成酵素など浸透圧調節に関わるもの，bZIP型の転写因子やタンパク質リン酸化酵素などシグナル伝達に関わるものの他，熱ショックタンパク質や種子の登熟後期に発現するタンパク質，プロテアーゼや解毒酵素など，タンパク質の安定化や損傷回避に関わるものも含まる．このようにストレス応答には様々な機構が複雑に関与していると同時に，それらを制御している検知の機構やシグナル伝達の機構が各種ストレス要因の間で複雑なネットワークを形成している．

ストレス応答機構におけるシグナル伝達の最も簡単な系として，ストレス因子が転写因子に直接作用して遺伝子発現を制御する（例えば，細胞内の金属イオンなどがリプレッサタンパク質の活性を変える）場合もあるが，一般的には遺伝子発現の制御機構はかなり複雑である．ストレス検知に関しては，温度や浸透圧などの物理的要因が直接検知されるのではなく，ストレスによって生じるタンパク質，核酸，生体膜などの化学変化や構造変化などの二次的要因が検知されてストレス応答の直接的なきっかけとなることが多い．またストレスや傷害によって生じる変性タンパク質，アブシジン酸（ABA），エチレン，活性酸素なども検知の対象となっている．シグナル伝達にはタンパク質の相互作用や，カイネースのカスケードなどが関与する．例えばシロイヌナズナにおいては浸透圧センサと考えられるヒスチジンキナーゼおよびトランスミッタ，レスポンスレギュレータからなる2成分制御系におけるリン酸化によるシグナル伝達の存在が示されている．熱ショックタンパク質であるHSP70の発現には熱ショックファクター（転写因子）－HSP70－変性タンパク質の三者間の相互作用が関与している．ストレスの違いによって異なるシグナル伝達の系があると同時に，例えば乾燥と低温といった異なったストレスが同じ伝達系によって遺伝子の発現を誘導することもあり，種々の環境ストレスに応答するため，ストレス遺伝子の発現に至る巧妙なネットワークが構築されている．

　さらに，発現したタンパク質が実際に機能するためには翻訳後，正しい高次構造の形成，糖や脂質の結合，葉緑体や液胞への移行などの機能化が必要である．高次構造の形成やオルガネラへの移行には熱ショックタンパク質の分子シャペロンとしての機能が必要であり，また熱ショックタンパク質自体，14量体や48量体などを形成する必要がある．しかし，現在同定されているストレス遺伝子の産物には，ストレス耐性における具体的な機能が不明なものも多く，発現後の機能化も含めてさらなる解析が必要である．現在，センサやシグナル伝達成分の実体が明確になりつつあるが，上述の遺伝子発現機構も，仮説のものや特定の生物においてのみ実証されているものなどもある．今後，シグナル検知から遺伝子発現，そして最終的なストレス耐性の付与に関する具体的な機構に至るストレス応答の全貌を理解するためには，ゲノム情報，プロテオミクス，構造生物学，分子生理学などの手法を駆使した分子レベルでの解明が重要となる．

環境ストレスと遺伝子発現

～2. 水ストレス順化機能～

篠崎 和子

[ストレス誘導性遺伝子，遺伝子発現調節，DREB転写因子，環境ストレス耐性]

　植物は移動の自由がなく根付いた場所で厳しい環境変化に耐え生き抜かなければならないため，環境変化に対してすみやかに応答し，順化する生理機構を進化の過程で獲得してきたと考えられる．乾燥（水分環境）は陸上植物にとって，生存に関わる重要な環境因子である．植物は乾燥ストレスに対抗して，個体，組織，あるいは細胞レベルで様々な応答を示すが，遺伝子発現レベルでも応答していることが示されている．また，ストレスによる刺激から遺伝子発現に至るシグナル伝達経路についても分子レベルの解析が進んでいる．さらに，単離された遺伝子は分子育種技術を用いたストレス耐性作物の開発にも利用されようとしている．

乾燥ストレス耐性遺伝子群

　乾燥ストレスに対して植物はどのように応答して，順化しているのであろうか．モデル植物として研究に用いられているアブラナ科の一年生草本であるシロイヌナズナで，研究が進んでいる．ディファレンシャルスクリーニング法を用いて，この植物から乾燥耐性機構で働くと考えられる50種類以上の乾燥ストレス誘導性遺伝子が単離された[4]．これらは水の細胞内輸送を行う水チャンネルタンパク質や変性タンパク質を再生するシャペロン，植物細胞を形成している高分子物質の保護タンパク質であるデハイドリン，細胞内の浸透圧調節を行っている小分子である糖やプロリンの合成酵素等のストレス耐性獲得に働くと考えられる遺伝子群等であった[4]．植物はこれらの耐性遺伝子群をストレスに応答して誘導し，その遺伝子産物の機能によりストレスから細胞を守ることにより順化すると考えられた．西アフリカの乾燥地帯で栽培されているマメ科作物のカウピーや復活植物のような乾燥に対して特別な耐性を示す植物を研究材料とした場合も，シロイヌナズナと同様の乾燥耐性遺伝子群が見出されており，これらの遺伝子群は進化の過程で植物が獲得してきた共通のストレス耐性遺伝子群と考えられた．

耐性遺伝子群の発現を調節する転写因子

　植物はどのようなしくみでこのように多数の遺伝子の働きを調節しているのだろうか．単離した乾燥耐性遺伝子のうち，デハイドリンをコードしている*rd29A*と名付けた遺伝子は乾燥だけでなく，塩や低温ストレス時にも働きを示した．この遺伝子を調べてみると，ストレス時に特異的に働くのはこのプロモーター領域

にTACCGACATの9塩基からなるDRE配列が存在するためであることが示された．このDRE配列に結合して遺伝子の働きを調節している転写因子の遺伝子が単離され*DREB*と名付けられた[5]．DREBは*rd29A*遺伝子の働きをオンにするキーの役割を持っている．さらに，DRE配列を持つ多数の耐性遺伝子の働きを調節するマスターキーであった．*DREB*遺伝子を高発現すれば，制御している複数の耐性遺伝子の働きを強く改変し高い耐性を植物に付与できると考えられる．そこで，*DREB*遺伝子をストレス誘導性のプロモーターと組み合わせてシロイヌナズナに導入すると，得られた遺伝子組換え植物はこれまでにない高いレベルの乾燥・塩・低温耐性を示した[2]．この植物中では，ストレス時に40種以上の耐性遺伝子群が強く働いていた[3]．また，最近イネにも同様の制御機構があることが示され，植物が共通に持つストレス耐性システムであることが明らかになった[1]．

複雑な応答システムで身を守る

植物では乾燥ストレスに応答した非常に多くの耐性遺伝子の働きでストレスに順化していることを述べた．最近，マイクロアレイ技術を用いて200種以上の乾燥耐性遺伝子が働いていることが示されている．これらの遺伝子を調節する転写因子は，DREB以外に何種類もあることも明らかにされた．植物は非常に多くの耐性遺伝子をいくつもの転写因子を用いて制御している複合的な自己防御システムを持っている．今日ではゲノム情報をもとに植物の持つ環境ストレス耐性機構をゲノム全体で解析することが可能になった．一方，耐性遺伝子群を調節する転写因子遺伝子を用いた組換えがきわめて有効であることが示され，この手法を応用した環境ストレス耐性作物や樹木などの開発が期待される．

引用文献

1) Dubouzet, J.G., Sakuma Y., Ito Y., Kasuga M., Dubouzet E.G., Miura, S., Seki, M., Shinozaki, K. and Yamaguchi-Shinozaki K. (2003) Plant J. 33 : 751-763.
2) Kasuga, .M, Liu, Q., Miura, S., Yamaguchi-Shinozaki, K. and Shinozaki, K. (1999) Nature Biotechnology, 17 : 287-291.
3) Seki, M., Narusaka, M., Abe, H., Kasuga, M., Yamaguchi-Shinozaki, K., Carninci, P., Hayashizaki, Y. and Shinozaki, K. (2001) Plant Cell 13 : 61-72.
4) Shinozaki, K., Yamaguchi-Shinozaki, K. (2000) Curr. Opin. Plant Biol. 3 : 217-223.
5) Liu, Q., Kasuga, M., Sakuma, Y., Abe, H., Miura, S., Yamaguchi-Shinozaki and K., Shinozaki, K. (1998) Plant Cell 10 : 1391-1406.

環境ストレスと遺伝子発現

~3. 高温耐性および低温順化~　　　　　　　　　　　林　秀則

[熱ショックタンパク質，転写因子，低温馴化，アブシジン酸，脂肪酸転移酵素]

　植物は−50℃以下になる極域から50℃を越す砂漠や熱帯にまで分布し，昼夜，日々，年間を通じて，常に温度の変化にさらされている．移動能力もなく体温調節もできない植物は遺伝子の機能，酵素活性，生体膜の流動性，形態的特長などを変化させることによって，広い温度範囲に対する適応戦略を有している．

　高温ストレスはタンパク質の立体構造を変化させ，活性の低下をもたらすのみならず，高次構造のアンフォールディングを招く．水溶性タンパク質ではアンフォールディングによって内部の疎水性の領域が露出し，分子間での疎水結合によってタンパク質が凝集する．したがって高温ストレスへの応答には，熱変性したタンパク質の凝集を防ぎ，構造と機能を再生するための機構が重要となる．通常の生育温度より10〜15℃高い温度に曝されると細胞内に熱ショックタンパク質（Heat Shock Protein, HSP）と呼ばれる一群のタンパク質が多量に合成され，その後一定期間，生存の上限温度が高くなる．HSPは分子量によっていくつかのファミリーに分類され，代表的なものとしてHSP 70, HSP 60とHSP 10, HSP 90, HSP 100などのファミリー，および15〜30 KDaの低分子量HSPがあり，それぞれに細胞質，細胞核，ミトコンドリア，葉緑体，小胞体などに局在するものがある．これらの熱ショックタンパク質は変性タンパク質の疎水領域に結合して凝集を防いだり，その再生を補助する作用があり，水溶性タンパク質の熱による構造変化を防ぐことによって植物細胞を高温ストレスから守っている．

　真核生物における熱ショックタンパク質の遺伝子の発現は，転写因子（ヒートショックファクター，HSF）によって制御される．HSP 70遺伝子の場合，そのHSFは分子内のロイシンジッパーを介した単量体として，HSP 70と結合している．熱ショックによってHSFの構造が変化，あるいはHSP 70が変性タンパク質に結合すると，HSFは分子間のロイシンジッパーによって3量体を形成し，これがHSP 70遺伝子の調節領域に結合し，転写が開始される．すなわちHSP 70の発現は正常時にはネガティブなフィードバック調節を受け，変性タンパク質との結合によって発現が誘導される．

　植物の低温耐性には生体膜の流動性が関係する．常温では膜脂質は流動性が高いのに対し，低温では一部の脂質が相転移してゲル状となり，生体膜は相分離

状態となる．その結果，生体膜の機能が失われ低温傷害の原因となる．脂質の相転移温度は脂質に含まれる脂肪酸の不飽和度（二重結合の数）に関係し，不飽和度の高い脂肪酸が多く含まれると，融点が低く，低温でも液相で存在できる．したがって植物の低温耐性において脂肪酸の不飽和化酵素や脂肪酸の組成を決定する酵素が重要となる．脂肪酸転移酵素の遺伝子を低温耐性植物から分離し，これを低温に比較的敏感なタバコに導入すると低温耐性が増加することが実証されている．また脂肪酸不飽和化酵素遺伝子は低温で発現が誘導される．

これまでに多くの低温誘導性の遺伝子が同定されている．そのほとんどは具体的な機能が不明であるが，一部については低温耐性および凍結耐性の獲得における機能が推定されている．例えば，RNA結合タンパク質の遺伝子が誘導されるが，低温ではmRNAが分子内水素結合によって二次構造を形成して翻訳の効率が低下するが，RNA結合タンパク質はこの二次構造の形成を阻止し，低温においても翻訳の効率を維持できるようにしていると考えられている．

植物は外気温の低下に伴って耐凍性を獲得し（低温馴化），氷点下の気温でも生存できるようになる．低温馴化過程で細胞内に糖類，プロリン，グリシンベタインなどの適合溶質を合成する酵素が誘導され，これらの蓄積によって凝固点が低下し，凍結脱水の程度が緩和される．また，北極や南極の海に生息する魚類は体液中に不凍タンパク質を蓄積し凍結から身を守っているが，高等植物でも低温馴化過程で不凍活性をもつ類似のタンパク質が誘導されることが知られている．

低温応答の過程で内在性のアブシジン酸（ABA）の濃度が一時的に増加すること，外部からABAを添加すると低温適応能が上昇すること，およびシロイヌナズナではABAによっても低温誘導性遺伝子の発現が誘導されることなどから，ABAが低温ストレス応答に深く関わっていると考えられている．前述の適合溶質の蓄積や，ABAによる遺伝子発現などは乾燥ストレスへの応答においても見られること，低温誘導性の遺伝子と乾燥誘導性の遺伝子に共通したシスエレメントが存在することなどから，低温ストレスと乾燥ストレスに共通したシグナル伝達系が存在すると考えられている．

低温のセンサとして，ラン藻において生体膜に存在するヒスチジンキナーゼがその働きをすると指摘されており，今後，具体的な検知の機構や植物における同様のセンサの存在が明らかにされると考えられる．

「生体情報の計測」の四半世紀

～松山での萌芽・命名からデューク大学を経て世界へ～　　　橋本　康

[SPA，生体情報の計測，画像計測]

はじめに

　植物体に関わる物理的な「測定」の歴史は古い．1900年頃に出版された1000頁にも及ぶ植物を対象とした測定に関する学術書を米国の図書館で目にした時は驚きであった．電磁オッシロの物理測定を植物に適用したもので，なかなかの力作と感心した．しかし生理メカニズムに起因する生体現象は数限りなく，測定に追われていても実態は見えてこない．植物体をブラックボックスと考えるシステム科学的な「計測」こそが植物科学にとって最初のハードルではないか，と密かに考えた．萌芽は約35年前，松山で道後温泉に浸かりながら意識下に定着した．

SPAに誘発された生体情報の計測

　オランダ等で開発されたグリーンハウス栽培において，システム的なアプローチが展開し始めたのは四半世紀程前の頃である．そのシステムの機能を最適に管理・運用するには，植物の生理生態学的な情報を利用する必要があり，そこに世界的な「植物生体情報の計測」へのニーズが湧き出ていた．このコンセプトを当時の西欧の若手研究者はSPA (speaking plant approach to the environment control)と称し，俯瞰的視点に基づく農業工学の魅力的な研究対象に設定していた．

画像計測でSPAに参加

　1979年6月ワーヘニンゲンで開催された栽培環境調節へのコンピュータ応用に関する国際ワークショップで，葉面の画像計測とその画像認識を口頭発表した筆者は，SPAに大きく貢献する研究者であると，工学的志向の強い若手研究者を中心に支持を獲得し，後にIFACネットワークのトリガーとなる評価を得た．

わが計測へのプロムナード

　それに先立つ大学院生時代（1963年頃）から，恩師杉二郎先生の許可を得て当時の東大宇宙研計測部の丹羽教授の研究室に出入りし，超音波計測の研究に従事し，次いで愛媛に移った後の1970年代から当時先端的な画像計測を丹羽先生の指導を受けながら開始していた．その間にも高周波計測や赤外線計測等々，当時ハイテクと称された工学（高額？）計測機器を手当たり次第導入し楽しんでいた[1]．

「農業および園芸」誌への連載

　養賢堂の「農業および園芸」誌から「作物生体情報の電子的計測」[2]を同誌に短

期連載する依頼を受けた．次いで「植物生体情報と環境の計測」[2]を2年間の長期連載に，さらに「植物生体計測のその後の話題」[2]を4回，「農業における情報科学の話題」[2]を11回連載した．筆者の40歳台の数年に亘る掲載は新用語「生体情報の計測」[3]を全国に広め，計測に関する意識改革に貢献したらしい．

米国デューク大学での展開

画像計測に関連する研究は1983年，米国デューク大学理学部客員教授として滞米中，米国植物生理学会で発表し，米国でも高く評価され，その論文は米国植物生理学会誌に掲載され[4]，植物画像計測のプライオリティを獲得し嚆矢となった．

同大学はファイトトロンのメッカとして知られたが，滞在してみるとわが国で云々された「Biotronics」ではなく「Physiological Ecology：PE」の中心地で，クレーマ教授を中心にPEに関する生体計測の世界の中心的存在でもあった．

日米セミナー「植物生体計測」

1985年にクレーマー博士と企画した日米セミナー「植物生体計測」は米国科学財団（NSF）と日本学術振興会（JSPS）により採択され，東京で開催した．世界最高峰の学者達が米国，英国，ドイツ等から参集し，わが国からは画像処理の尾上東大生産技研所長，画像計測の丹羽東大宇宙研教授等の権威，さらに植物生理学の熊沢教授を始めとする大先生方に参加をお願いし，当時同化箱の開発に執心していた米国ライカー社の社長も加わり，会議は熱気に包まれた．その成果学術書は米国アカデミック社から出版され当時の最先端と世界的な反響を呼んだ[5]．

若手への期待

分子生物学の台頭で世の中も大幅に変わった．若手幹事が企画した本書の項目は今昔の観がする．かつて生体情報の計測へ取り組んだ五十路以上の学徒にとっては，一抹の寂しさを隠し，学術の発展を喜び，若手へ期待するしか無いだろう．

引用文献

1) 丹羽・橋本 他「ライフサイエンスを測る－超音波・画像・光計測入門－」1983年3月，オーム社（pp. 217）
2) 橋本「農業および園芸」53（4-6），57（4）-59（1），60（10）-61（3），61（8）-62（11）
3) 橋本「バイオシステムにおける計測・情報科学」1990年3月，養賢堂（pp. 265）
4) Hashimoto et al : Plant Physiology 76, 266-269 (1984, 10)
5) Hashimoto・Kramer・Nonami・Strain eds「Measurement Techniques in Plant Science」1990年12月, Academic Press（San Diego USA）（pp. 431）

クロロフィル蛍光計測による光合成機能診断

小西　充洋・大政　謙次

[Chl蛍光誘導期現象，飽和パルス法，蛍光スペクトル，蛍光画像，非破壊計測]

　クロロフィル（以下Chl）蛍光誘導期現象の計測：Chl蛍光計測は，1931年のChl蛍光誘導期現象（Kautsky effect）の発見以降，非破壊・非接触の計測手法として，光合成反応系の機能解析や診断に用いられてきた．Chl蛍光誘導期現象とは，暗処理された植物葉に一定強度の光を照射した際にみられるChl蛍光強度の経時的変化である．この変化は一般にO-I-D-P-S-M-Tという過程をたどり，この曲線はChl蛍光誘導期曲線とよばれる．O-Iは光化学系IIにおける初期電子受容体Q_Aの還元，I-Dは光化学系I等によるQ_Aの部分酸化，D-Pは水からの電子の流れによるQ_Aの還元，P-S-M-Tはチラコイド膜をはさんだpH勾配の生成や炭酸固定反応の活性化などを反映しているとされる[2]．したがって，Chl蛍光誘導期曲線の解析により，植物に対する様々な環境ストレスが光合成電子伝達のどの部分に影響しているかを診断できる．また，最近ではPPF（Photosynthetic Photon Flux）約3000 μmol m^{-2}s^{-1}の強い光を照射した際にO-(K)-J-I-Pという多相の増加過程がみられることが報告されている．

　飽和パルスによる計測：Chlが吸収した光エネルギは光合成に使われるほか，熱や蛍光等として放散される．Q_Aが完全に還元するのに十分な強度のパルス光（約3000 μmol m^{-2}s^{-1}以上，1～2 s）を照射すると，光合成電子伝達経路は一過的に飽和するが，pH勾配の生成や酵素活性に与える影響は非常に小さく，熱放散活性は変化しない．この特性を利用して，暗期条件下と明期条件下での蛍光計測を行うことにより，蛍光収率変化（クエンチング）を光化学的クエンチングと非光化学的クエンチングに分離できる．これを飽和パルス法とよぶ．この方法では，光合成機能に関する有用なパラメータが数多く考案されており，特にΦ_{PSII}とNPQは光合成機能診断に頻繁に用いられる．暗期条件下での飽和パルス光照射時の蛍光収率をΦ_{Fm}，明期条件下での飽和パルス光照射時の蛍光収率を$\Phi_{Fm'}$，明期光による蛍光収率をΦ_Fとすると，$\Phi_{PSII} = (\Phi_{Fm'} - \Phi_F)/\Phi_{Fm'}$，$NPQ = (\Phi_{Fm} - \Phi_{Fm'})/\Phi_{Fm'}$と表される．$\Phi_{PSII}$は光合成電子伝達の量子収率を表し，光合成速度（$CO_2$吸収速度）と高い相関を示す．また，NPQは熱放散活性の大きさに対応して変化する[2]．さらに，変調パルス光（0.6～20 kHz，3 μs）を用いて，特定の周波数の蛍光のみを計測する方法がよく用いられる（PAM：Pulse Amplitude Modulation）．こ

の方法では，計測のための変調パルス光強度を大きくしてもPPFを小さくできるので（$0.15\sim5\ \mu\mathrm{mol\ m^{-2}s^{-1}}$），変調パルス光による蛍光クエンチングは無視できる．また，特定の周波数で計測された蛍光強度を太陽光の強度よりも大きくできる．このため，太陽光下での蛍光収率の計測とΦ_{PSII}やNPQなどの蛍光パラメータの解析が可能である[2]．さらに，暗期条件下での最小蛍光収率Φ_{F0}を得ることもできる．

蛍光スペクトル計測：常温でのChl蛍光は主に光化学系IIから発し，ピーク波長は約685 nmおよび730 nmである．また，植物葉の蛍光はChl蛍光以外に，主に細胞壁や液胞から発する450 nm付近にピークをもつ蛍光と，フラビン色素等から発する520 nm付近に肩をもつ蛍光がある．これらの蛍光計測の光源としてよく用いられるレーザは，距離による減衰が小さく，強度の大きい光を照射できるので，遠距離からの蛍光計測への利用が期待されている（LIF：Laser Induced Fluorescence）[2]．また近年，分光蛍光光度計によって多数の励起波長に対する蛍光スペクトルが網羅的に調べられている[1]．

蛍光画像計測：励起光源とCCDカメラを組み合わせたシステムにより，Chl蛍光誘導期現象や飽和パルス蛍光（蛍光パラメータ），蛍光スペクトルなどの画像計測が行われている．蛍光画像計測では，スポットによる蛍光計測ではわからない葉面における不可視障害の分布や移行の様子を調べることができる[1]．

引用文献

1) Omasa, K. and K. Takayama,（2002）ed. Omasa, K., H. Saji, S.Youssefian and N. Kondo, 'Air Pollution and Plant Biotechnology'：287-305.
2) 高山弘太郎・大政謙次（2003）監修, 竹内　均,「地球環境調査計測事典第一巻　陸域編」：742-748.

生物科学における分光計測の応用

檜山　哲夫

[可視光線，紫外線，蛍光，吸収スペクトル，吸光度]

　色のある物質は非常に多い．その中でも特に強い物質を色素と呼ぶが，他にも‘色’のついた物質は非常に多い．これらの物質は特定の波長の可視光線を吸収するため我々の目に色として感じられるのである．可視光線は波長400 nmから700 nmまでの電磁波である．虹の色に当たる‘紫青緑黄橙赤’に相当する光である．実際，例えば木の葉がミドリ色に見えるのは，含んでいるクロロフィルが‘紫青’と‘黄橙赤’の光を吸収する結果，残った‘緑’が眼に見えるということで説明される．可視光線に限らず紫外線（200 nm － 400 nm）や近赤光（700 nm － 1000 nm）まで拡張すると生物体を構成する物質は何らかの‘色’（光吸収）を示すものが多い．そこである物質の特有の吸収波長について試料を通過してきた光と元の光の強さを比較することでその物質の濃度を算出（定量）することができる．さらに光線の波長を種々に変えて吸収の強さを測定し，横軸に波長，縦軸に吸収の強さをプロットして出来る曲線（吸収スペクトルという）からその物質が何であるかを推測（同定）することもできる．これが分光法の原理である．

　古くは，比色法といってある物質固有の色の濃さを標準濃度の試料と目測で比較することで，未知濃度の試料について当該物質の定量を行う方法があった．さらに，紫外部も含めて広い波長範囲で吸収を測定し吸収スペクトルを作成することで，物質の定量だけでなく同定を行う分光分析法に発展した．電子工学やコンピュータ技術の発達で精度も感度も向上し，また操作の簡便迅速化がはかられ，現在では，生物科学のあらゆる分野で必須の技術として広く用いられている．

　実際の測定においては，単波長の光（電球等の白色光をプリズムや回折格子で分散させてつくる）を試料に当て，入ってくる光の‘強さ’（単位時間に単位断面積を通過する光量子の数：あるいはそれに比例するもの）と試料を通過したあとの強さを測定する．測定方法としては，光の強さに比例した電流を出力するセンサ（光電子倍増管や各種光半導体）を使って電気信号として処理される．入射光の強さをI_0，通過後の強さをIとし，両者の比の常用対数をとり，これを吸光度（Absorbance : Aと略す；Optical density : ODともいう）と呼ぶ（$A = \log_{10} I/I_0$）．分光光度計はこのAを種々の波長で測定する．物質の濃度をCとすると，$C = \varepsilon A$の関係が成り立つので，物質の濃度はAに比例するわけである．比例定数εは物

質の種類と波長で一義的に定まる定数で吸光係数という．予め標準物質で吸光係数を求めておけば未知試料中の濃度が測定できることになる．一般に測定するとき使う光は十分に弱いので，そのため試料に与える影響は非常に少なく非破壊的であることはこの方法の利点の一つといえる．

　試料としては，ほぼ純粋に抽出分離したものから生物体そのものまで適用対象になり得る．液体を測定するのが一般的で，市販の機器もほとんど全てそのためのものであるが，後述するように固体でも光が通れば可能となる．簡単で比較的安価なものから，分光器を二重にして（ダブルモノクロメータ）精度を上げた高級品まで非常に多種の製品が出回っている．

　古くから細胞やミトコンドリアのような細胞内器官の懸濁液を用いた測定も行われてきた．こうした'濁った'の試料の微小な吸光度を測定するためには，光センサ（光電子倍増管やフォトダイオードなど）を出来るだけ試料に近付けたり，二つの異なる波長の光線を交互に当て僅かな吸光度の差を電気的に増幅したり（2波長法）の工夫がなされて来ている．こうした機器では固体の測定も可能となるので，基礎研究の分野だけでなく，生葉や果実などを直接測定する機器も実用化されている．

　研究室では，吸光度の時間変化を測定することで反応を追跡することも多い．非破壊的な本法はこの目的に非常に有用で，その系で起こっている化学反応（代謝）に関する多大な情報が得られる．また，ある特定の波長で様々な物質由来の光吸収が重なり合っていても，'動いている'（変化しつつある）ものだけ把握することも可能となる．今日ではセンサの時間応答特性の向上やデータ処理などの技術の進歩に伴い，数時間からピコ秒の領域まで，飛躍的に拡大している．研究室外のフィールドでも，時間測定は少しずつ試みられつつある．その他に分光法では，人工的に色素を系に加え色のない物質を'染めて'やったり，代謝反応を色素に共役させたりすることで本来不可能であった測定を可能にしたり，感度を上げたりすることも行われる．これにより応用範囲が広がる．また光を当てて（励起）出てくる蛍光を利用する'蛍光分光法'は特異性と感度が飛躍的に高まるので現在応用が広がりつつある非常に重要な分野である．

参考書

井上頼直編　生物試料の微小吸収変化の測定　学会出版センター（1983）

植物体内水分の計測

~1. 細胞および組織のポテンシャル計測~　　　　　野並　浩

[サイクロメーター，プレッシャープローブ，オズモメーター，プレッシャーチャンバー，水ポテンシャル]

　農学を含めての植物科学分野における水分状態計測は，植物を取り巻く環境としての土壌や水耕栽培養液，組織培養培地の水分状態の計測も可能であることからサイクロメーターが使用されることが一般的である．サイクロメーターを用いると，サンプルチャンバー内に収めることができることができれば，そのサンプルの水ポテンシャルを直接計測することができるため，水分状態計測の基準として使われることが多い[1]．植物組織を使用したときは，水ポテンシャル計測が終わった後，組織を凍結し，ゆっくりと解凍することで細胞膜を破壊し，細胞膨圧を取り除くことができる．再びサイクロメーターを使用することで，凍結・解凍後の組織の水ポテンシャルを計測すると，その計測された水ポテンシャルは組織の浸透ポテンシャルと見なすことができる[1]．生きた植物組織で計測した水ポテンシャルと凍結・解凍し膨圧を除いた組織で計測した浸透ポテンシャルの差から膨圧を計算で求めることができる[1]．

　サイクロメーターは，植物組織の水分状態の計測は可能であるものの，細胞の水分状態は計測できない．サイクロメーターのサンプルチャンバー内に収められた組織に含まれる細胞の水分状態の平均値が求まっていると考えられる[1]．

　一方，プレッシャープローブは植物細胞の膨圧を直接計測することができる[1]．プレッシャープローブは，マイクロピペットと圧力センサが連結された計測器であり，マイクロピペット内にはシリコンオイルが充填されている．ピペット先端は鋭角に尖っており，数ミクロンの開口があり，プレッシャープローブ本体はマイクロマニピュレーターに搭載されている．マイクロマニピュレーターを操作することにより，ピペット先端を直接植物細胞に挿すと，細胞溶液がマイクロピペット内に入ってくるのを顕微鏡下で観察することができる．細胞溶液とマイクロピペット内のシリコンオイルはメニスカスを形成するため，観察は容易に行うことができる．形成されたメニスカスを細胞表面まで押し戻したときにつり合った圧力を細胞膨圧として計測することができる．植物組織の内部にある細胞の膨圧を計測する場合は，マイクロピペットが通過する途中の細胞溶液をピペット内に収めてメニスカスを組織外に形成させることにより顕微鏡でメニスカスの位置を

確認することができる．このような操作を行ったうえで，新たにマイクロピペットを細胞に挿入した場合は，メニスカスを元の位置に正確に戻すことができるため，細胞膨圧を精度高く計測することができる．

プレッシャープローブとオズモメーターを組み合わせると，細胞の浸透ポテンシャルの計測が可能となる[1]．膨圧を計測後，細胞溶液をプレッシャープローブで抽出することができ，その溶液をオズモメーターへ搭載することで凝固点降下法により浸透ポテンシャルを計測することができる．計測された細胞膨圧，浸透ポテンシャルの和から細胞の水ポテンシャルを計算で求めることが可能となる[1]．

植物組織内にある細胞をプレッシャープローブを用い複数計測し，ポテンシャルの平均値を求め，同じ組織でサイクロメーターを使用することによって求めた水ポテンシャル，浸透ポテンシャル，膨圧と比較を行ったところ，プレッシャープローブで求めた計測値とサイクロメーターで求めた計測値が一致したことから，両者の計測法で正確な水分状態を計測することが可能であることが確認されている[1]．さらに，プレッシャーチャンバーでマトリックポテンシャルを計測し，サイクロメーターで計測した水ポテンシャルと比較したところ，ほとんど同様の計測値が得られることから，アポプラスト溶液の影響を無視した形で，プレッシャーチャンバーでマトリックポテンシャルを計測したものが水ポテンシャルに相当することが明らかにされている[1]．プレッシャーチャンバー，サイクロメーター，プレッシャープローブで膨圧を計測した結果を比較した場合も同様の計測値が得られていることから3者の方法で正確に水分状態が計測できることが確認されている[1]．

引用文献

1) 野並　浩（2001）植物水分生理学　養賢堂　pp. 263

植物体内水分の計測

～2. マイクロウェーブによる計測～　　　　下町 多佳志

[誘電緩和現象，複素誘電率，TDR (Time-domain reflectometry) 法，周波数領域，非破壊計測]

マイクロウェーブは可視光や赤外線に対し不透明な金属以外の材料を透過し，対象を変質・汚染しない，連続的非破壊計測が可能であることなど，優れた特長を持つことから，生命体の非浸襲的・非破壊的計測への応用が期待される．マイクロウェーブは，図1に示すように，周波数範囲が約 $10^8 \sim 10^{11}$ Hz の電磁波のことである．

マイクロウェーブを応用した測定システムは，物質の印加された電場に対する分極の時間応答遅れによる複素誘電率の周波数依存性（誘電緩和現象）を利用する．図2に示すように，紫外線から可視光域では電子分極，赤外線域では原子分極，マイクロウェーブ領域ではイオン分極や配向分極と，それぞれ異なったメカニズムから誘電緩和現象が生じる[4]．複素誘電率 ε は電場のエネルギの蓄積を表す実数部と損失を表す虚数部から構成される．一般に良く用いられるのが比複素誘電率 ε_r^* で，$\varepsilon_r^* = \varepsilon'/\varepsilon_0 - j\varepsilon''/\varepsilon_0 = \varepsilon_r' - j\varepsilon_r''$ で表される．ここで，ε_0 は真空の誘電率である．複素誘電率は周波数のほかに，温度や密度に依存する性質を持つ．

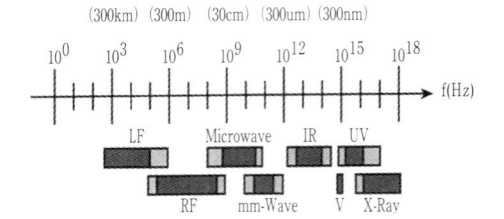

図1　Electromagnetic spectrum

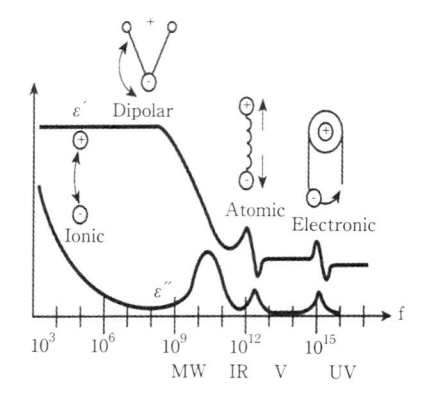

図2　Frequency response of dielectric mechanisms

植物の場合は，まず植物体の大部分を占める水分量が支配的に作用し，次に水分に溶解しているイオン，双極子モーメントを持つアミノ酸やタンパク質などの組成が複素誘電率に影響を与えると考え

られる[11]．これらの依存性を利用することによって，植物の水分量や生理的（化学的）状態の測定が可能になる．

複素誘電率の測定法には周波数領域の方法と時間領域のTDR法（Time-domain reflectometry）の2種類があるが，周波数領域の測定法が伝統的に利用されている．TDR法は，電磁波パルスの反射特性から複素誘電率を求める方法で，動物組織の生体組織に含まれる水の構造の研究や土壌水分量の測定に応用されてきた[1)3)7]．これまで，穀物類の収穫後の管理や加工に重要な水分量や密度と複素誘電率の関係が研究されてきた[5)6)8)9]．一方，植物の時間経過とともに非可逆的に変化する性質である環境への適応応答，成長や果実の成熟に伴う変化について計測[2)10)12]については，今後の研究の進展が大いに期待される応用分野である．

引用文献

1) Bouten, W. Swart, P. J. F. and Water, E. DE. (1991) Journal of Hydrology : 119-130.
2) Colpitts, B. G. and Warren, K. C. (1997) IEEE Transactions on geosience and remote sensing, Vol. 35, No. 4 : 1059-1064.
3) Dasberg, S. and Dalton, F. N. (1985) Soil Sci. Am. J., 49 : 293-297.
4) Hewlett Packard Application Note 1217-1 (1992).
5) Kraszewski, A. W. (1991) IEEE Transaction on Microwave theory and Techniques, Vol. 39, No. 5 : 828-835.
6) Kraszewski, A. W. and Nelson, S. O. (1995) SBMO / IEEE MTT-S IMOC '95 Proceedings : 117-126.
7) Miura, N. Asaka, Shinyashiki, N. and N. Mashimo, S. (1994) Biopolymers, 34 : 357-364.
8) Nelson, S. O. (1992) IEEE Transactions on Instrumentation and Measurement, Vol. 41. No. 1, February : 116-122.
9) Nelson, S. O. Forbus, W. R. Jr. Lawrence, K. C. (1993) Transactions of the ASAE, Vol. 37 (1) : 183-189.
10) Nelson, S. O. Forbus, W. R. Jr. Lawrence, K. C. (1995) Transactions of the ASAE, Vol. 38 (2) : 579-585.
11) Pethig, R. (1984) IEEE Transactions Electrical Insulation Vol. EI-19, No. 5 : 453-474.
12) Shimomachi, T. Takemasa, T. Kurata, K. Takakura, T. (2003) Environment Control in Biology,　投稿中．

植物体内水分の計測

～3. 核磁気共鳴による計測～

井上　眞理

[プロトン（^{1}H），磁気モーメント，スピン－格子緩和時間，自由水，結合水]

　植物の生長・成熟・老化には水収支を伴い，多くの研究の蓄積がある一方で，水のミクロな動態である水分子生理学的な研究は未知の分野であった．核磁気共鳴（Nuclear Magnetic Resonance, NMR）法で計測される水のミクロな動的状態は，細胞内の代謝をよく反映していると考えられている．^{1}H（プロトン）を対象核としたNMRにより，生体内に多量に含まれる水の信号を捉えることができる．磁場強度の中に置かれた^{1}Hの磁気モーメントは，磁場の方向と平行な低いエネルギー準位と逆平行な高いエネルギー準位の二つの向きをとる．低い準位の方がわずかにスピン数（即ち，原子の数）が多いため，そのエネルギー準位差に相当する周波数の電磁波を加えると，共鳴現象が起こりエネルギー準位間で遷移が起こる．緩和とはエネルギーの遷移により平衡状態に戻ることを意味する．平衡に達する時間は，スピン数や温度，磁場強度によって決まる．スピン－格子（または縦）緩和時間（T_1）とは，核スピンのエネルギーがまわりの格子（分子を構成している他の原子核）に熱的に逃げる過程を見ており，スピン－スピン（または横）緩和時間（T_2）とは，核スピン同士による磁場の不均一さを反映している．

　緩和時間が長いことは，水の分子運動が盛んな自由水（free water）であることを意味する[1]．短い場合には，水の運動性が束縛されている結合水が多いと考えられる．結合水の定義としては，"構造化した水"（bound water, ordered water, structured water）をさす．この結合水は，イオンや生体高分子，膜系などとの相互作用に強く影響されている．生体組織では，水分子の回転の相関時間（τ_c）は，両対数をとるとT_1，T_2値と反比例することが知られている．細胞内のτ_cは10^{-6}・10^{-11} sで，純水（$\tau_c = 10^{-12}$ s）に比べはるかに遅く，回転運動が束縛されている．生体高分子や膜系の最も近傍の水は不凍水とよばれ，τ_cは$10^{-6 \cdot -7}$ sのオーダーである．その外側にある水のτ_cは10^{-9} s程度で，細胞質に相当する．植物細胞は大きな液胞をもつため，ここに存在する水は運動性が高く，τ_cは$10^{-11 \cdot -12}$ sのオーダーである．τ_cに対応する緩和時間（T_1，T_2）は，純水では約3 sであるが，生体内では，自由水は約1・2 s，結合水（あるいは緩い結合水）は数100 msを示し，束縛水（不凍水）はT_2での測定が可能で数10 μsとなる．

　ここでは「水の分子生理学的」視点に立ち，ポストハーベストを研究する上で

^{1}H-NMR緩和時間をパラメータとした研究の一端を紹介する．含水量が90％以上を示す花弁組織は，蒸散の盛んな葉や花が根から切断されることにより，出荷の段階で水ストレスを経験することになる．花弁の老化現象にはエチレンやプロテアーゼ活性の増大，また膜機能の低下などが原因となることが知られ，とくにエチレン感受性の植物に対してはエチレン受容体阻害剤が切り花の鮮度保持に広く応用されている．ここではエチレン非感受性の切り花の萎凋過程を^{1}H-NMR分光計や等圧式サイクロメーターで観測し，さらに効果的な鮮度保持剤の探索を行いその作用機作を検討した[1,4]．チューリップ花弁の開花・老化・離脱過程に対して，少糖類および阻害剤による比較を行った結果，α,α-[1,1]結合トレハロースが最も効果的であることを明らかにした[2,3]．50 mMトレハロース＋50 μMクロラムフェニコール処理は，対照区（クロラムフェニコール）に比べ，萎凋を7日後まで抑制し老化を4日遅らせた．トレハロースは7日後も花弁の含水率を90％に保ち，液胞に由来すると考えられるT_1の長い成分は1 s以上を維持し，両者はよく相関した．花弁の膨圧は対照区で約0.1 MPaまで著しく低下したのに対し，トレハロース処理により約0.3 MPaと初期値に近い値を保った．膨圧の維持は横方向への細胞拡大が7日後まで維持されていることを裏付ける結果となった．また，グラジオラス花弁では道管から周辺の柔細胞へ水の供給が正常に行われ，萎れを遅延していることが活性染色により示唆された[2]．一方で，トレハロースは細胞伸長には効果がないことから，スクロースなどと異なりエネルギー源としては利用されないと考えられる[3]．トレハロースによる生長阻害はダイズ胚の培養細胞でも認められ，水透過性の阻害が関与している可能性がある[5]．切り花花弁において明らかにされた，トレハロースによる膨圧，^{1}H-NMR緩和時間，含水量および生理活性の維持は，液胞膜が健全に機能していることを反映し，萎れが抑制されていることが示唆された．

引用文献

1) Iwaya-Inoue, M. and H. Nonami (2003) Environ. Control in Biol. 41 : 13-15.
2) Otsubo, M. and M. Iwaya-Inoue (2000) HortScience 35 : 1107-1110.
3) Iwaya-Inoue, M. and M. Takata (2001) HortScience 36 : 946-950.
4) Iwaya-Inoue, M,. M. Otsubo and G. Watanabe (1999) Cryobiol.Cryotechnol.45 : 51-57.
5) Ikeda, T., M. Iwaya-Inoue, T. Fukuyama and H. Nonami (2000) Plant Biotechnol., 17 : 119-125.

転流の計測

北野　雅治

[転流，師部輸送，師管液]

　転流とは，植物体内において，吸収された栄養素や光合成産物およびそれらの代謝産物が，ある器官（組織）から他の離れた器官（組織）に輸送されることであり，経路によって木部輸送と師部輸送に区別される．ここでは，光合成産物，アミノ酸，栄養素および刺激伝達物質などの主要な転流物質の輸送を担う師部輸送の計測法について述べる．師部輸送は，師管への積荷（loading），師管内の長距離輸送，師管からの降荷（unloading）さらに貯蔵細胞までの post-phloem transport にいたる一連の輸送プロセスであるが，計測が困難であるために，1930 年に Münch が圧流説を提案して以来，師部輸送の機構の解明は，植物生理学上の非常に難しいテーマの一つに数え上げられている．

　師部輸送の計測法は，師管液の成分分析を目的とするものと師管経由の転流物質の輸送速度や転流量の評価を目的とするものに区別される．師管液の成分分析においては，直径 10 μm 程度の師管から汚染を少なくして師管液を採取する方法が数多く試みられている．いずれの採取法も師管内の膨圧（正圧）を利用する方法で，切り込み法，EDTA（エチレンジアミン四酢酸）法，アブラムシ技法などがある．アブラムシ技法は，アブラムシ，ウンカなどの昆虫が口針で師管液を吸汁中に，その口針を切断して師管液を採取する方法で，微量（数 μL）ではあるが，最も純粋な師管液を採取できる方法である．レーザ光や高周波メスで口針を切断する方法が開発され，利用できる昆虫や植物種も増えるとともに，高感度の分析法の進歩によって，1 μL 程度の師管液中の転流成分やタンパク質の測定も可能となり，応用範囲が広がりつつある[1]．また，EDTA 法は，葉柄や果柄の切断面を EDTA 溶液（20 mM）に浸すことによって，師管内でのカロース形成を阻害して師管のつまりを防ぎ，転流物質を EDTA 溶液中に集める方法であるが，トマト小果柄を通る糖の転流フラックスの経時変動の相対的評価にも応用されている[2]．

　師管経由の転流物質の輸送速度や各器官や組織への転流量の評価には，C，N，P などの同位体を追跡する方法が広く普及している．これらの中で，植物個体内での転流の動特性の解明に最も有効な方法として，Duke 大学 Phytotron の Strain らが開発した放射性同位体 ^{11}C を用いる方法がある[3]．^{11}C は崩壊時に植物組織を透過できるガンマ線を放射し，半減期が 20.4 min と非常に短いので，植物体内での

^{11}C の移動を min オーダーで検出でき，しかも放射線障害の影響も軽減され，同一の植物材料を用いた繰り返し実験が可能である．植物体の転流経路に沿って取り付けた複数個の放射線センサの信号をオンライン処理することによって，葉で固定された ^{11}C の光合成産物の動態をリアルタイムで追跡でき，環境変動に対する転流の動的反応の解析を可能にしている．また，間接的な方法ではあるが，シンク器官への転流経路の一部を heat-ring で処理して師部輸送を阻害した場合と，阻害しない場合のシンク器官への物質集積量を比較することによって，師管経由と道管経由のそれぞれの転流量および師管液中の溶質濃度を推定する方法も提案されている[4,5]．

直接測定が困難な転流の研究においては，数理モデルも有効な研究手段であり，Münch の圧流説に基づく非定常モデルが提案されている[6,7]．しかしながら，アポプラスト経由の loading や unloading におけるスクローストランスポーターや各種の酵素作用による転流調節機構を取り入れたモデルの構築が望まれている．今後は，NMR-CT による師管流と道管流の直接的な計測方法[8]，さらには単離された転流調節遺伝子や形質転換植物なども用いて，転流の調節機構の解明が進められるであろう．

引用文献

1) Ishiwatari, Y. *et al.* (1995) *Planta* 195 : 456-463.
2) Araki, T. *et al.* (1997) *Biotronics* 26 : 21-29.
3) Strain, B. R. *et al.* (1990) " Measurement Techniques in Plant Science " (ed. by Hashimoto, Y. *et al.*), Academic Press, San Diego, p. 265-276.
4) 北野ら (2001) 生物環境調節 39 : 43-51.
5) 北野ら (2002) 農業環境工学関連4学会2002年大会　講演要旨, p. 91.
6) Smith, K. C. *et al.* (1980) *J. theor. Biol.* 86 : 493-505.
7) Daudet, F. A. *et al.* (2002) *J. theor. Biol.* 214 : 481-498.
8) Rokitta, M. *et al.* (1999) Protoplasma 209 : 126-131.

NMR-CTによる師管流および道管流の計測

野並　浩・井上　眞理

[FLASH (Fast Low Angle Shot) 法, 化学シフト, 転流, 蒸散]

　高等植物では, 転流および水分移動は維管束を通じて行われるが, これまでは in vivo での形態学的計測はたいへん困難であった. 近年, 解像度が高い核磁気共鳴イメージング (NMR-CT:Nuclear Magnetic Resonance-Computer Tomography) の登場で, 非破壊状態における植物を用いて師管流と道管流の計測が可能となってきた[1~3]. NMR-CTは現在では, 核 (Nuclear) のイメージから切り離すため, MRI (Magnetic Resonance Imaging) と呼ばれる. また, 師管流および道管流の計測と同時に光合成速度および蒸散速度計測も可能となってきており, 非破壊状態での植物計測に大きな進展が見られている[1~3].

　道管流と師管流計測には, MRスキャン法の一つでFLASH (Fast Low Angle Shot) とよばれる高速撮像法が使われている[1~2]. FLASH法はグラジェントエコー (GRE) 法シークエンスをさす[4]. スライス厚内の磁化をフリップ角 α に回転させ, その後に勾配磁場を反転してグラジェントエコーを発生させる. これにより, 繰り返し時間 (TR), エコー時間 (TE) の短縮が可能となり, 高速撮像や3Dボリュームスキャンに応用されている. しかし, 現在広く使用されているスピンエコー法と異なり, 180°パルスを用いないので外部静磁場の不均一性の影響を受けやすく, スピンエコー法よりも画質が劣化する. そこで, 励起パルスを印加する際に, 残存する横磁化成分を強制的に消滅させるために, GRE法にラジオ波 (RF) パルスの前後で勾配磁場 (スポイラーパルス) を付加する. FLASH法では, 画像をTR, TE, フリップ角 α の調整により変化させることができる. TRを見かけ上のスピン-スピン緩和時間 ($T2$) である $T2^*$ より十分に長くした場合には, 使用するフリップ角によりスピン-格子緩和時間 ($T1$) への依存度が決定される. また, FISP法や定常自由歳差 (SSFP) 法は, 選択励起パルスを1回毎に反転させTRを $T1$ や $T2$ より短く設定するグラジェントエコー法である. スピンの磁化ベクトルを定常状態に保つことができ, 強度がTRに依存しないエコー信号が得られ, $T2$ 成分が強調される.

　上述のFLASHイメージング法により, トウゴマ (ヒマ) の芽生えを用いた実験において, 道管の流速を4分以内で計測することができた[1]. また, 道管流および師管流の計測を非破壊状態で数時間から数日間継続して行うことも可能で, 転流

実験と共に蒸散,光合成速度の計測も行うことができる[1]. 実際に計測した篩管流の速度は,明暗期に影響されず,ほぼ一定でであり,0.250 ± 0.004 mm s^{-1} であった[1]. 一方,道管流の速度は夜間では 0.255 ± 0.003 mm s^{-1} であったが,日中は 0.401 ± 0.004 mm s^{-1} で,蒸散のために 1.6 倍の流速となっていることが示された[1]. また,師管のローディングにショ糖が関与していることも計測されている[1].

師管流のイメージングでは,FLASH イメージングよりも化学シフトイメージングを使ってより精度の高い計測がなされている[3]. 磁気共鳴現象において,ある原子が化学結合している場合,相手原子との共有電子による遮蔽効果のために共鳴周波数の値はわずかに低い値にずれている. これを化学シフトといい,その大きさを周波数で表す. また,シフト量を静磁場強度に対する本来のラーモア周波数で割って 100 万分の 1 (ppm) で表すこともある. 化学シフトイメージングは,特定元素の NMR スペクトル強度分布から,化学シフト量に応じた画素値を与えることにより得られる画像である. 植物体におけるショ糖の化学シフトイメージングは,グルコースの 6 番目の炭素とフルクトースの 6 番目の炭素に帰属する化学シフトが $3.65 - 3.72$ ppm に現れることから求められている[3]. さらに,トウゴマの芽生えの師管液のショ糖濃度は約 200 mM であることが非破壊的手法により明らかとなった[3].

引用文献

1) Peuke, A. D., Rokitta, M., Zimmermann, U., Schreiber, L., Haase, A. (2001) Plant, Cell and Environment 24, 491・503
2) Rokitta, M., Zimmermann, U., Haase, A. (1999) Journal of Magnetic Resonance 137, 29 32 (1999)
3) Verscht, J., Kalusche, B., K・hler, J., K・ckenberger, W., Metzler, A., Haase A., Komor, E. (1998) Planta 205, 132-139
4) 本間一弘,森川重廣 (2001) 画像法の原理「基礎から学ぶ MRI」日本核磁気共鳴医学会教育委員会編 pp.58-82. インナービジョン発行 医療科学社

[150]

共焦点レーザ走査蛍光顕微鏡による細胞の生理計測

蔵田　憲次

[蛍光プローブ,カルシウムイオン,レーシオイメージング,多光子レーザ走査蛍光顕微鏡,GFP (Green Fluorescent Protein : 緑色蛍光タンパク質)]

　通常の光学顕微鏡は，ステージに平行な面の情報を与えるが，得られた画像には焦点からはずれた深さ方向の画像もぼやけた形で含まれてしまう．また，異なる深さ方向の断面画像を取得することは不可能である．これらの問題を解決したのが共焦点レーザ走査蛍光顕微鏡（Confocal Laser‐Scanning Microscope：以下，CLSM）である．CSLMでは，レーザを対物レンズで絞って試料の1点（焦点）に照射し，その点から発する蛍光を同じ対物レンズで集め，ピンホールを通して焦点からだけの像を結像させる．したがって，焦点からずれた位置からの蛍光は像から排除される．図1にその原理を示した．実際には，断面をレーザで走査することにより，断面像が得られる．また，走査面の深さ方向の位置を変えれば蛍光の三次元の空間分布を得ることができる．

　CSMLでは，蛍光を発する物質（蛍光プローブ）で染色した細胞・組織の三次元構造の観察が可能である．また，観察したい物質と特異的に結合し，レーザ照射により蛍光を発するプローブを用いれば，細胞内あるいは組織内でのその物質の空間分布を観察することができる．

　図2はニンジンの培養細胞塊が不定胚へと分化するときのカルシウムイオンの分布を観察した例である．カルシウムイオン検出のプローブとして，fluo‐3とFura Redを用い，右端の画像は，両画像の比を示す．このように2画像の比の画像をとることをレーシオイメージングという．一つだけの画像では，プローブの濃度分布，励起レーザや蛍光の試料内での減衰などの影響を受けて目的物質の正しい分布が観察できない恐れがあるときはレーシオイメージングを行う．実際，図2では，左の二つの画像からは，カル

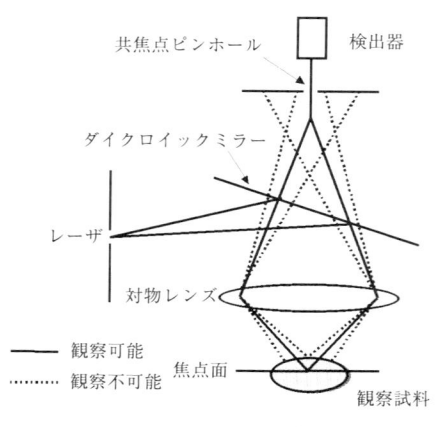

図1　CLSMの原理

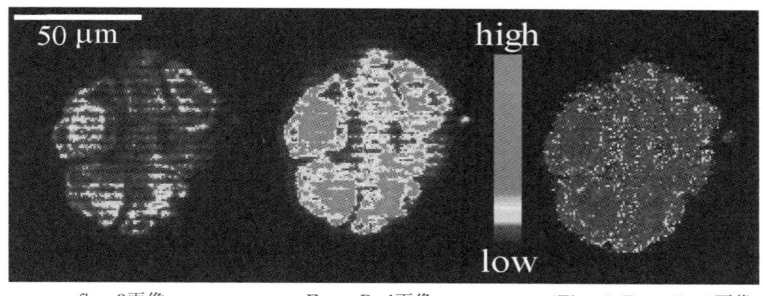

共焦点レーザ走査蛍光顕微鏡による細胞の生理計測　[151]

fluo-3画像　　　　Fura Red画像　　　(Fluo-3/Fura Red)画像

図2　ニンジン不定胚内カルシウムイオン濃度分布観察例

シウムイオン濃度に分布が認められるように見えるが，両者の比から，細胞塊内でのカルシウムイオン濃度はほぼ均一であることがわかる．

　CSMLでは，三次元空間の画像を得られることに加えて，その時間変化の観察も可能である．また，近年進歩の著しいGFP (Green Fluorescent Protein: 緑色蛍光タンパク質) を使用することによって，蛍光プローブ導入にともなう困難さも解消されつつある．GFPは，遺伝子操作により細胞自身が作りだすので，外部から導入する必要はない．しかし，問題点として，蛍光プローブが時間とともに退色していくこと，レーザ照射による細胞毒性（活性酸素の発生）があること，深い組織の画像が得られないことなどがある．

　これらの問題を部分的に解決する新しい顕微鏡として，多光子レーザ走査蛍光顕微鏡 (Multi-Photon Laser Scanning Microscope: 以下，MPLSM) が登場した．MPLSMでは，超短パルスレーザ (10^{-13}秒くらい) をレンズで集光し，二つ以上の光子をほぼ同時に分子に吸収させる．したがって蛍光は光子を吸収した分子からしか発せられないので，ピンホールなしに1点の鮮明な画像が得られる．実際はCLSMと同じく，レーザを走査するので，二次元，あるいは三次元画像が得られる．励起波長は，単光子の場合のほぼ倍の近赤外を使うので，CLSMにくらべ深い断面画像が得られる（波長が長いほど深部まで到達する）．

遺伝子発現解析による環境ストレスの検出

秋田　求

[RNA検出, タンパク質検出, DNAチップ, プロテインチップ, ストレス応答性プロモーター]

遺伝子発現解析技術

　環境ストレスに応答して発現した遺伝子の種類や発現強度は，RNAレベルやタンパク質レベルで検出することができる．ストレス応答の初期に発現する転写因子も，その後誘導される様々な遺伝子のいずれをもターゲットとすることができる．

1) RNAレベルでの検出

　RNAレベルでの検出には，ノザン解析やRT-PCR法がよく用いられる．発現量はCompetitive RT-PCRやリアルタイムRT-PCRによっても調べることができる．いずれも，ターゲットとする遺伝子がわかっていれば，その発現を非常に敏感に検出することができる．また，スペクトルの広いストレス応答性の転写因子（DRE結合タンパク質など）を対象にすることができれば，多種類のストレスへの応答を検出することができる．一方，ターゲットが明確でない場合，すなわち，どの遺伝子がどのようなストレスに対して応答するのかという問題を明らかにする場合には，デファレンシャルスクリーニング法などによるか，DNAチップ（DNAアレイ）による解析が有効と思われる．市販されているものも含め，現状ではDNAチップの利用はまだ限られているが，スペクトルの広いチップの開発や，より利用しやすい製品とサービスの供給などが今後いっそう進むものと期待される．プローブの固定法，チップの素材，データ解析技術などに関する新しい技術の開発やノウハウの蓄積も着実に行われてきている．DNAチップによる解析データの公開も進んでいる．

2) タンパク質レベルでの検出

　ターゲットとするタンパク質が何らかの生化学反応を触媒するならば，その活性をもとに検出することができる．そのような生化学的変化を観察することが，遺伝子発現解析や植物にとってのストレスの意味を知るうえで重要であることは言うまでもない．酵素活性がない場合でも，タンパク質は抗体の利用を基本とする種々の方法によって検出できる．転写因子の中にはストレスに応答して生産されるものがあるので，それをターゲットとすることもできる．タンパク質の検出法としてはウェスタン解析が代表的であるが，DNAチップに対応する技術として

プロテインチップの開発も行われている．プロテインチップ開発は，検出原理を含め開発途上にあって，現状では利用できる場が限定されるが，DNAチップと同様に今後の進展が期待されている．

いずれの検出法を用いる場合も，環境ストレスに応答した個々のRNA量やタンパク質量はそれほど多くないのが一般的である．また，あまり多くの試料を分析に用いることができない場合がほとんどと思われる．その場合，RT-PCR法のほかLoop Mediated Isothermal Amplification（LAMP）法[1]などにより転写産物を増幅することによって感度よい検出が可能となる．LAMP法は核酸の増幅法であるが，微量のタンパク質の検出もRolling-Cycle Amplification（RCA）法を利用することなどで可能になる[2]．ただし，この場合RCA法で増幅されるのは，プローブ側のタンパク質に結合させたDNAであり，タンパク質自体ではない．現在，LAMP法もRCA法も，植物のストレス応答の検出法として一般的に利用されているわけではないが，PCRのような特殊な温度管理の必要がない簡便な方法とされており，今後，利用分野の拡大が期待される．

環境ストレス診断のための植物の作出

以上は，植物に既に存在する特定の遺伝子に注目した場合であるが，ストレス応答性の遺伝子を導入した植物を遺伝子組換えによって作出し，ストレス診断に利用することも考えられるはずである．例えば，ストレス応答性のプロモーター（rd29Aプロモーター[3]など）の下流に適当なレポーター遺伝子を配置すれば，植物が受けているストレスとその強度を容易に知ることができるかも知れない．事実，rd29Aプロモーター制御下の遺伝子は，アラビドプシス以外の植物細胞内でも，広くストレスに応答して発現することが確かめられている．発現させる遺伝子が植物の外観に目に見える変化をもたらすものなら，ストレス強度やストレス物質の存在などが，植物の外観から推定できるようになることも期待されるであろう．

引用文献

1) Notomi, T. *et al.* (2000) Nucleic Acids Research, 28 : e63
2) Kingsmore, S.F. and Patel, D.D. (2003) Current Opinion in Biotechnology, 14 : 74-81
3) Yamaguchi-Shinozaki, K. and Shinozaki, K. (1993) Mol. Gen. Genet., 236 : 331-340

[154]

マイクロアレイによる生体分子のスクリーニング

秋田　充

[DNA マイクロアレイ，DNA チップ，蛍光，タンパク質チップ，遺伝子発現]

　マイクロアレイは通常 DNA マイクロアレイ（DNA microarray）のことを指すので，以下には，DNA マイクロアレイに関して記述して行く．
　DNA マイクロアレイは，遺伝子の有無や mRNA の発現レベルを同時に多種類の遺伝子群に対して解析する方法である．これまでに遺伝子の有無や mRNA の発現レベルを調べる方法として，ノーザンブロッティングやサザンブロッティング法が存在していたが，DNA マイクロアレイ法の開発によって，既存の技術に比べて，はるかに多くの種類の遺伝子群に関して，同時に解析を行うことが可能となった．DNA マイクロアレイの基本的な原理を簡単に記述すれば，ガラスやシリコンの小さな基板上に数千種類から数万種類に及ぶ配置した DNA 断片と蛍光標識した DNA や mRNA をプローブとしてそれらの DNA 断片と相補的に結合，すなわち，ハイブリダイズさせることによって検出する．DNA 断片を配置する方法として，開発者の所属する機関を冠して，「スタンフォード型 (1)」，「アフィメトリクス型」の二種類が存在する．スタンフォード型は，予め用意しておいた cDNA や合成 DNA の溶液を顕微鏡のスライドガラス上にスポットして行く方法であり，一つ一つのスポットには，大量の cDNA や合成 DNA が存在する．一方，アフィメトリクス型は，半導体製造で用いられる加工技術を利用して，オリゴ DNA をシリコン基板上に一塩基ずつ合成して行くので，一つ一つのスポットは，一分子の合成オリゴ DNA から構成されており，スタンフォード型に比べ高密度のスポットが可能であるが，高コストである点が難点である．アフィメトリクス型を近年の誌上をにぎわしている DNA チップと呼ぶが，広義には，DNA マイクロアレイのことを DNA チップと呼ぶ．プローブには上述した様に，蛍光試薬を修飾しているので，蛍光の有無，蛍光の強度を測定することにより，遺伝子の有無，あるいは，遺伝子発現の程度を計測することが可能となる．また，異なった種類の蛍光試薬を異なるプローブに修飾することによって，複数個の遺伝子の発現を知ることが可能である．
　DNA マイクロアレイを用いることによって，病気の診断，医薬品開発への応用が期待されている．特に，テーラーメード医療，あるいは，オーダーメード医療と呼ばれる一人一人の患者，あるいは，同じ疾病でも症状の異なる場合に，それ

それの患者，あるいは，それぞれの症状に即した治療，投薬を行う医療を可能とするために必要不可欠な技術である．一方，DNAマイクロアレイを農作物の栽培・育種において活用することも期待されている．植物が環境ストレスにさらされた際に発現する遺伝子群が予めわかっていれば，DNAマイクロアレイを用いることによって，植物のストレスを診断することが可能となるからである[2]．また，タンパク質の解析としてDNAマイクロアレイの原理を利用した，タンパク質チップの開発が行われている．mRNAの発現が，必ずしもタンパク質の発現と一致しないということもあり，タンパク質チップを用いた場合，DNAマイクロアレイと比較しては，直接的な情報を得ることができ，より精度の高い計測を行うことが可能である．現在，実用化に最も近いタンパク質チップは，抗体をスポットしたものであるが，抗体を何千種類，あるいは，何万種類も用意することは，必ずしも現実的ではないことも事実である．

最後に，その注目度から，DNAマイクロアレイに関しては，多くの著作物が発行されており，一般向けに書かれたものをいくつか参考として挙げておく[3,4]．

引用文献

1) http://cmgm.stanford.edu/pbrown/
2) http://www.nies.go.jp/sympo/2002/pos/13.pdf
3) 日経サイエンス，2002年6月号，20-27．
4) 日経バイオビジネス，2002年3月号，37-49．

質量分析による生体高分子の同定および構造解析
～1. MALDIおよびESI～

野並 浩・ERRA – BALSELLS, Rosa

[レーザイオン化（MALDI），エレクトロスプレーイオン化（ESI），電気泳動，ゲルろ過法，HPLC]

2002年度のノーベル化学賞がレーザーイオン化（MALDI）とエレクトロスプレーイオン化（ESI）を発見した研究者に贈られたことは記憶に新しい．MALDIは質量数が大きい上に，熱に不安定な生体分子をイオン化できることで画期的な分析方法であり，これまでの生物学の研究を一新するほどのインパクトがあったといえる．一般に従来から電気泳動やHPLCを用いたゲルろ過法によって計測されてきた蛋白質および核酸の質量と比べて質量分析の質量決定精度は格段の差があり，質量分析による質量計測で分子の同定のみでなく，構造解析も可能になってきた．また，分析に必要とされるサンプル量もフェムトグラム（10^{-15}g）レベルであり，今後，質量分析は生物学における計測において主流となる計測法であるといっても過言ではない．ESIでの分析はHPLCとの接続で使用されることが多くなり，従来の分析法との整合性も高く便利な分析法であるが，通常のESI質量分析では質量数がm/zで4000までであり，それ以上の質量数を持つ高分子は多価イオンとしてのみ検出が可能である[1]．

MALDIのためにはレーザ光を吸収するマトリックス物質といわれる有機化合物が必要であり，これまでに多くの有効なマトリックス物質が見つかっている[2,7～9]．とくに，田中耕一氏と愛媛大学の共同研究で開発されたマトリックスは，タンパク質分子の分析のみでなく，タンパク質，脂質，核酸，糖の混合物でもそれぞれの分子の分析を阻害することなく同時分析が可能であり[7,8]，細胞内物質の直接分析ためのMALDI分析の可能性を示唆している．MALDI分析はタンパク質のみでなく，糖[5]および人工ポリマー[6]に対してとても有効であり，MALDI以外の分析方法では高分子の糖および人工ポリマーを直接分析することは不可能である．

MALDIとESIはイオン化の原理が異なるため，両者を比較することで精度が高い計測を行うことができる．両者の計測値が一致した場合は，これまでに計測されたことがないような未知の物質においても精度高く正確に質量が計測されていることが保証でき，確実な質量計測が可能となる．Fasceら[3]は，これまでに分析

されたことのないシリコンを含む新しい人工ポリマーで MALDI と ESI 分析を実行することにより，ポリマー作成にかかわり，いかにポリマー鎖が伸展し，分子構造が変化していくかを明らかにしている．また，Fukuyama ら[4]は，糖における分析において MALDI と ESI 分析を実行することにより，構造解析を行っている．MALDI 分析において，タンパク質の分析は一般的に行われるようになってきていて，信頼性も高い．しかしながら，分析される物質が過去に一度も分析された実績がない分子であった場合は，使われるマトリックスに注意をする必要がある．複数のマトリックスを使用して同様のシグナルが得られたときは正確に質量が計測されているといっても間違いがない．レーザーイオン化の際にプロンプトフラグメンテーションが起こることがあり，明らかにシグナルであったとしても，必ずしもオリジナルの分子の質量が計測されているとは限らないからである．

引用文献

1) Cech, N. B., Enke, C. G. (2001) Mass Spectrometry Reviews, 20 : 362-387
2) Erra-Balsells, R., Nonami, H. (2002) Environ. Control in Biol. 40 : 55-73.
3) Fasce, D. P., Williams, R. J. J., Erra-Balsells, R., Ishikawa, Y., Nonami, H. (2001) Macromolecules, 34 : 3534-3539.
4) Fukuyama, Y., Ciancia, M., Nonami, H., Cerezo, A. S., Erra-Balsells, R., Matulewicz, M. C. (2002) Carbohydrate Research, 337 : 1553-1562
5) Harvey, D. J. (1999) Mass Spectrometry Reviews, 18 : 349-451.
6) Nielen, M. W. F. (1999) Mass Spectrometry Reviews, 18 : 309-344.
7) Nonami, H., Tanaka, K., Fukuyama, Y., Erra-Balsells, R. 1998. Rapid Commun. Mass Spectrom. 12 : 285-296.
8) Tanaka K, Nonami H, Fukuyama Y, Erra-Balsells R. 1998. J. Am. Soc. Mass Spectrom., 9 (S) : 1016a-1016b
9) Zenobi, R., Knochenmuss, R. (1998) Mass Spectrometry Reviews, 17 : 337-366

質量分析による生体高分子の同定および構造解析
～2. MS／MS分析～

野並　浩・ERRA－BALSELLS, Rosa

[フラグメンテーション，タンデム質量分析，ポストソース分解，MALDI]

　質量分析は，非破壊状態の分子の質量を直接計測することが一つの大きな目標であるが，質量分析計内で人為的に分子を断片（フラグメンテーション）化することができると分子の構造を研究することが可能となる．このようなフラグメンテーションを利用して質量分析する方法をエムエスエムエス（MS／MS）分析という．

　MS／MS分析は，タンデム質量分析とも言い，質量分析計内でサンプル分子イオンが，一つまたは複数の結合開裂により，それより小さい質量のイオンを生成する反応によるフラグメンテーションを起こさせることにより分子構造分析する方法である．具体的には，原理が同じかあるいは異なる質量分析計MS_1とMS_2を二台直列に結合した装置を使って質量分析を行うのが一般的である．一台目のMS_1のイオン化室で生成したイオン種のうちの一つを前駆イオンとして選択し，二台目のMS_2で，その前駆イオンの分解から生じるプロダクトイオンを検出する方法である．分解させるためMS_1とMS_2の間に衝突セルを設置し，ターゲットガスや基板との衝突により衝突誘起解離や表面誘起解離を起こさせることが多い．

　前節でMALDIにおいて，高分子が破壊されずにインタクトのまま計測できることを述べたが，インタクトのものもあるが，自然に質量分析計の中でフラグメンテーションを起こす分子も出てくる．MALDIにおいて，レーザー照射直後に生成したイオン種が，イオン源の加速場領域を出てから，イオン種自身の過剰内部エネルギーまたは残留ガスとの衝突によって分解することをポストソース分解（PSD：post-source decay）といい，このPSDを利用して分子の高次構造の解析をすることが可能であり，MS／MS分析と同等に扱うことができる．

　このようなMS／MS分析は，シグナル強度の減少が起こるため計測はより困難となり，データ解釈の困難性が生じてくるなどの問題点が多いものの，分子の情報獲得がサンプルを失うことなく一度に同時にできる利点があるために，現在開発されている高価な質量分析計ではこのMS／MS分析機能を備えているものが主流となってきている．

　高速原子衝撃（FAB：fast atom bombardment），液体二次イオン質量分析

（LSIMS：liquid secondary ion mass spectrometry），プラズマ脱離（PD：plasma desorption），ESI，MALDIにおいて，Rothら[3]はタンパク質におけるフラグメンテーションの理論についてまとめていて，N末端，C末端からの結合開裂について述べている．今後，タンパク質においてはMS/MS分析が質量分析においては主流になってくるものと思われ，微量の貴重なサンプルを損失することなく分子の高次解析が可能となるであろう．

著者らはスルホン化ネオカラビオースオリゴ糖においてMALDI-TOFMSを用いてPSD分析を行い，糖の構造解析を行っている[2]．とくに，ネガティブモードを用いてのPSD分析は愛媛大学で開発したマトリックスのノル-ハルマンで有効であり，糖分析における構造解析で大きな貢献を行っている[2]．

さらに，著者らは複雑なシリコンを含んだ人工ポリマーでもMALDI-TOFMSを用いてPSD分析を行い，構造解析が行った[1]．人工ポリマーは，質量分析シグナル自体複雑であり，ピークが数十にわたって現れ，"純"物質であったとしても，数十の分子が混合した状態で存在しているのが特徴である．分子はガウス分布をとり，平均分子量として分子を特徴付けることができる．合成反応が進むにつれて分子種が変化するためにガウス分布を持つ山が次々と重なって出て来る．PSD分析でポリマー鎖の重縮合による伸展の機構について明らかにすることが可能になっている[1]．

引用文献

1) Eisenberg, P., Erra-Balsells, R., Ishikawa, Y., Lucas, J. C., Nonami, H., Williams, R. J. J. (2002) Macromolecules, 35 (4), 1160-1174.
2) Fukuyama, Y., Ciancia, M., Nonami, H., Cerezo, A. S., Erra-Balsells, R., Matulewicz, M. C. (2002) Carbohydrate Research, 337 (17), 1553-1562.
3) Roth, K. D. W., Huang, Z.-H., Sadagopan, N., Watson, J. T. (1998) Mass Spectrometry Reviews, 17 : 255-274.

フーリエ核磁気共鳴によるタンパク質高次構造の決定

森田 勇人

[立体構造解析，構造ゲノム科学，DNA結合タンパク質，認識ヘリックス，FT−NMR]

　本格的なポストゲノムシークエンス時代の到来を迎え，タンパク質や核酸の立体構造とその生理学的機能との相関を解析することでゲノムの機能を解明することを目的とした，「構造ゲノム科学」と呼ばれる新たな研究分野が，近年急速に立ち上がってきている．この研究分野は，単なるタンパク質や核酸の立体構造決定を目的としているわけではなく，どのような構造要因が生理学的機能の発現に重要であるか，そのような構造要因が構成単位のどのような配列（アミノ酸やヌクレオチド）から形成されるかを明らかにすることで，未知のタンパク質や特異な塩基配列を持つ核酸分子の機能を立体構造情報に基づいて推測することを目指している．そのためには，タンパク質や核酸の立体構造解析のハイスループット化が必須である．

　現在，立体構造解析の手段として広く用いられている手法には，X線結晶構造解析，FT−NMR（フーリエ変換核磁気共鳴法），そして電子顕微鏡がある．これらの手法により得られる構造情報には少しずつ違いがあり，用途に応じて使い分けられる．本稿でとりあげるFT−NMRは，溶液状態のタンパク質や核酸分子の立体構造を観測するため，溶液中での分子運動や，基質との相互作用に伴う分子構造の変化を観測することができるという他の分光法にはない長所を持つ反面，あまり大きな分子の立体構造解析を行うことは難しい（実際，分子量が30,000を越えるとFT−NMRによる立体構造解析は現在でも容易ではない）という原理的に他の手法に対して不利な点もある．一方で，X線結晶解析は分子量の大きな分子や複合体の詳細な立体構造決定に，電子顕微鏡は二次元結晶作製による膜タンパク質の構造決定などに利用されている．

　以上のようにFT−NMRは構造解析を行う対象としての分子の大きさにある程度制限があるものの，対象とする分子の溶液中での動きや，基質の認識のメカニズムを直接観察するためには最も適した方法である．本来，生体分子の機能は，生体分子自身の構造変化や生体分子と基質分子との相互作用の結果として現れるものであり，これはシグナル伝達因子，DNA結合タンパク質，膜受容体，酵素などの全てのタンパク質に共通である．すなわち，分子間相互作用機構を物理化学的手段により解析するFT−NMRは，生体分子の機能を立体構造に基づいて解明する

ことで生命現象の合理性の理解を目指す「構造ゲノム科学」の進歩にとって，必要不可欠な解析手段であるといえる．

次に，筆者等が以前 FT-NMR により解析を行い，タンパク質－核酸複合体形成前後におけるDNA結合タンパク質の構造変化と塩基配列認識能とに密接な関係があることを初めて明らかにした例を挙げる．

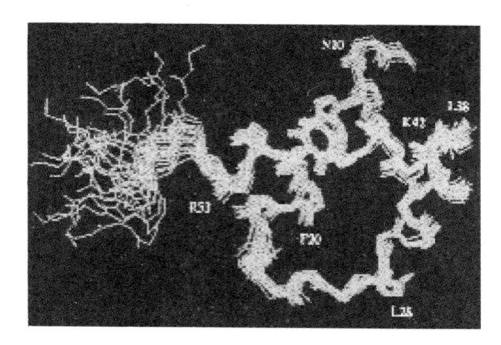

図1 Oct-3 POU-homeoドメインの溶液構造
（FT-NMR解析により得られた溶液構造20個の重ね合わせ図）

マウスの神経管の発生分化を制御する DNA結合タンパク質 Oct 3 において，塩基配列認識機能を持つ POU-homeo ドメインの FT-NMR による立体構造解析を行った[1]ところ，認識塩基配列と結合する α ヘリックス（認識ヘリックス）の領域のカルボキシル末端側が溶液中ではほどけていることがわかった（図1）．このことから，効率的な塩基配列認識には認識ヘリックスのカルボキシル末端側の構造が溶液中で崩れていることが重要であると結論した．それまで homeo ドメインの認識ヘリックスは，α ヘリックス構造を取ることで認識塩基配列を含む DNA と結合することが知られており，溶液中でその構造がほどけているという知見は得られていなかったが，われわれの解析に前後して，溶液中で認識ヘリックスのカルボキシル末端側の構造がほどけていることが他の生物種の homeo ドメインでも見つかり[2]，homeo ドメインによる塩基配列認識機構の特徴の一つであることが解った．

引用文献
1) Morita E. H. *et al.* Protein Sci. 1995 4 : 729-39.
2) Qian Y. Q. *et al.* J. Mol. Biol. 1994 238 : 333-45.

生物科学における電子スピン共鳴の応用

檜山　哲夫

[ESR，EPR，フリーラジカル，不対電子，遷移金属]

　電子スピン共鳴法（英語では Electron spin resonance と Electron paramagnetic resonance の二つがあるが同義語と考えてよくそれぞれ ESR および EPR と略される：以下 ESR とする）は，赤外・可視・紫外分光法と同じく電磁波の吸収スペクトル測定法で広い意味の分光法の1種であると考えられる．また磁場が関係する点では核磁気共鳴法（NMR）にも近いといえる．

　分子には一般に互いに反対方向に自転（スピン）している二つの電子（電子対）がそれぞれの軌道に入って安定な状態で存在している．電荷をもつ粒子（電子）が回転しているため磁気モーメントをもつはずであるが，回転方向が互いに逆であるため電子対は磁気モーメントをもたない．このような分子（物質）を反磁性であるという．しかしながら，時と場合によっては軌道に一つの電子しか存在しないことがあり（不対電子），その場合磁気モーメントをもつことになる．このような分子または状態を常磁性という．常磁性を示す分子種は，遷移金属化合物のように常に安定なもののほかに，反応の途中で短時間だけ不安定な常磁性を帯びる場合（遷移状態とか短寿命の反応中間体）とか，比較的安定ないわゆるフリーラジカルなどがある．このような磁気モーメントをもつ不対電子は様々な方向を向いているが，これに磁場をかけると，電子は，ちょうど磁場に置かれた磁針（小さな棒磁石）みたいに，磁場の方向に向きを変えようとする．ただし，電子のような極端に小さい粒子（量子）の世界では，磁針と異なり，向く方向は磁場と平行か反並行かの二つしかない．この二つの状態のエネルギー差とぴったり同じエネルギーに相当する周波数（波長）の電磁波を当ててやると，このエネルギーを使ってスピンの反転が起こり，その結果は電磁波の吸収として観察される．これがちょうど音叉に特定周波数の音波を当てると共鳴する現象に似ていることから電子スピン共鳴（ESR）とよばれるわけである．ESR は，フリーラジカルや遷移金属分子を非破壊的に測定出来る数少ない測定法の一つとして，化学反応機構の解明など主として物理化学の分野で用いられてきた．

　生物に関連した分子においては，不対電子は，フリーラジカルや遷移金属を含む分子（主にタンパク質）に見られる．生物体は非常に多種の分子種を含むが，大部分は，反磁性で ESR にかからない．そのためこうした特定の分子だけを感度よ

くかつ非破壊的に測定できるのが最大の特徴といえる．

　実際の ESR においては，感度の点から電磁波として周波数 10 GHz 付近のマイクロ波，磁場は数百 mT という強力なものを用いるのが一般的である．導波管を使う関係でマイクロ波の波長を固定せざるを得ず磁場の方を変化させる方法がとられる．したがって ESR 装置はマイクロ波発生器・検知器に加えて巨大な電磁石で構成される．そこで紫外可視あるいは赤外分光法と比べて装置がずっと大掛かりになり大変高価なこともあり市場に出てから数十年を経た現在に至っても装置が普及していない．それもあって応用のための研究が進んでいない．そのため需要がなく量産による低価格化も装置の改良もないという悪循環がある．したがって基礎研究の場からほとんど 1 歩も出ていないといえる．誇張していうと，現在市販の装置は物理実験室で組み立てられ ESR 原理の研究に使われた当時のものと大して変わっていなくて，専門外の研究者には使い勝手が非常によくない．現在メーカーは世界で 2 社しかなく，いずれもその社の主力製品ではない．市場が狭いため，マイクロ波工学，エレクトロニクス，コンピュータ技術の飛躍的進歩にも関わらず，装置を使いやすい形に改良する努力が少ない．同じく電磁石を使い巨大でもっと高価な質量分析計や NMR は需要が多く，同じメーカーが主力製品として出している．これらは，有機構造化学の分野で永年活躍してきた上，最近は生化学・分子生物学のタンパク質構造解析などでさらに脚光を浴びていることもあり，装置の改良が飛躍的に進み，価格は相変わらず高いにもかかわらず沢山市場に出回っているのと対照的である．

　さて，環境汚染物質の内でも癌原性などが懸念される分子種には活性酸素をはじめフリーラジカルが多い．こうしたものへの応用は一部試みられているが，ほとんど未開拓の分野である．装置が巨大で高価なことが障壁とはいえ，もっと高価な質量分析計がダイオキシン測定のため最近になってこの方面にも急速に普及したことを考えると，ESR にも将来こうした追い風が吹くことを期待したい．

　一方，ヘムタンパク質や鉄イオウクラスタなど重要な生体成分の研究にも ESR は少なからず貢献してきた．しかしながら，このような遷移金属では吸収のブロードニングという現象のため，温度を極端に低くしないと測定できない．そのため高価で扱いも大変厄介な液体ヘリウムによる冷却装置を必要とし，実際稼動している装置は世界的にも数えるほどしかないのが現状である．

植物の三次元画像計測

羽藤　堅治

[距離画像，イメージングライダー，ステレオ画像，SPA，レーザー変位計]

はじめに

　植物の三次元画像データは，スピーキングプラント（SPA）に基づく植物の顕微鏡を用いたミクロな部分から，個体，群落，さらに上空から森林全体を計測するまでの様々な分野で研究が行われている[1]．三次元画像計測は，三次元の形状を正確に捉えた距離画像の計測と，表面の情報を捉えるテクスチャの計測がある．

能動的計測方法

　レーザ距離計等を使用して，対象物のあらゆる部分までの距離を計測し距離画像を得る方法がある．植物体の一部を取り出して精度良く計測する方法として，距離を測る高精度のレーザ変位計と，計測平面を高精度でセンタを移動させるX-Yロボットの組み合わせにより実現している．一固体の計測は，市販の汎用計測装置で可能である．群落を横方向や上空から計測するためには，可搬型イメージングライダーを利用する方法がある．

　この方法は，計測の精度が高く正確な距離画像を得られる利点があるが，計測時間が長くなるという欠点がある．これは，各部位のデータを正確に計るために計測ポイント数が多くなることに原因がある．ポイント数を減らすと速度は速くなるので，用途に合わせた最適なポイント数を選ぶ必要がある．また，これらの方法はセンサにレーザ光線や音波等を使用するため，センサの有効範囲における誤差は少ない．しかし，植物体に影響が出ないように配慮する必要がある．

　これらの方法では，三次元の形状データを得ることはできるが，物体表面の色については，別途テクスチャーを用いて処理する必要がある．

受動的計測方法

　ステレオ画像による両眼視差を利用した方法と，単眼画像の情報をshape-from-focus法により計測する方法等がある．ステレオ画像は，左右から撮影した二枚の画像を元に，両眼視差を用いて距離を求める方法である．正確な座標を求めるときに，左右それぞれの画像から得られたx座標y座標z座標の対応点を正確にする必要がある．左右の座標データの対応点は，左右それぞれの画像についてx座標を元に中心点を求め，そこを基準として左右にx座標について対応点を取っていった．y座標の値の差（$Y_L - Y_R$）が一定のしきい値以上の値になった場合はノイズ

として除去する．ステレオ画像の原理を図1に示す．各点のx座標y座標z座標は次の式によって求められる．

$$x = d \cdot \frac{X_L+X_R}{X_L-X_R} \quad y = Y_L \cdot \frac{2d}{X_L-X_R} \quad z = f \cdot \frac{2d}{X_L-X_R}$$

大政らによって提案されたModified shape-from-focus（MSF）方は，三次元のから形状画像を再構築することが可能である．これは，原画像のエッジ周辺におけるぼけから生じる誤差を改善できる．この方式は，顕微鏡を使ったミクロの世界から，通常のビデオカメラで撮影することのできる植物体の計測まで利用することができる．

これらの二次元画像を使った計測方法は，表面のテクスチャーの状態も毛より画像と同時に計測できる利点がある．しかし，カメラから離れるほど計測精度が落ちる，また，使用するレンズによっては，二次元画像に歪みを誤差として含んでいる可能性があり，その対策が必要である．

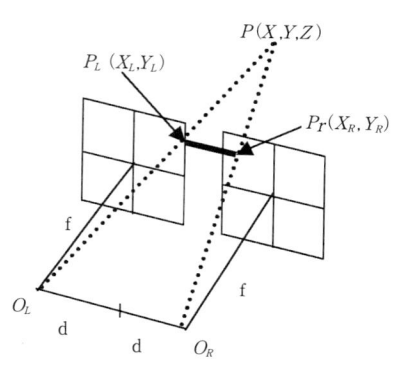

2d : distance between the view points (50mm)
f : the focal distance (12.2mm)
図1　ステレオ画像の原理

まとめ

三次元画像データの計測結果は，他のデータと比べ大きくなる．保存では大容量の記憶装置が必要となり，演算の処理時間は長くなり，ネットワーク利用においても大きな負荷となる．再利用のための目的に応じた処理が重要な鍵となる．

引用文献

1) 大政ら（2000）日本リモートセンシング学会誌 20：394-406.
2) 大政ら（1997）計測自動制御論文集 33：752-758.
3) Hatou, K., Hashimoto, Y.（2001）Proc. of 3rd EFITA 2：295-299

画像計測・処理による苗品質の情報化

西浦　芳史

[苗品質，色，形態，波長域，テクスチャ]

　「苗半作」と昔から言われるように，良質の苗を作ることは農業技術の基本として重要である．初期生育で決まる苗質が，移植後の栽培管理や農産物の質と量に大きく影響し，栽培履歴を残す．一般的に，良質な苗とは，「がっちり」，「ずんぐり」，「しまっている」などの表現がよく用いられるが，病害虫を含む環境変化に対する耐性や植物体の支持力を十分にもち，茎葉根の生育活性が高いものを意味している．すなわち，初期生育が順調ならば，定植後の栽培環境の変化に対応して，作物は最後まで順調に育ち，高収量・高品質が期待できる．ここで大切なのが，栽培環境と管理技術である．植物と環境は，インターラクションの関係にあり，篤農家は植物をよく見ながら環境を操作している．操作対象や方法は，栽培施設より様々であるが，着眼点は，時空間次元における色と形態に絞られる．双子葉や単子葉によっても異なるが，苗は一般的に，葉数が少なく，草丈が低く，移植を前提とした密植状態にあることが多く，個体や群落を計測対象とした可視内外の波長域を含めた画像計測（X線から熱赤外までの電磁波画像計測）は，非侵襲的であり，二次元の分布情報も把握できる点で有用である．色（可視内）や形態の情報は，葉緑素の量としての緑濃度（黄化）や徒長（わい化）がその典型であるが，成長点，葉身，葉柄，葉脈，節間などの品種に依存する葉序や葉形を前提とした見る部位にも情報があり，病虫害診断や栄養診断（要素過剰・欠乏）に用いることができる．そのためには，品種や作型を踏まえた上での植物生理や植物応答を把握しておく必要があり，経験や履歴も含めたデータベース化が重要である．

　ここでは，穀類の稲と果菜類のトマトを例に挙げる．

　農村の過疎化に伴い，稲作は集約的多量生産と省力化を目的とし，農作業の機械化一貫体系により機械化が進められ，画一的均質な苗が求められる結果となった．そのため，水稲育苗（苗代）は，種籾を直に蒔く水苗代から，油紙やポリエチレンをかけた保温折衷苗代を経て，箱育苗へと変化してきた．田植機に対応させた箱育苗では，高温・多湿・密植という病気が発生しやすい条件で育苗されるが，管理が簡単で楽なハウス育苗法が用いられている．栽培暦と天候によりほぼ管理でき，きめ細かい観察と処理を必要としない場合は，画像計測を必要としないが，栽培の自動化や精密管理を行うならば，病虫害を含む徒長と黄化防止のための灌

水(肥培)と温湿度光管理が重要となる．画像計測・処理し，苗品質を判断するためには，予め画像をデータベース化しておき，緑化程度は緑の波長域，害虫なら紫外線の波長域の情報における照合を行い，判断すれば良い．また，徒長程度は，画像の取り込む方向を工夫すれば良い．

　果菜類のトマトは，国際的な需要があり，栄養成長と生殖成長が同時に進行する比較的に水ストレス耐性が高い作物である．土耕を対象した育苗では，環境耐性を持たせるために，徒長させず，根張りを良くし，葉は濃緑色に，茎は太く育苗させる．そのためには，過潅水せず，高温高湿を避け，日射を多く，ゆっくりと育苗する管理方法が用いられる．これらの環境も一定にするより日格差を設ける方が様々な耐環境性が得られ，トマトは特に夏の高温期における水ストレス耐性を持たせることが重要である．ある程度の水ストレスを受けると苗は萎れ，永久萎れ点を超えない程度で管理すると強靱な苗を作ることができ，篤農家などで実施している．また，水耕の育苗では，管理が不十分な場合に，高湿度，水耕液中の酸素不足，窒素過多，カルシウムやリン酸欠乏，病虫害などが起きやすい．生育ステージ(葉齢)による管理法の切り替えや成長点に着目した管理なども必要である．画像計測による苗品質判断は，目と脳の機能を装置化する必要がある．画像計測で最も大切なのは，入力光と反射光と透過光を把握しておくことと S/N 比を大きくしておくことである．再現性ある情報が得られる安定した画像計測ができるような前処理を十分に行った上で，情報対象を波長域で絞り，その情報濃度は輝度で，大きさは画素数で，幾何学形状は2値化後の複雑度や形状係数で，分布形状や群落などはテクスチャー特徴量・二次元 FFT・ウェーブレット・フラクタル次元・カオスなどの空間周波数や空間パターンの認識で判断する．画像計測・処理による欠株や間引き判定の研究は多く行われているが，苗品質の判定は，研究段階[1~4]でも少なく，実用化には，栽培の自動化や精密管理における需要，経済性，処理速度や精度などがバランスされる必要があり，時期尚早である．

引用文献

1) Dohi, M. *et al.* (1999) The Proceedings of the 58th Anual Meeting of JSAM : 393-394
2) Murase, H. *et al.* (1997) Computers and Electronics in Agriculture 18 : 137-148
3) Nishiura, Y. *et al.* (1996) Acta Horticulturae 440 : 419-424
4) Suzuki, T. *et al.* (1996) Acta Horticulturae 440 : 469-474

画像解析による培養細胞の分類および成長計測

荊木　康臣

[懸濁培養細胞，植物細胞培養，テクスチャ解析，非破壊計測，不定胚]

植物細胞培養への画像解析応用の利点

　植物細胞培養において，培養細胞・組織の選別や分類には，目視による評価が頻繁に利用されている．画像解析は，これら視覚情報に定量的な指標を与えることが可能である．また，培養体の詳細な評価には通常，サンプリング即ち培養器から培養体を取り出す作業が必要となるが，画像解析は非破壊で培養器外から培養体を評価できる可能性を有しており，植物細胞培養への応用に大きな利点を持つ．

画像取得法

　撮影対象にどの様に照明を当て，どの様な光学系および撮像装置（カメラとレンズ）を使い画像取得するかは，画像解析の成否を決める重要なポイントである．特に画像の解像度（1pixelの大きさ）は，対象が微小である培養細胞の画像解析においては非常に重要なファクターの1つである[3]．個々の細胞，細胞塊，もしくは組織の情報を得るには，通常，顕微鏡にCCDカメラを取り付けるか，デジタルカメラにマクロレンズを使用するなど，拡大観察するための光学系が必要となる．また，照明照射法も非常に重要であり，透過光か反射光かで得られる画像は大きく異なる．なお，画像から光計測（光強度の測定）を行う場合は，カメラのガンマ特性と共に，オートゲインやオートアイリスといった明るさを自動的に調節する機能に十分注意する必要がある．

画像解析法

　培養細胞，細胞塊，および組織の分類や評価に関して，使用できる情報としては，①大きさ，②色，③形状，④テクスチャ等がある．

　大きさは，測定対象が同定できれば，比較的簡単に推定することができる．カルスや細胞塊の大きさの評価は，細胞量の定量，およびそれに基づいた成長速度の解析に利用されている．寒天培地等の固形培地上のカルスについては，その投影面積を利用して細胞量の定量が行われている．また，カルスの厚さに関する情報を，輝度値により推定する方法や，鏡を利用した縦方向（厚さ方向）の投影サイズから取得する方法等が提案されている．懸濁培養細胞の定量化については，細胞懸濁液の透過画像における細胞部分の投影面積や輝度値の和を利用した方法が

提案されている[3]．

　色に関しては，カラーカメラにより得たRGBカラー画像からHSV表色系などの他の表色系に変換し評価する場合が多いが，RGB各値をそのまま利用する場合もある．これら色に関する特徴量は色素を生産する細胞の定量や特定の色を持つ細胞・組織の同定などに利用されている．

　形状に関しては，培養細胞，細胞塊への適用例はほとんどないが，不定胚では非常に多く利用されている．これは不定胚の形状が発育ステージの進行に伴い変化するためであり，それらの分類や，奇形胚と正常胚の区別などに役立つ．形状の評価法としては，①輪郭に関する情報を利用するもの，②細線化を利用するもの，③周囲長や面積などの単純な幾何的特徴量を利用するものなどが報告されている[1]．また，不定胚は立体構造であるので，詳細な形状解析には，多方向から見た画像の利用が有効である[1]．

　テクスチャ解析については，懸濁培養細胞の質（不定胚形成能力）の評価への応用が提案されている[2]．この手法では細胞一つ一つを認識して評価するのではなく，細胞懸濁液全体の画像のマクロ的な模様をテクスチャ解析して，培養細胞の不定胚形成能力に関する情報を取得する．

成長解析

　細胞培養においては，画像解析による細胞量の定量化が可能であれば，非破壊での成長解析が行える．培養細胞の成長解析には，増殖曲線や比増殖速度が使用されるが，どちらも，細胞量の経時変化の計測が必要となる．細胞量の計測には，通常，煩雑なサンプリング作業が必要となるため，非破壊計測可能な画像解析の利用は大きなメリットとなる．通常，細胞部分の投影面積や輝度値など画像から求めた特徴量と，乾物重，生体重，Packed Cell Volume（PCV）など細胞量を表す指標との関係を事前に調べておいて，それを利用して画像特徴量から細胞量を推定し成長解析に応用するが，画像特徴量を直接的に細胞量の指標として利用し，増殖曲線や比増殖速度を求める方法もある．

引用文献

1) Ibaraki, Y.（1999） In *Somatic embryogenesis in woody plants*, Kluwer, p 169-188
2) Ibaraki, Y.& Kurata, K.（2001） *Plant Cell Tiss. Org. Cult* 65：179-199
3) Ibaraki, Y. & Kurata, K.（2001） *Computer and Electronics in Agriculture* 30：193-203

収穫物の非破壊品質評価

大下　誠一

[品質評価，近赤外分光法，NMR，MRI，音響]

品質評価手法

収穫物の選別には，大きさや重量を基準とした「階級選別」と形や色等の外観の良否や内部品位を基準とした「等級選別」がある．後者は，内部品質と価格の対応づけを消費者に提供し，生産者に対しては収穫物に付加価値を加えるというメリットがある．非破壊評価法には，電磁波（光やNMRを含む）を利用する方法や音響を利用する方法などがある[1,2]．

近赤外線を利用する方法

電磁波が物質に作用すると，原子群をその結合に関して振動させる．この振動遷移はある特定のエネルギーに対応しており，特定波長の電磁波（赤外線）のみが吸収される．赤外吸収バンドは波長で特定されるが，一般的にはcm単位で表した波長の逆数（波数）が用いられ，単位はカイザー（cm^{-1}）である．例えば，C-H結合の伸縮振動は3000 cm^{-1}，O-H結合の伸縮振動は3300 cm^{-1}付近にある．しかし，単純な化合物でも一つの結合に一つの吸収ではなく，かつ，基準モードの結合音や倍音も観測されるので，赤外・近赤外スペクトルの吸収の数は非常に多くなる[3,5]．農産物に光を照射すると，成分の化学構造の特定部分（各種の結合や官能基）により基準吸収バンドの光が吸収され，赤外域に特有の吸収スペクトルが現れる．同時に近赤外域には基準吸収バンドの倍音吸収および結合吸収が生じる．この近赤外域の吸収スペクトルからタンパク質，脂質，デンプン，糖，水分などの成分分析を行う．糖度が対象であれば，コンベア上の果実に光を照射して，果実表面からの反射光や透過光から所定の波長を取り出し，それぞれの波長の反射あるいは透過強度と別途実験から求めた糖度とのキャリブレーション曲線を用いて果実の糖度を算出する．この方式はモモ，ナシやリンゴの糖度や熟度を評価する選別ラインに利用されている．透過光では深部の内部情報が得られるので果皮が比較的厚い温州ミカンやメロンに適用され，また，糖度に加えて酸度（精度は高くない）も評価できる装置が開発されている[4,6]．

可視光やレーザーの利用

可視光の利用として，カキの渋判定器およびパイナップルの熟度や傷害果の判定装置がある．前者はカキに褐変型タンニンが多いと光が透過しにくいこと，後

者は果実の熟度が進むと透過光量が増すことを利用している．この他，レーザを利用した糖度計も開発され，メロンの糖度測定として実用化されている[4]．

NMRの利用

核磁気共鳴（NMR）分光法は，磁場中の試料に電磁波を照射し，試料中の核スピンを持つ原子核が吸収する周波数を吸収ピーク強度の関数として記録・解析する方法である．多用される ^{1}H核や ^{13}C核は有機化合物の主要な構成元素であり，農産物などの生体試料を非破壊で計測する有力な手段となる．スイカの糖度分析へのNMR利用[7]が報告されているが，未だ実用にはなっていない．

一方，NMRは，農産物内部の水の状態を理解する上でも強力な測定法である．図1に水の拡散係数で重み付けをしたキュウリ内部の水分画像（三次元NMRイメージ）を示す．ピクセルの明るさと水の拡散係数の大小が対応し，種子部は果肉部に比べて拡散係数が大きい．また，鮮度により拡散係数が変化するなどの特徴がある．今後，コスト面の問題が解決されれば，強力なツールになる．

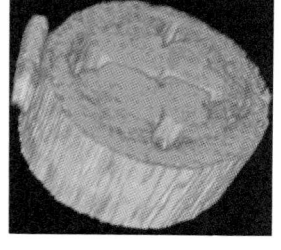

図1 拡散係数で重み付けをした三次元水分画像

音響や電気などを利用する方法

スイカの空洞果やメロン熟度の判別には打音の解析が用いられる．ハンマにより発生させた打音をスイカの赤道上で一定の経度間隔を持たせて配置した複数個のセンサで検知し，検出された波形の違いやセンサへの到達時間を解析する方法である．スイカの空洞果は，静電容量の計測を基に算出される密度から判別する方法も実用化されている．

引用文献

1) Abbott, J. A. (1999) Postharvest Biology and Technology, 15：207-225.
2) Studman, C. J. (2001) Computers and Electronics in Agriculture, 30：109-124.
4) 尾崎幸洋，岩橋秀夫 (1992) 生体分子分光学入門, 共立出版
5) 河野澄夫 (1999) 農流技研編1999年版農産物流通技術年報：73-79.
3) 田中誠之，寺前紀夫 (1993) 赤外分光法, 共立出版
6) 前田　弘 (2002) 農流技研編2002年版農産物流通技術年報：77-79.
7) 三木孝史，他12名 (1996) 低温工学, 31 (5) 258-266.

リモートセンシングによる作物，植生計測

沖　一雄

[ミクセル，空間分解能，分光特性，植生計測モデル，植被率]

　リモートセンシングとは，一般に航空機や人工衛星に搭載されたさまざまなセンサにより対象となる地表面を瞬時に画像計測する技術のことである．現在までにリモートセンシング技術は，さまざまな分野で利用されてきた．近年，さらにリモートセンシング画像の空間分解能やセンサのスペクトル分解能が著しく向上していることにより，その活用がより盛んになってきている．これらの技術向上によって対象物の同定や状態を従来よりも高精度に推定できると期待されている．しかしながら，多くの衛星リモートセンシング画像の空間分解能は数十mであるため，一画素内に複数カテゴリーが混在するミクセルの問題が生じる．また，数mの空間分解を有する衛星が打ち上がっているが，それでも対象物によってはミクセルの問題が生じることがある．

　リモートセンシング画像により作物，植生を計測する際には，観測センサの空間分解能を考慮する必要がある．例えば，植生域を観測しているリモートセンシング画像の一画素内は，葉，枝そして土壌などの複数カテゴリーが混在している（ミクセル問題）．さらに，植生域を観測するリモートセンシング画像には植物の活性情報も含まれている．このため同種の植生における分光スペクトルは，植生の活性の違いにより異なった波形となる．このことより実際のリモートセンシング画像データにおける植生領域の分光特性は，植被率や活性度の情報が複雑に混合された結果と考えるのが一般的であるため，植生領域における植生評価を精度良く実施するためにはリモートセンシング画像の一画素内に占める異種の植生や同種における活性度の違う植生の被覆率を推定することが重要となる．

　図1に植生計測モデルの概念図を示す[1]．このモデルは一般的なリモートセンシングデータがマルチまたはハイパースペクトルデータであることから，バンド数をnとした，n次元ベクトル空間で定義している．Pは瞬時視野における分光ベクトルである．また，m_{tree}は樹木の幹や枝の分光ベクトルであり，m_{soil}は土壌の分光ベクトルである．今，樹木の葉に主眼を置けば，樹木の枝や幹，土壌はその背景（background）となる．そこで樹木に葉が無い場合の分光ベクトルをm_{back}と定義すれば，m_{back}はm_{tree}とm_{soil}の線形結合で与えられる．もしもこの両者の混在比が変化すれば，図1に示した様に，m_{back}はm_{tree}とm_{soil}を結ぶ直線上を移動す

る. さらに，瞬時視野内の地面が複数カテゴリーで構成されている場合には，m_{soil} 自体が複数の分光ベクトルの合成として与えられることになる. 現実には，瞬時視野内を活性度である樹木葉と地面がある比率で占めることになる. ある地点の分光ベクトル P は，(1) 式に示すように，m_{back} と m_{leaf}^v との混在比を係数とする線形結合で表せる. そして，センサが観測する樹木葉とその下の地面との混在比は，瞬時視野の移動に伴い画素毎に変動する. このため，P は画素毎に変化し，その混在比に対する変化は，m_{back} と m_{leaf}^v を結ぶ直線上にあることになる. なお，(1) 式において，瞬時視野内の樹木葉の混在比をとしている.

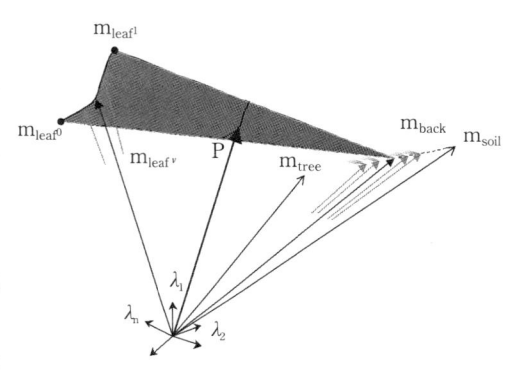

図 1 植生計測モデルの概念図

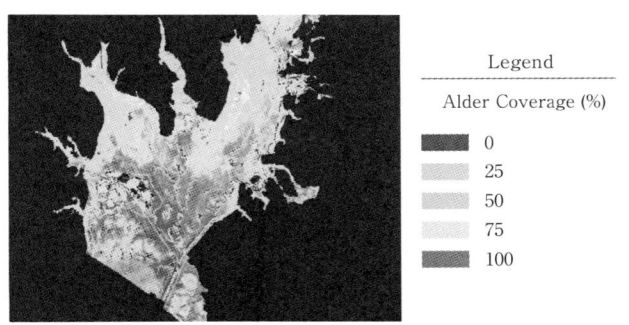

図 2 ハンノキ林の被覆率

$$P = a \cdot m_{leaf}^v + (1 - a) \cdot m_{back} \tag{1}$$

(1) 式に示した分光ベクトルの線形モデルに対して各画素に占める複数カテゴリーの混在比率を推定することをミクセル分解という. 図 2 に釧路湿原においてハンノキ林の被覆率を (1) 式から推定したミクセル分解の結果を示す[2]. この図は，ハンノキ林分布の小さな変化を抽出できる可能性を示している.

引用文献

1) 沖 一雄，大政謙次，稲村 實.(2002) J. Agric.Meteorol. 58：33-39.
2) K. Oki, H.Oguma, and M. Sugita.(2002) PE& RS 68：77-82.

[174]

植物生態系－大気間の CO_2 フラックス測定

石田　朋靖

[温暖化, 京都メカニズム, CO_2 吸収, 渦相関法, 積み上げ法]

CO_2 フラックス測定の今日的意味

　1997年の COP3（気候変動枠組み条約第三回締約国会議）で採択された京都議定書では, 先進国による温室効果ガスの削減量に加え, 森林による CO_2 吸収の削減量への算入, 二国間共同実施（JI）・クリーン開発メカニズム（CDM）・国際排出権取引（IET）など市場メカニズムを活用した削減義務の達成（"京都メカニズム"）が決められた.

　これを受けて, EU では英国やオランダなどを中心に, 既に京都メカニズムを活用して削減義務の達成を図る動きが先行している. わが国でも, 政府による削減クレジット調達の準備や排出権取引シミュレーションに加え, 植林事業投資などが活発化し, 森林による CO_2 吸収をベースにした削減クレジット調達の下準備が始まっている. こうした京都メカニズムの適用に際しては, 基礎データとしての森林の CO_2 吸収量を適正に評価する必要がある.

　また, モデルにより大気中の CO_2 濃度の変動予測を行うには, 森林など植物生態系の CO_2 吸収モデルに対し, 気温や CO_2 濃度などの環境要因がもたらす影響を的確に組み入れる必要がある. そのためには, 植物生態系の光合成による CO_2 吸収や呼吸・分解による CO_2 放出などからなる炭素循環と環境要因の関係を, 多様な気候や植生のタイプに対応して知っておく必要がある. しかし, 植物生態系における炭素循環のメカニズムについては十分な解明が進んでいない.

　植物生態系による CO_2 吸収は, 生態学で使われる"積み上げ法"などにより, 系内の炭素蓄積量調査からも計算できる. しかしこうした結果は長期の平均値であり, 短期の吸収量は測定できず, 環境要因との関連について明らかにすることが困難である. こうした観点から, キャノピー上部における大気－植物生態系間の CO_2 フラックスを微気象学的に測定し, CO_2 吸収の瞬時値や積算値を定量することは, 社会的・科学的な要請の高い, 今日的な課題となっている.

考慮すべき問題

　植物生態系－大気間の CO_2 フラックスは, キャノピー上方に突き出た観測タワーに測器を取り付け, 渦相関法によって測定することが一般的になっている. 測定は世界各地のさまざまな植物生態系で活発に進められ重要な成果を上げると

共に，観測データをデータベース化する世界的なネットワークも構築されつつある[1]．ここでは測定で考慮する必要のある問題のいくつかを列挙する．

夜間のフラックス：夜間では一般的に風速が小さく，温湿度の鉛直勾配も小さいため，微気象学的に求めた CO_2 フラックスには大きな誤差が含まれる場合もある．そのため植物生態系の呼吸量が過小評価され，CO_2 吸収量が過大評価されるおそれがあり，検討を要する．

複雑な地形での測定：タワー観測によく使われる渦相関法や空気力学法，熱収支法などは，基本的には平坦で均一な植物生態系を仮定している．しかし現実の場面で遭遇する斜面や複雑な地形における測定法はまだ確立されておらず，測定や解析方法の改善のための努力が現在も続けられている．

エネルギー収支のインバランス：タワー観測において，独立に測定された純放射，潜熱，顕熱，貯熱量等の収支がゼロにならないエネルギー収支のインバランスが問題となっている．こうした点から，同じ原理で測定される CO_2 フラックスの誤差が懸念されている．

測定値の妥当性の確認：微気象学的方法による CO_2 フラックスを，例えば生態学分野で行われる積み上げ法で求めた植物生態系の炭素収支，そこから算定される純生産速度など，他の方法で測定した結果と十分に比較し，測定値の妥当性を確認することが不可欠である．

測定値のスケールアップ：個別の点観測にすぎないタワー観測の測定値をグローバルにスケールアップするには，各種条件下での観測成果をデータベース化することが重要である．さらにデータは，モデルによる陸域生態系の CO_2 吸収分布や大気中の CO_2 濃度の変動を通してグローバルなスケールの予測に活かされ得る．そのためには，フラックスの測定だけに偏るのではなく，植物生態系における光合成や呼吸の生理と生態，環境要因との関連を明らかにしておく必要があり，さらには衛星データとのマッチングなども含めた農業環境工学的な解析と情報の整理が不可欠である．

参考文献

1) 例えば Valentini, R. *et al.* (2000)：Respiration as the main determinant of carbon balance in European forests. Nature 404, 861-865

光質制御による生育調節

村上　克介

[PPFD，人工光源，R／FR，フィトクロム，被覆材]

　植物栽培において光質制御を行う方法は，人工光のみを用いその分光分布を変化させる，自然光に人工光補光を行う，自然光の分光分布を被覆材を用いて変化させる，の3方法に大別できる．これらの方法を実現するためには，人工光源開発，被覆材の開発などにおいて，植物の光質環境への応答に符合した分光分布を実現する必要があり，照明工学や工業化学の分野の成果を活用することが重要である．

光環境の測定，評価

　光環境の測定における量的測定には，照度計や光合成有効放射計を用いる．照度（lx）は人間の目の分光視感効率曲線（標準比視感度ともいう）を用いて光を評価する．JIS C 1609 にも記載され，検定済機器が市販されているほか，JIS準拠外の簡易測定ができる機器（エスペックミック，TRL－10）[1]もある．光合成有効光量子束密度（PPFD）（μ mol m^{-2} s^{-1}）は 400－700 nm の光量子感度で光を評価し，これが光合成作用スペクトルの平均曲線と近いことから，植物栽培における光の評価基準とされ，生物環境の分野では広汎に使われているが，トレーサビリティは計測器メーカー（Li-Cor，英光精機，小糸工業など）に依存している．理想的には照度，PPFD双方の計器で測定し結果を併記しておくことが望まれる．積算PPFDと乾物生産量には正の相関があり，光量一定の人工光下での生育が自然光よりも効率よく植物成育が行われることが知られている．

　光質の測定では，分光放射計（たとえば洞口ら[2]）を利用し分光分布を測定することが望ましいが，価格が高価であるほか，校正が容易でないなど，いまだ誰もが利用できる環境にない．特に光質にこだわる実験以外は，量的測定のみ行うことになろう．光形態形成については，遠赤色光による植物の形態変化を分光分布から赤色光/遠赤色光（R/FR）（600－700/700－800 nm）光量子束比を求め評価する方法，フィトクロムの光転換クロスセクションによる作用を考慮する方法が提案されている．

植物栽培用人工光源開発

　人の目を対象とする照明工学では光源の効率は電力あたりの光束（lm）で評価する．対象を植物とする場合，電力あたり光合成有効光量子束（PPF）発光効率は第

1のポイントである．さらに，光形態形成にそぐうように分光特性を植物栽培用に改良することも可能である．発光ダイオード（LED）など新光源も開発，改良されつつあり効率も上昇中であるが，実用目的とする場合 PPF 効率の点から，現状では高圧ナトリウムランプやメタルハライドランプなど（総じて HID ランプという）および蛍光ランプを利用することが現実的である．

　光形態形成効果を利用した光源には，3波長域発光形蛍光体に鉄付活アルミン酸リチウムを FR 発光蛍光体として混合させ，光合成有効放射域＋FR 域の分光分布を持つ4波長域発光形蛍光ランプ[3]がある（松下電器産業，FL 20 FRP および FL40 FRP）．このランプはヒマワリなどの場合茎の伸長が著しく，レタスの成育も葉の縦方向の伸長が促進される．また，FR の多い補光用光源として，点灯中のナトリウム蒸気圧を通常の高圧ナトリウムランプにくらべて一段と高めた高演色高圧ナトリウムランプがある．R/FR 比（600－700 nm/700－800 nm）は1.0程度であり，PPF 発光効率は通常の高圧ナトリウムランプにくらべて劣るが，成育促進効果をもたらすことが確認された[4]．

植物成長制御被覆材の設計

　一方で R/FR 比と伸長成長の制御の関係が整理され，一方では，オプトエレクトロニクス分野などへの応用を目的として，さまざまの機能性色素が開発されてきた．そこで，多くの色素のなかから R 域，FR 域の中に主に吸収帯を持つ色素を選択し，アクリル樹脂などに添加することにより自然光の分光調節を行う樹脂被覆材が開発された．ある一定の PPF 透過率を設定し，その透過率まで下降させたときの R/FR 比の変化により伸長制御が有効となる．この被覆材では，ヒマワリ，キャベツ，キュウリについて成育実験を行い，予想したとおりの伸長制御効果が得られた[5]．今後，光植物生理学的な基礎的知見の植物栽培への応用が期待される．

引用文献

1) Murakami *et al.* (2000) *XIV memorial CIGR world congress* : 1448-1452.
2) 洞口ら (1996) 生物環境調節 34 : 191-200.
3) Murakami *et al.* (1997) *Proc. Lux Pacifica '97* : 78-82
4) Saito *et al.* (2001) *J. Light. Vis. Env.* 25 : 6-12.
5) Murakami *et al.* (1995) *Acta Hortic.* 399 : 135-142.

光周期制御による発育調節

全　昶厚

[光周性，光周期環境要因，明暗サイクル，遺伝的制御機構，高付加価値植物の生産]

　自然界の生物は，1年周期の季節変動および24時間周期の日周変動による温度や湿度などの生育環境要因の周期的変動にさらされている．植物はこれらの周期的変動を感知し，適応，または，有効に利用する機能を持ち，発生，成長，生殖などは季節周期と同調的に行われる[6]．光周期的花成（photoperiodic flowering），休眠芽の形成，休眠の解除，鱗茎や球茎の形成などがその例である．このように，光周期（photoperiodic cycle，24時間の昼夜あるいは明暗サイクルのこと）に対して反応する性質を光周性（photoperiodism）という．

　植物の花成における光周性の研究は，1920年のGarnerとAllardの報告[3]以来活発に研究されるようになり，普遍性の高い生理現象の一つとして理解されている．光周期に対する花成の反応の違いによって，多くの植物は短日植物，長日植物，中性植物，長短日植物，短長日植物，中間植物，両日性植物などに分類される[5]．休眠の開始および解除，鱗茎や球茎の形成における光周期の影響も多くの植物で知られている．植物が持つ成長および発育の光周性を適切に利用することは，園芸生産における基本的な技術の一つである．

　栽培の場所，時期および種の選択を，自然の光周期と植物の光周性の同調性を考慮して開発された作型は，消極的な"光周期制御による発育調節"である．他方，自然界の光周期を積極的に変化させることで，植物の発育を調節し，付加価値を高める生産技術が数多く開発されてきた．光周期の制御に用いられる基本的方法として，明期または暗期の最後に人工光を用いる照明や光に不透明な被覆材を用いる遮光が行なわれている．人工光を用いる明期延長の方法では，コスト削減を目的として，処理回数，光強度および光源の種類（波長）が光周期反応に及ぼす影響が調べられてきた．また，暗期の一定期間のみ人工光を照射する暗期中断（night break）[4]，および暗期中断の際に短時間の照射を繰り返すサイクリック照明（cyclic lighting）[7]も明期延長の効果を持つ技術として確立されている．このような明・暗期調節技術は，特に，温室内での花卉園芸作物の開花調節などによく用いられているが，暗期延長を目的とする完全遮光は気温も上昇させるため，実施可能な季節が制限されるなどの問題点がある．

　他方，完全制御型植物工場，閉鎖型苗生産システム，高山および極地の科学基

地などでの植物生産システム,もしくは,宇宙ステーションの人工閉鎖生命維持システムなどは人工光のみを利用する植物生産システムである.このようなシステムでは,他の環境要因とともに光周期も自由に制御できる.自然界では明暗周期が24hに固定されているため,既存の植物生理学では光周期を,"24時間の昼夜あるいは明暗サイクル"と定義している.他方,人工光利用型システムにおける明暗周期は,自由に設定可能な光周期環境要因(photoperiodic environmental factors,明期,暗期およびそれらを組み合わせてできる環境要因)の一つに過ぎない[2].近年,自然界では存在し得ない明暗サイクルおよび照明パターン(非周期的な照明を含む)の条件で示す植物の反応に対する研究が行なわれている[1].植物の主要生理現象を引き起こす環境要因の特定およびこれら生理現象の遺伝的制御機構の究明に重要な情報を得ることができると思われる.また,これらの知見は各種植物生産システムにおける高付加価値植物の生産のための栽培技術として応用できる.

引用文献

1) Anan, J. *et al.* (2002) XXVI International Hort. Congress, 408.
2) 全 昶厚ら.(2002) 農業環境工学関連4学会合同大会講演要旨 359.
3) Garner, W.W. and H.A. Allard. (1920) J. Agric. Res. 4 : 553-606.
4) Fredericq, H. (1963) Nature 198 : 101-102.
5) Salisbury, F.B. and C. W. Ross. (1992) Plant Physiology, 4th ed., Wadsworth Pub. Co., Belmont.
6) Thomas, B. and D. Vince Prue. (1997) Photoperiodism in Plants, Academic Press, San Diego.
7) Wellensiek, S. J. (1984) J. of Plant Physiol. 117 : 257-265.

DIFによる草丈調節

狩野　敦

[気温，節間伸長，昼夜温，平均気温]

DIFの歴史

　DIFは，1980年代にアメリカのミシガン州立大学のロイアル・ハインズ氏らのグループが中心となって行った研究から作られた用語で，「差」を表す英単語の「difference」の最初の3文字からとられた．その意味は，昼の平均気温と夜の平均気温の差である．したがって，本章のタイトルである「DIFによる草丈調節」は，正確には，「DIFの制御を通しての草丈調節」という意味である．

　ハインズ氏らの研究において，昼夜の気温が植物に与える影響については，大きく言って次の2点に集約される．
（1）日平均気温が等しければ，DIFが大きい方が節間伸長が促進される．
（2）日平均気温が等しければ，全体としての成長や発育は変わらない．
　（1）においては，DIFの大きさと節間伸長量は直線的な関係にあるとする．（2）においては，成長に対する「温度比例域」（成長開始温度〜最大成長温度の3−4℃下）においては，日平均気温と全体としての成長量が直線的な関係にあるとしている．これらの結果から，栽培における成長や草丈の制御が気温管理を通して可能になるとされた．

　ミシガン州立大学における研究[1]は，主として花鉢物で行われ，テッポウユリ，インパチェンス，キク，ポインセチアなどが研究に用いられた．多くの植物で上記のような単純なわかりやすい反応が認められ，当初からアメリカにおける普及に力が入れられていた．その中には，草丈を定期的に測定しつつDIFを調節して望みの草丈を得るという「グラフ追跡法」[1]などがある．

　わが国には，1990年代の初期に紹介され，多くの研究機関でDIFに関する研究が行われた．研究の方向性は大きく分けて二つに分かれる．一つは，DIFの大小がどのようなメカニズムで節間に影響しているのかを，植物生理学的手法で明らかにしようとするものである．もう一つは，DIFの大小を実際栽培においてどのように利用すべきかを検討したものである．

　植物成長調節物質のうち，ジベレリンは古くから節間伸長に大きく影響するといわれているので，DIFとの関係を調べた論文[2]がいくつかあるが，決定的な結論が出なかったこともあり，現在ではこの方面の研究はやや手詰まりといえよう．

最近のDIFに関する研究

　一方，DIFが各種園芸作物の草丈や節間長に及ぼす効果に関する試験は多く行われている[3]．ただし，わが国においては，昼夜の気温を設定して長期間栽培可能なグロースチャンバを持つ施設が少ないために，温室を利用して，慣行気温管理区と小（大）DIF区の成長を比較する実験にとどまる例が多いようである．

　DIFの概念を栽培技術に応用することは，当初，研究者の間では，苗生産において節間が詰まって間延びしていない，いわゆる「がっちり」とした苗をわい化剤を使用せずに生産するための技術[4]としての期待が大きかったと思われる．しかし，日本の生産者，特に切花生産者においては，DIFが大きくなると節間が伸びるという点に注目し，草丈を大きくするためには夜温下げればよいと考えて気温管理を行う例が見られた．しかしながら，このような管理は当然ながら成長遅延を引き起こすので慎重に導入せねばならない．

　DIF理論が発表された後に，日の出直後の気温を低下させることでDIFを小さくするのと同じような効果が見られるとの報告がなされたため，栽培現場においては，DIFそのものの制御よりも，もっぱら早朝の換気（気温低下）により草丈を抑制しようという考え方が広がった．

　園芸学会が1998年に発行した「新園芸学全編　園芸学最近25年の歩み」[5]において，DIFに関しての記述としては野菜部門に「DIFによる草丈調節は，わが国でも1990年代初めに研究された」とあるだけで，同書の花き部門では全く触れられていない．このように，DIFの制御はわが国では研究テーマとしても栽培技術としてもそれほど重要視されていないのが現状だと考えられる．

　しかし，その考え方の単純さと応用範囲の大きさは栽培技術への導入を容易にしており，現在でもインターネットを検索すると国や地方の試験場などで行われているDIF理論を応用したユニークで現実的な試験を見つけることができる．

引用文献

1) 大川　清，古在豊樹監訳（1992）DIFで花の草丈調節　農文協．
2) 伊東明子ほか（1997）園芸学会雑誌65（4）：809–816．
3) 窪田聡ほか（2000）園芸学会雑誌69（4）：403–410．
4) アラン・M・アーミテージ（1998）最新花壇苗の生産技術　農山漁村文化協会．
5) 園芸学会（1998）新園芸学全編園芸学最近25年の歩み　養賢堂．

[182]

空気組成（エチレン，CO_2 など）の制御による生育調節

谷　晃

[微量ガス，エチレンセンサ，CO_2 分析計]

　生育調節のために行う空気組成の制御としては，必要ガス種の適正範囲への制御と，有害ガス種の除去がある．

　必要ガス種には CO_2，O_2，水蒸気があり，作物の生育にかかわる栽培環境で最も問題となるものは CO_2 である．密閉度の高い施設内では，日の出とともに光合成が活発になるにしたがい CO_2 濃度が低下し，その結果光合成が低下する．その対策として CO_2 をボンベあるいは灯油，プロパン等の燃焼で加える CO_2 施用が行われる．CO_2 濃度は，通常 500〜1000 ppmv に維持される．最近では安価な CO_2 分析計（10万円前後）も販売されるようになり，施設内の CO_2 濃度の計測を継続して行っている篤農家も多い．CO_2 施用の効果としては，一般的な生育促進に加えて，同化産物のシンクとなる果実，根，塊茎の肥大が期待できる．ただし，高すぎる CO_2 濃度は葉の老化促進などマイナスの効果をもたらすので，設定濃度には注意を要する．CO_2 の効果は作物種によって異なり，イチゴ等の果菜，果樹，洋ラン，植物工場全般で施用例が多い．なお，温度調節のため換気頻度の高い温暖期の施設では，CO_2 の施用を効果的に行えない．

　除去すべき有害ガス種としては，植物ホルモンのエチレンが代表的である．エチレンの有害濃度域は植物種によって異なるが，一般的に 0.05〜1 ppmv の範囲にある．エチレンは，ほとんどの植物種に対して伸長成長の阻害，上偏成長の誘発，開花の促進と異常，老化促進，光合成速度の低下[1]をもたらす．施設内でエチレンが高濃度になるケースは，植物からの放出による場合よりむしろ，加温装置や CO_2 燃焼生成装置の不完全燃焼に由来する場合である．この場合，濃度が短期間に上昇し被害が大きい．植物が放出するエチレンによりその植物が自己中毒にかかる報告例は，施設栽培ではほとんどがないが，組織培養容器内や宇宙環境用栽培容器内では深刻な事例もある．エチレン濃度の計測には，一般的に FID を検出器に用いたガスクロマトグラフィが用いられる．また，研究用には CO あるいは CO_2 レーザを用いた光音響検出法が用いられる．これは，リアルタイムで低濃度を測定できる利点がある．しかし，これらの装置は高価で普通の栽培施設では導入が困難である．現在，簡易な測定装置として，電流検出型センサが開発されつつある[2]．触媒に活性の低い金を使用することで 2 重結合，3 重結合を持つ有機炭

素にのみ酸化反応を起こさせ，発生する電流を計測する．電極液のpHや電極に固体ポリマーを用いることで，センサのガス選択性を高め，測定下限を1 ppbvまで下げることが可能となった．このセンサに限らず，簡易にエチレン濃度を測定できる計測器は，施設栽培および貯蔵の分野で一日も早い製品化が期待されている．なお，エチレンのモニタリングは，栽培植物の生育異常の早期発見手段としても有効な場合がある[3].

エチレンの除去は，酸化チタン等を用いた光触媒で可能であり，貯蔵庫や家庭用冷蔵庫にまで普及しつつある．通常，触媒は反応面積を高めるためハニカムや多孔質の担体表面に固定化される．ただし，導入に当たっては，施設内でのエチレン発生量を余裕をもって上回る，高い除去能力の装置を選定すべきである．

その他，被覆剤に含まれる可塑剤（フタル酸エステル類），断熱材から発生するホルムアルデヒド，ボイラー蒸気に含まれるキシレン等の芳香属炭化水素，コーキング剤から発生するシクロヘキシミド等が，過去に問題となってきた．現在，環境ホルモンの有害性が注目される中で，その一種であると考えられている一部のフタル酸エステル類については，作業従事者の健康管理という点で注意が必要である．この物質濃度の測定方法は，先に述べたガスクロマトグラフィが用いられる[4].

以上のように，CO_2，O_2，水蒸気以外に現在のところ，植物生育に有効なガス種として積極的に植物に与えられるものはない．他方，生育を阻害したと推定される微量ガス種は多くある．しかし，今後の研究の進展によっては植物栽培に有効な微量ガス種が見つかる可能性もあり，それら微量ガスの付加によって植物の生育が制御される時代が来るかもしれない．

引用文献

1) 谷　晃ら（1996）生物環境調節 34：37-43.
2) Jordan, R. et al. (1997) Analytical Chemistry 69：558-562.
3) 谷　晃ら（1997）生物環境調節 35：41-46.
4) 谷　晃ら（1995）生物環境調節 33：90-93.

機能水の有効利用

石川　勝美

[水環境保全，水の構造変化，減農薬，農産物の品質向上，低コスト]

　最近，農業分野への機能水利用の要望が大きくなっている．これは機能水の効果が，減農薬や肥料の効率利用などの環境負荷低減，栽培環境の改善，農産物の品質向上（安全性を含む）等に期待されているためである．一方，環境保全には栽培用水（原水）としての適正な水質の確保と，水環境の保全に関わるコストの低減化，水資源の有効利用が重要な課題となっている．機能水とは，物理的あるいは化学的処理によって水自体の構造変化に由来すると考えられる物性変化が生じ，処理する前と比べて明らかに異なる効果を示す水を意味しており，「科学的に受け入れられる原理または理論に基づいて処理を施した結果，再現性のある有用な機能を獲得した水溶液の総称である」と定義される[2]．したがって，機能水の有効利用を図るには，水が水素結合による分子集団を形成してその中に物質を溶かし込んでいることや，水素結合は分子内振動によりピコ秒オーダーでの動的挙動を示すこと，さらに生体内の水には高度に構造化された液晶状態が多いことなど，水の特異性に関わる，水の構造的なエネルギーの作用機構に注目する必要がある．とくに磁場，電場，光，音波，圧力，鉱物，セラミックスなど非熱的に作用する程度の微小なエネルギーによっても水は影響を受け，こうした微小エネルギーにより水の構造に変化が現れ，生体反応に対しても微妙な影響を及ぼしている．

　各種の機能水：電気・電場処理水や磁気処理水の研究報告は多く，こうした処理によって得られた水は溶出物の影響ではなく，水の構造変化による特性に基づく水中の微量成分のイオン化を含む，水の状態変化によるものと考えられており，培養小植物やカルスに対する生育促進（抑制）効果でも培地の理化学性への影響が大きいことを示唆している[4]．酸性電解水の利用分野[1,2]では，作物の病害防除，農作業資材・施設の洗浄・除菌，種子殺菌，野菜表面の洗浄・除菌などがある．殺菌効果には有効塩素濃度が関わっており，酸性水中に含まれる次亜塩素酸から生じるOHラジカルが微生物のDNAに作用し，その構造を破壊することが明らかにされている．

　機能水の再現性：機能水の再現性には安定させる条件が肝要であり，微小エネルギー作用時の水中の物質やイオンの種類・濃度の条件がイオンと水分子との電気的結合状態に大きな影響を与え，これが生体への吸収能や酵素反応，イオン流，

電位等とも関係すると考えられている．したがって，機能水の物性変化の指標として pH，表面張力，酸化還元電位，溶存酸素量，核磁気共鳴スペクトルの緩和時間，導電率，粘度，近赤外吸収スペクトル等による比較と併せ，反応性物質が存在する系に対しては，外的刺激による水の構造差の特定など定量的評価が重要である．通常の水溶液の場合，処理前後の水質の違いを評価する上で，多種の微量成分の精密測定は困難となることから，反応種としてのフェントン反応（反応速度の差は残留塩素などと異なり，熱にも安定な化学種である）等による酸化力（抗酸化力）の比較は効果的である．フェントン反応は2価の鉄と過酸化水素が反応することにより，ヒドロキシラジカルと3価の鉄が発生する強力な酸化反応であり，比色法により酸化力の測定が可能である．

TSDC方式による水の状態評価：水分子の運動状態を分子レベルから定量的に把握するため，熱刺激脱分極電流－温度測定法（Thermally Stimulated Depolarization Current Method）を用いてサンプル水に直流電場をかけて分極（双極子配向）させ，温度を下げて分極を凍結させた後，等速昇温過程で起こる脱分極時の緩和ピーク温度 T とその電流強度 I を調べると，処理法の違いにより水の状態変化が現れる．処理前後の水の状態変化から，イオン効果により形成された運動状態や水分子運動の構造単位の大きさ等が推定される[3]．例えば，界面動電処理水は水道水，蒸留水，超純水，磁場処理水，電場処理水に比べ T 値が最も高温側にシフトし，I は処理時間経過後も維持された．このことは界面動電処理により水分子の運動状態が拘束され，構造安定性も高いことを意味している．水の構造制御法とその評価は，一過性のものとは異なり，処理水の特徴を特定できることから，機能水の有効利用上のポイントとなる．

今後，さらに各処理水の機能化発現メカニズムの詳細な解明を進めることにより，機能水は環境保全型水循環システムの創出に大いに貢献できる．

引用文献

1) 富士原和宏他.生物環境調節 4, 263-271 (2000)
2) 五十部誠一郎.SHITA REPORT 18, 61-68 (2002)
3) 石川勝美.文理シナジー学会平成14年度大会予稿集 (2002)
4) 松尾昌樹編著.流通システム研究センター, 3-87 (1993)

育苗用冷陰極蛍光ランプ

横溝 雄二・沖 雅博・渡辺 照夫

[冷陰極蛍光ランプ，低電力，省スペース，長寿命，ユニット化]

はじめに

近年ノートパソコンまたはモニターの液晶表示装置用バックライト光源として用いられている冷陰極蛍光ランプは，一般的に使用されている熱陰極蛍光ランプに効率や絶対光量では劣るものの，長寿命で，電極構造が簡単であるために細管化が容易にでき，ランプ発熱が少ないなどの特徴がある．

施設園芸においては日照不足の補光，開花時期や生育時期の調整などに高圧ナトリウムランプ，メタルハライドランプ，3波長蛍光ランプが用いられているが，光源の寿命が短い，消費電力量が大きいなどの課題がある．しかし，苗の出荷時期調整のための苗生長の制御，クローン苗の生長制御など新技術が開発され，人工光源の利用範囲は更に広がってきた．特に，種苗生産現場においては，対象物が小さいにもかかわらず既存の光源を使用しているため無効スペースが大きくなり，省スペース化も含めた課題克服のための新しい光源の開発が強く求められる．

冷陰極蛍光ランプの特徴は細管で，ランプ発熱が少なく，対象物に近接させて使用できる．例えば光源からの距離を従来の1/2にすることができれば，4倍の照度を得ることができるため省電力，省スペースのシステムが実現できる．

冷陰極蛍光ランプの概略

冷陰極蛍光ランプは正規グロー放電領域で動作する蛍光ランプであり，内面に蛍光体を塗布したガラス管内に希ガスと微量の水銀を封入している．ランプ両端の電極間に高電圧を加えて低圧の水銀蒸気中でグロー放電させ，放電により励起された水銀が紫外線（253.7 nm）を発生し，その紫外線が蛍光体を励起させる．励起された蛍光体が低エネルギー順位に戻るときエネルギー差に相当する波長の光が放出され，蛍光体固有の光を発する．一般的な冷陰極蛍光ランプの構造を図1に示す．

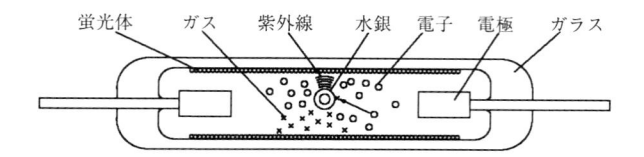

図1 冷陰極蛍光ランプの構造

現在使用されている冷陰極蛍光ランプはランプ径 φ 1.8～4.0 mm, ランプ長100～1000 cm のものが一般的である．ランプ特性は発光原理からガスの種類，ランプ径，電極，蛍光体に依存し，特に発光色は蛍光体の組み合わせにより比較的自由に選択できるため光質の調整に自由度が大きい．

　一例としてランプ径が φ 3.0 mm, ランプ長 600 mm, ランプ電力 5 W の場合，ランプ全光束は 200 Lm となる．この際の輝度半減期を指標としたランプ寿命は5万時間である．このような特性をもった冷陰極蛍光ランプを育苗向けの光源として使用するために，さまざまな検討がなされており代表的な例として，直下タイプ光源ユニット，導光板タイプ光源ユニットを紹介する．

直下タイプ光源ユニット

　冷陰極蛍光ランプを反射板に一本から複数本並べて構成された光源は直下タイプ光源ユニットと呼ばれる．ランプから放射された光は直接もしくは反射板で反射されて対象物に照射されるため，被照射面での均一な光合成光量子束密度分布を得るためには，ランプ本数，反射板形状および光源と対象物との距離を最適化する必要がある．すなわち対象物に近接設置した状態で均一な光量分布が確保することにより，直接照射と近接照射の効果で高い光合成光量子束密度が得られる．

導光板タイプ光源ユニット

　冷陰極蛍光ランプを導光板のサイドに設置した導光板タイプ光源ユニットと呼ばれるものは，導光板部に発熱源がない上，均一な光合成光量子束密度分布が得られる平面光源である．この平面光源は，ランプからの放射された光を一度導光板に入射させた後，入射光を散乱反射させ外部に均一放射させるため，光量，効率では直下タイプ光源ユニットには劣るものの，対象物の直上や直下に直接設置することができる．発熱を嫌い，弱光で高いスペース効率を必要とする使用条件下の光源として例えば苗貯蔵などに最も適している．

まとめ

　冷陰極蛍光ランプは現在多く用いられている熱陰極蛍光ランプに比して低電力，省スペース，長寿命という特長をもち，さらにユニット化することで今までに無い新しい光源として育苗から閉鎖型植物工場への利用の可能性を含んでいる．

半導体素子による間欠照明

高辻 正基

[光合成反応, パルス照射, 発光ダイオード, レーザダイオード, 成長促進]

光合成反応

　植物は基本的に光合成によって生育するが, 従来の光合成の研究や実際の栽培場面はほとんど連続照射下で行われてきた. ところで光合成の反応経路を子細に見ると, その中には光を当てる必要のない部分があることがわかる. よく知られているのは明反応と暗反応の区別であり, 炭水化物を生成する暗反応には光を必要としない. 光合成において光を必要としない時間には光を当てず, 光を必要とする時間だけ光を当てるような間欠照射を行えば, 単位光量当たりの光合成速度を増大させることができるだろう. このことは完全制御型のような光の電力コストが問題になるシステムではきわめて重要で, これによって2〜3割の省エネが達成できれば普及に大いに貢献すると思われる.

　ところで明反応と暗反応の場合には, 光強度が十分に強くないと効果が現れない. 植物工場ではもっと弱い光強度を使うし, 暗期が長すぎて植物が健全に育たないので, この暗反応効果は利用できない. われわれは光が絶対に必要だと考えられている明反応において, 暗反応に相当するような, しかしもっと短い光の不要な時間がないかどうか調べてみた. ここで光合成反応を簡単に説明しておくと, 暗反応によって炭水化物をつくるためには二酸化炭素を還元する NADP・H_2 分子と, エネルギー源として使う ATP が必要である. これらを作るのが明反応の役目である. 明反応のプロセスは, 光によるクロロフィル分子の活性化とその後の電子の流れと考えることができる. 調べたところ明反応を構成する光化学系 II の反応中心クロロフィル P680 の還元時間に 200 μs かかり[1], この間は光照射が必要ないことがわかった. この時間を中心に明暗周期を変えて間欠照射実験を行うことにした.

LED と LD による実験

　最初は白色 LED を明暗比率 1 の間欠光とし, サラダナで実験した[2]. 光量を一定(平均光量子束密度 50 μmol/m^2 s, 日長 24 h)にして 2 μs から 10 ms までのいろいろな周期で栽培してみると, 周期 10 ms の場合を除いて全体的に単位光量当たりの相対成長率(1 日に重量として成長する割合), 光合成速度とも連続光に比べて増大した. 成長率の結果を図 1 に示す. とくに周期 400 μs (パルス幅 200

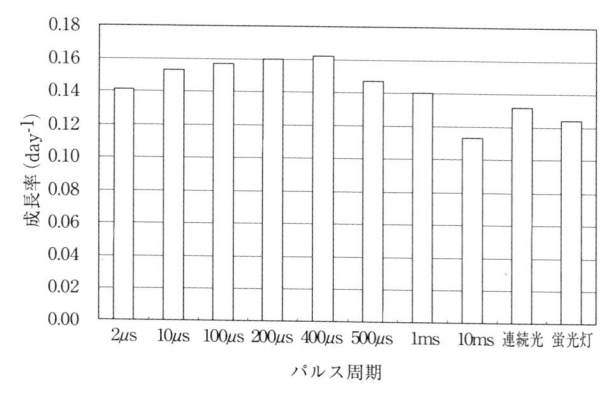

図1 パルス周期がサラダナの生育に与える影響

μs)の間欠光でサラダナの成長が目に見えて著しかった．この場合，連続光に比べて成長率，光合成速度とも20〜25％の増大が観測された．さらに明暗比を1：2つまりDT比(明期/周期)を33％にすると，成長率はさらに増大した．植物工場における栽培日数および1株当たりの生産コストは成長率に反比例して減少するので[3]，単純計算すれば上記の割合の栽培日数の短縮とコストダウンが達成されることになる．

次に赤色LEDおよび赤色レーザダイオード（LD）とレッドファイヤー（レタスの1種）を用い，同様の実験を行った．白色LEDの場合とほぼ同様の結果が得られた[4]．ただし赤色LDではその超単色性のため，赤色LEDの結果に比べると連続光の場合で15％，間欠光で9％成長率が低下した．現在，静岡で赤色LEDのみを利用したレタス生産工場（サンフィールド）が成功裏に稼動しているが，これをパルス化すればさらに高い採算性が見込まれよう．

引用文献

1) 加藤　栄（1973）光合成入門，共立出版：121
2) 森　康裕，高辻正基（2002）植物工場学会誌14：136
3) 高辻正基（1996）植物工場の基礎と実際，裳華房：66
4) 森　康裕，高辻正基，安岡高志（2002）レーザー研究30：602

植物を利用した有用物質の生産

～1. 工業原料の生産と利用～

松田　克礼・澤辺　昭義・野々村　照雄・豊田　秀吉

[*Agrobacterium*，形質転換，毛状根，組織培養技術，香気成分生産]

　植物の組織培養技術を利用し，植物が生産する二次代謝産物を工業的に生産させる試みが成され，その技術は，微生物培養では生産することが困難な植物特有の物質を多量に獲得する手法として期待されている．

　土壌細菌である*Agrobacterium*属細菌は高等植物の形質転換に広く適用され，特に*A. rhizogenes*を用いた場合にはT-DNAが宿主植物の染色体に挿入され，特徴的な不定根（毛状根）が形成される．この特徴を利用して植物が根で生産する物質を毛状根で合成させる試みがある．毛状根は増殖速度が速く，また，植物の分化した器官であることから形成後の変異も誘起され難く，その生産性が安定していることから高等植物の二次代謝産物の生産にも応用されている．本法によれば，T-DNAが宿主植物の染色体に挿入されることから，その挿入部位に何らかの構造遺伝子や制御領域が存在した場合，T-DNAが発現する反面，宿主遺伝子の発現には何らかの変異が誘起されることになる．このような観点から，植物における遺伝子変異誘発法として本法の技術的改良を行い，メロンを対象として果実様の香気を示す毛状根の選抜を実施した．

　メロン果実の香気成分は人工合成が困難であり，その香料となる成分は成熟したメロンの果実から抽出され，食品などに添加されている．そこで，メロンの葉から毛状根を誘導し，メロン果実様の香気を生産する毛状根の選抜を行った．変異個体を選抜する際の重要なポイントは，遺伝学的に変異した個体と培養条件などで生理的に変化している個体を見分けることである．本法の場合はT-DNAが宿主染色体に挿入された場合にのみ毛状根が誘導されることから，出現したすべての個体が遺伝的に変異していると考えられる．また，有用な変異個体を得るためには，できるだけ多くの個体を短期間で作出し，それらを効率的に選抜する必要がある．そこで，細菌の接種法や植物の諸条件を検討したところ，最終的に従来の約100倍の毛状根形成率を達成した．得られた毛状根を別々に分離・培養し，一定量まで増殖させた後，嗅覚検定を実施した．その結果，約6,500個の毛状根から五つのメロン果実様の香気を示すクローンが選抜された．特に香りの強いクローンから精油成分を抽出し，GC/MSによりその成分を同定した[1]．表1に毛

表1 メロン果実香気性毛状根と
成熟果実における主な香気成分の比較

香気性物質	香気性成分の生産量（mg）[a]		香気性毛状根
	成熟果実の果肉	香気の種類	
(Z) − 3 − hexenol	5.14	Trace	Green/Apple − like[b]
(E) − 2 − hexenal	217.31	66.20	Green/Sweet
1 − nonanal	4.18	Trace	Green/Tallowy
(Z) − 6 − nonenol	8.43	1.31	Green/Melon-like

a) 約400gのメロン果実とジャーファメンターで大量培養した同重量の毛状根から水蒸気蒸留法を用いて精油成分を抽出した．
b) Green, 新鮮な野菜の香り；Apple-like, リンゴの甘酸っぱい香り；Sweet, くだもの様の甘い香り；Tallowy, 植物性オイルの香り；Melon-like, メロンの果肉の香り

状根および成熟したメロン果実の特に香りに関わる物質について，その生産量を比較した．メロン果実では，数種類の精油成分が混合され，その特徴的な香りとなる．すなわち，ある特定の成分だけが多量に生産されても，成熟した果実の香りは示さない．また，混合される成分の比率によってもその香りが異なることから，メロン果実香気成分を人工合成する難かしさが理解できる．得られたクローンの香気成分は，そのバランスが植物自身によって調整されたものであり，より自然に近い香りとなった．言いかえると，植物自身の能力を総合的に利用することは，ある特定の有用物質だけを多量に生産させる従来の手法とは異なり，多種類の物質を同時に獲得できる新たな方法として期待される．さらに，毛状根を培養する際に目的とする産物の前駆物質を添加する，また，選抜された複数の毛状根を混合して培養するなど，その培養環境を調節することにより，本法を利用した新しい有用物質生産技術を開発できると期待される．

引用文献

1) Matsuda, et al（2000）J. of Agric. Food Chem. 48：1417-1420.

植物を利用した有用物質の生産

～2. 製薬産業などへの展開～

角谷　晃司・豊田　秀吉

[治療タンパク質，遺伝子組み換え植物，経口ワクチン，抗原生産，ガン治療]

　これまで細胞培養や毛状根培養などの植物細胞工学的技術を利用して，医薬品や工業原料を含む様々な有用物質の生産が試みられている．これらは主に植物が産生する二次代謝産物である．一方，サイトカインや成長ホルモンのような人体に対して生理活性を示す Therapeutic protein（治療タンパク質）が多数発見されており，これらを生産する様々な植物が遺伝子工学的手法により開発されている（表1）．このような治療タンパク質は，ヒト由来のタンパク質や抗体およびワクチンなど多岐にわたり，これらを植物を利用して生産するメリットとして，①バイオリアクタなどの工業生産システムと比べ経済的，②大規模生産・収穫が可能であり，かつ低コスト，③物質精製が簡便，④高発現・高生産システムの確立が可能，⑤糖鎖修飾型タンパク質の翻訳が可能，⑥プリオンおよびウイルスなどの人体病原微生物や毒素混入リスク低減が可能，などが挙げられる．本項では，医薬品のような薬効または疾病に対する予防効果などの機能性を有す植物，特にガン予防を目的とした「食べるワクチン」の開発の可能性について紹介する．

表1　治療タンパク質遺伝子を導入した組み換え農作物

Proteins	Plants	Expression Levels	Reference
Antibodies（Plantibodies）			
IgG anti-herpes simplex virus	Soybean	—	10
Anti-carcinoembryonic antigen	Rice,wheat,tobacco	0.9 − 29 μg/ leaves	9
Lymphoma idiotypes	Tobacco	30 μg/ leaves	5
Human proteins			
Hirudin	Canola	0.3 % seed protein	3
Erythropoietin	Tobacco	0.01 % TSP*	4
Interferon-α	Tobacco	0.01 % TSP	4
Lactoferrin	Potato,rice	0.1 % TSP	2
Vaccines（Edible Vaccines）			
Hepatitis B surface antigen	Tobacco,Potato,lettuce	0.01 % TSP	7
Norwalk capsid protein	Tobacco,Potato	0.23 − 0.37 % TSP	6
Cholera toxin（CT-B）	Potato	0.03TSP	1

*TSP ; Total soluble protein

近年，わが国の死亡率第一位であるガンについて，ガン細胞の顔として細胞膜上に出現する特有のタンパク質に対する分子標的研究が行われている．筆者らは，ガンの分子標的であるガン抗原タンパク質（ペプチド）を遺伝子組換え技術によって農作物に作らせ，これらを食べることによりガン抗原に対する免疫を獲得させてガンを予防する，いわゆる，「食べるガンワクチン」の開発を行っている．ガン細胞をターゲットとする様々な抗体や製剤の中でも，特に，非ホジキンリンパ腫に対するCD20モノクローン抗体製剤「Rituxan」や，乳ガン組織で過剰発現しているヒト上皮細胞成長因子受容体蛋白（HER2）に対するHER2モノクローン抗体製剤「Herceptin」等は，ガン細胞の増殖に対し顕著な抑制効果を示すことが知られている．そこで，われわれは，CD20，HER2，ならびに腎臓，小腸，精巣および卵巣等の様々な組織で過剰発現することにより細胞の悪性腫瘍化を引き起こすCD98hc，さらにラクトフェリンなどの遺伝子を導入した植物を作出した．導入した遺伝子は植物で効率的に発現し，組み換えタンパク質の生産も確認された．これまでポリオ経口生ワクチンが腸管器官で免疫反応を誘導するように，B型肝炎ウイルスの表面抗原を発現させた植物の経口投与においても同様の反応が報告されている[8]．したがって，このような治療タンパク質を生産させた次世代型の組み換え植物に関しては，その効果についての詳細な評価やアレルギー性を初めとした十分な検討を行うことが必要とされるものの，Quality of lifeの観点から，われわれの疾病予防対策にとって有用な農作物になりうると考えられ，今後，農業分野から製薬産業などへの展開が期待される．

引用文献

1) Arakawa, T. *et al.* (1998) Nat. Biotechnol. 16 : 292-297.
2) Chong, D. K. X. *et al.* (2000) Transgenic Res. 9 : 71-78.
3) Cramer, C. *et al.* (1999) Curr. Top. Microbiol. Immunol. 240 : 95-118.
4) Kusnadi, A. *et al.* (1997) Biotechnol. Bioeng. 56 : 473-484.
5) McCormick, A. *et al.* (1999) Proc. Natl. Acad. Sci. U. S. A. 96 : 703-708.
6) Mason, H. S. *et al.* (1992) Proc. Natl. Acad. Sci. U. S. A. 93 : 11745-11749.
7) Richter, L. J. *et al.* (2001) Nat. Biotechnol. 18 : 1167-1171.
8) Thanavala, Y. *et al.* (1995) Proc. Natl. Acad. Sci. U. S. A. 92 : 3358-3361.
9) Vaquero, C. *et al.* (1999) Proc. Natl. Acad. Sci. U. S. A. 96 : 11128-11133.
10) Zeltin, L. *et al.* (1998) Nat. Biotechnol. 16 : 1361-1364.

培養液の制御

吉田　敏

[養液栽培，組成調整，自動制御，静菌・殺菌，環境負荷]

　養液栽培では，作物種やその生育段階において様々な処方の培養液が用いられる．いずれの場合も栄養塩類の比較的希薄な水溶液で，化学的性質の経時変化が生じやすい．園芸生産現場では，培養槽などの栽培床において培養液の質を保つために，古い培養液を新たに作成した培養液と交換することが行われている．このとき生じる大量の廃液はリン酸塩および硝酸塩を含み，無秩序に投棄されると河川の富栄養化や地下水の硝酸塩汚染を引き起こす．また，培養液に添加物を加えることによって収穫物の高付加価値化を図る事例も多くなっており，その投棄には慎重でなければならない．そこで，持続的農業という見地から廃液を少なくするため，組成調整によって培養液を継続的に使用することが望まれる．これまで，培養液のECが主な制御対象とされ，取り扱いが簡便な電気伝導度計の計測値に基づいて濃い培養液または水を加える調整が行われてきた．しかし，この方法では各要素間で不均衡が生じ易い．したがって，個々の要素の濃度を計測し，不足したものを高濃度溶液の添加によって補うことが必要である．ただし，培養液のめまぐるしい経時変化に合わせて組成の微調整を行うには，自動化されたフィードバック制御系の確立が望まれる．各要素の濃度を自動制御するためには，試料溶液を精製してイオンクロマトグラフィなどで定量する方法ではなく，イオン電極などのオンライン・センサを用いることが有効である．しかし，現状では計測可能な要素とその濃度範囲が限られるうえ，信頼できる制御信号を得るため継続的なセンサの保守が欠かせない．したがって，新たなセンシングシステムの開発によって長期間にわたり安定した連続計測を実現することが求められる．

　これらの方法は植物根による吸収や沈殿などにより失われた要素を新たに添加するもので，過剰な要素を取り除く動作がない．ところが，培養液中の一部の要素が過剰となることは容易に起こりうる．たとえば，ある陽イオンの補給は必ずある種の陰イオンの添加を伴い，不純物の混入もある程度避けられない．また，根の分泌や根系の部分的な脱落・枯死によって植物から培養液に放出される要素も少なくない．過剰な要素を取り除くといってもイオン交換や逆浸透膜などはコスト的・技術的に利用し難く，新たな技術開発が待たれる．

　これまで，個々の要素の濃度変動に配慮したきめこまかな組成の自動制御が実

用化された例はあまりみられない．培養液の組成が植物生育を左右することと，最適な組成が作物種や生育ステージによって異なることは植物栄養学的研究によって十分に理解されている．しかし，園芸生産現場の作物では組成が変化してもこれに耐えて重大な障害を呈するには至らず，さらに生産者の卓越した栽培技術によって収量や品質をある程度まで維持することができる．したがって「ECを調整し，必要に応じて培養液を交換することで実用上問題がない」と生産者は考えてきた．これでは「より高レベルな組成調整」が普及する余地はない．しかし，持続的農業に対する意識がさらに高まり，廃液の投棄に対する規制がより厳しくなれば，これを契機に新たな組成調整が必要とされるであろう．

また，培養液廃液の環境負荷については土壌伝染性病害に関する問題もある．養液栽培の栽培床は土壌と比べて微生物相が脆弱となりやすく，病原性微生物の侵入を抑える微生物生態学的なはたらきは期待できない．一旦，病原性微生物が侵入すると罹病株に隣接する株への伝染は容易で，とくに培養液が循環するような水耕システムでは被害が瞬く間に広範囲に広がることを覚悟しなくてはならない．病害が発生した場合には，液温を下げて病害の進行を遅らせる以外には，栽培を中止して培養液を廃棄し，栽培床を殺菌剤処理するほかない．殺菌後の洗浄はさらに大量の有害廃液を発生させる．このことから病害発生時にも栽培を継続するため，培養液の静菌・殺菌法が発案・検討されている．そのひとつは培養液の加熱処理による殺菌である．しかし，培養液中には緑藻や甲殻類など様々な生物が大量に発生しており，加熱処理によってこれらの生物が死滅し，その死骸が腐敗すると水質の悪化や微生物相の攪乱が起こって根の障害を誘発しかねない．もうひとつの方法は殺菌灯の利用である．これは循環している培養液を薄膜や細管状の経路に通して紫外光を照射する方法で，鑑賞用魚類の飼育において実用化されている紫外光・オゾン殺菌に類似したものである．この場合も処理に伴う水質の悪化が懸念され，養魚装置では生成した老廃物の一部を除去することが図られている．しかし，養液栽培の装置にそのような方策を施すことは構造上難しく，今後の検討が必要である．

養液栽培において培養液を効率的に利用することは，持続的農業が重要視されて「培養液廃液を捨てられない」という事情から急務となった．組成調整のような制御技術の開発は農業環境工学の研究者の専門性を生かす好機であろう．

宇宙ステーションの微小重力植物実験装置

谷 晃

[対流,親水性培地,エチレン,毛管力]

宇宙での植物生産は,宇宙ステーション,月面基地等で滞在するクルー(搭乗員,滞在員)に対する食糧生産やCO_2のO_2への変換等の点で必要と考えられている.また,宇宙環境が植物に及ぼす影響を検討するためには,植物を地上と同様に栽培できる装置が必須である.以上の点から,宇宙環境に対応した実験装置の要素技術開発が試みられている[1].

地上と異なる宇宙環境としては,微小重力,宇宙線が挙げられ,宇宙線の影響を調べる暴露部を除く船内では,微小重力が問題となる.微小重力とは,軌道上の宇宙ステーションや宇宙船に働く微小な重力のことを意味し,10^{-3}〜10^{-5} gの範囲のものを指す.

宇宙ステーションや宇宙船内で植物を栽培する場合,さらにいくつかの環境要因が問題となる.これまで実験が行われてきた宇宙船内では,微小な振動が絶えず起こり,電磁波が発生していた.また,初期の宇宙実験では完全密閉容器がしばしば用いられ,内部のエチレン濃度が高まった.エチレン濃度の上昇は,上偏成長だけでなく,葉のクロロシスを招き光合成速度を低下させる.微小重力下では,花粉が柱頭へ落下し受粉するという重力に依存する受粉プロセスが起こらず,植物種によっては稔実歩合が著しく低下することも考えられる.また,自然対流の抑制のため,葉のCO_2とH_2Oの交換が抑制され,光合成と蒸散が低下する.蒸散の低下は葉温の上昇を招く.栽培培地内の水分布も地上と異なる.地上では,培地下部ほど水分量が高い状態が普通であるが,微小重力下,親水性の培地ではシンクがない場合均一に分布する.一方,疎水性培地では,培地内で毛管力による水移動が起こらず,水供給個所と他の個所で水分量が極度に異なる.この現象は,しばしば宇宙での植物実験で問題となった.

宇宙では重力がほぼゼロになるとともに,このように様々な環境要因が地上と異なる.この状況では,植物の成長・発達や遺伝的変異におよぼす重力の影響を検討する際に,重力以外の要因によって起こった現象を,微小重力によるものと誤って解釈してしまう恐れがある.このため,微小重力下で植物の生育環境を適切に制御できる宇宙用植物栽培装置を開発する必要があると,強く認識されるようになってきた.

装置は，CO_2濃度やO_2濃度の適正範囲内での制御に加えて，エチレンなどの微量有害ガスの蓄積を抑えるための，光触媒等を用いた除去システムあるいは換気システムを備える必要がある．また，栽培空間内に気流を起こし，葉面でのガス交換を地上と同様なレベルまで促進する．ただし，気流が強すぎると葉の振動を招き葉に加速度を与えることから，微小重力の影響を検討する実験では，適度に低い気流速が必要である．栽培培地には親水性で毛細管が発達したものを用い，微小重力下で水の移動を容易にする必要がある．親水性培地では，疎水性培地に比べて1g下でも水の分布が均一になりやすく，1g下と微小重力下で水の分布差異を小さくできる．計測項目として重要なのは，CO_2，O_2，エチレン，水蒸気の各気体濃度，培地水分，気温，葉温，圧力などである．

　微小重力用の環境制御技術としては，流体の取り扱いが最大の開発課題である．気液分離を可能とする多孔性セラミクスや特殊な膜を低温凝結面に用い，蒸散水の回収を行ったり，多孔性チューブを用いた栽培培地への給水方法については，アメリカ航空宇宙局（NASA）の技術が確立している．また，水の輸送にガラス繊維などの毛管力を利用するパッシブ制御法も検討されている[2]．小型光源としては発光ダイオード（LED）が利用される．ただし，食糧生産を目的とした宇宙農場と，宇宙環境の影響を調べる実験装置とでは，装置の規模や要素技術，制御の精密さ等が異なる．そのため，植物種や実験の目的，規模，期間に応じて異なる装置が用いられる．

　重力の影響を調べる実験では，宇宙船内で対策を施せない振動，電磁波，放射線の影響を同一にするため，対象区を地上でなく宇宙環境下で設ける必要がある．そのため，実験装置は対象区を含む複数のチャンバーを持ち，環境を独立して制御する必要がある．宇宙ステーション搭載に向けた実験装置はNASAやロシア，日本などで製作されている．これら装置の性能は，スペースシャトルなどの短期実験で検証されつつあり，国際宇宙ステーションが本格運用されるころには，高い性能を持つ栽培装置が開発されていると思われる．

引用文献

1) Tani, A. *et al.* (2001) Adv. Space Res. 27 (9) : 1557-1562.
2) Tani, A. *et al.* (2000) Environ. Control in Biol. 38 : 89-97.

住環境の緑化

仁科　弘重

[グリーンアメニティ，室内緑化，感性，最適デザイン，環境工学]

　筆者らは，約13年前から，「住環境の緑化」の最適化という視点で，「グリーンアメニティ（green amenity）」，すなわち，「室内に植物を配置することによって居住者の快適性を向上させること」の研究に取り組み，具体的なデータの蓄積に努力している[1〜4]．ここでいう植物は，実際的には主に観葉植物であるが，花や香りも含むものと考えている．

　グリーンアメニティには，現時点では，以下の五つの効果が考えられている．
（1）温熱環境調節・快適性向上効果
（2）空気浄化（有害物質除去）効果
（3）マイナスイオン濃度上昇効果
（4）心理・生理的効果
（5）視覚疲労緩和・回復効果

　これらの効果をもう少し具体的にいうと，下記のようになる．
（1）冬期に室内に観葉植物を置くことによって，湿度が乾燥状態の30%から快適範囲の50〜60%に上昇し，カゼ，乾燥肌，静電気が防止できる．
（2）シックハウス症候群の原因物質と考えられているホルムアルデヒドなどの有害物質を植物が吸収・吸着することによって，室内のホルムアルデヒド濃度を低下させることができる．
（3）植物を配置することによって，マイナス空気イオン濃度が上昇し，居住者の心身に好影響を与える．
（4）室内に植物を置くことによって，居住者がリラックスできる．これは，脳波の解析などで実証された．
（5）植物を見ることによって，目の疲れが緩和・回復する．昔から「緑色のものを見ると，目によい」といわれていることと，基本的に同じである．

　また，観葉植物の種類によって上記の効果の大きさが異なるため，まず，各観葉植物についてのデータを蓄積することが重要である．

　農業環境工学，生物環境調節学の分野では，「閉鎖生態系」という言葉がよく用いられる．これは，基本的に閉鎖された状態にある生態系（生物が存在する系）のことを意味し，具体的には，温室，植物工場，苗培養・生産システム，宇宙農業

などが該当する．これらのシステムでは，植物の生産性を向上させるために，その内部空間の環境を調節・制御することになる．住環境の緑化も，「ほぼ閉鎖された室内に人間という生物と植物という生物が存在する系」という点で，閉鎖生態系である．温室，植物工場などと異なる点は，その目的が居住者の快適性の向上であり，また，内部環境という点からは，植物の存在が内部環境を改変（調節）し，その結果が人間に好影響を及ぼすということである．しかし，温室，植物工場も，住環境の緑化も，内部環境の計測・解析は不可欠な要素であり，共通する手法も多い．

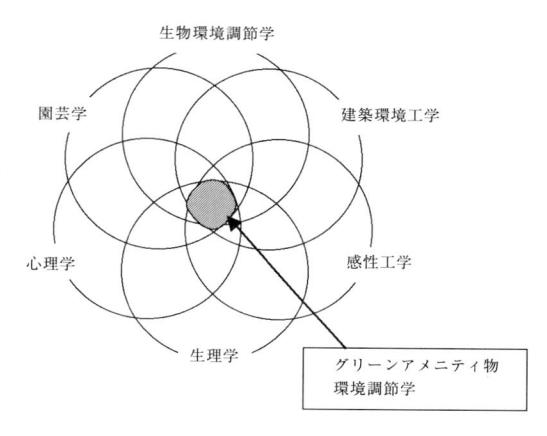

図1　境界領域としてのグリーンアメニティ

　住環境の緑化も，従来のように単に室内に植物を置けばよいという時代は終わり，グリーンアメニティの五つの効果の具体的データに基づいて，これらの効果の総合的効果が最も大きくなり，居住者の快適性が最も高くなるようなデザイン（配置すべき観葉植物の種類・鉢の数・場所を決定する）が求められるようになってきた．図1のように，グリーンアメニティは，様々な学問分野の境界領域と考えられる．しかし，デザインを目的とした段階で工学的視点が不可欠となり，したがって，生物環境調節学を起点とた新たな分野して発展すべきと考えられる．グリーンアメニティのさらなる発展の方向としては，建築環境工学関係では屋上緑化や壁面緑化が，また，園芸学関係では園芸療法が期待されている．

引用文献

1) 仁科ら（2000）生物環境調節 38：285-288.
2) 仁科ら（1999）生物環境調節 37（1）：73-81.
3) 仁科ら（1998）日本建築学会計画系論文集 509：71-75.
4) 仁科ら（1995）生物環境調節 33：277-284.

環境保全型環境調節

小沢　聖

[べたがけ，ナッパーランド，パッシブ制御，トレンチハウス]

　環境負荷を生じない，あるいは生じても従来法に比べて極めて少ないことが「環境保全型農業」の条件である．また，従来，環境調節には多くの資材やエネルギーが使われ，環境保全型とは相反する面があった．したがって，「環境保全型環境調節」とは省エネ的であることも重要な条件である．これら条件を満たすために高度な技術を使う方法と，自然環境や生物反応を巧妙に使う方法とがある．

　高度な技術を使う方法は主に工業技術の進歩に依存し，近年，とくに環境に配慮したフィルムが多く開発されている．従来，日本のほとんどのハウスは低温燃焼でダイオキシンを発生し，環境ホルモンの原因とされる可塑剤を含む塩化ビニルフィルムを使っていた．近年この約半分が環境汚染の危惧がないとされるポリオレフィン（PO）系フィルムに替わった．この代替を可能にしたのは，保温性，耐候性の向上である．現在のPO系フィルムの耐候性は塩化ビニルフィルムに比べて高いので，展張期間は2倍以上に長くなった．そのため，フィルムの廃棄量は大きく減少した一方で，フィルムメーカーの経営を圧迫する原因になっている．また，使い捨てのマルチには生分解性プラスチックの利用が進んでおり，高価格な問題はあるものの労力節減を狙った農家や環境対策を重視する自治体で利用が増えている．

　さらに，消費者の安全性志向の高まりで，多くの野菜農家でネットを使って防虫対策を施すようになった．従来の寒冷紗では目合いを細かくすると繊維の毛羽立ちが通気性を阻害し，軟弱徒長を招いたが，この欠点を単繊維でネット化し，交点を熱融着することで改善している．防虫ネットの利用は周辺環境保全以上に農家の農薬散布回数を減らし，作業環境の保全に役立っている．

　自然環境や生物反応を巧妙に使う方法はパッシブ制御[2]と同義的であり，先人の知恵から生まれた技術が多い．自然環境利用型の典型に1915年から静岡県久能山斜面で始まった石垣イチゴがある．海岸の玉石を斜面圃場に並べ，油障子で保温して日中の温度を高める．現在では玉石が軽量コンクリートブロックに，油障子がハウスに代わった．また，豪雪地帯には貯蔵用の氷室がある．ユリ産地の岩手県沢内村では冬の間に集めた雪を固めて氷室に入れ，球根を貯蔵する．冷気を取り入れて氷室内の水を凍らすシステムもある[2]．三原[3]が開発した半地下型のト

レンチハウスは，地中温度が冬に周囲より高いこと，土壁に熱が蓄えられることを利用している．このハウスを使って鹿児島県で冬にトマトの無加温栽培ができた．この応用例がべたがけ溝底播種[2]で，ハウス内土壌に深さ5cmほどの連続した溝を作り，その底に播種してべたがけをする．この方法で冬の盛岡でもコマツナの無加温栽培が可能になった．また，これらの保温資材を取り除くと夏の高地温，乾燥対策にもなる[5]．

生物反応利用型技術の多くは発想の転換や綿密な観察から生まれている．カーフハッチは生まれたばかりの子牛を個別に飼う小さな箱で，アメリカで1970年代から急速に普及した．隔離することにより疾病感染を予防し，低温環境で抵抗力を高める[2]．この箱は雨雪と風から子牛を守るだけの存在である．石垣島ではハウス内の大型ポットでパパイヤを養液土耕栽培している．農家は夏の夕方，ホースで軽く葉水を打つ．これにより根の伸長が促進され，吸水能力が高まり，気孔抵抗が低下し，光合成速度の低下が抑制される[1]．さらに，ハダニ増殖も抑える．

夏ホウレンソウの栽培は高温，土壌病害などで極めて難しい．これを解決したのが岡部[4]が開発したホウレンソウ用の養液栽培システム「ナッパーランド」である．この方法では，発砲スチロールで密閉した高湿度の空間に吸気根を発達させる．作物体はこの根で活力を高め，培養液の栄養バランスを崩さずに吸液する．そのため，培養液の廃棄がほとんどいらない．また，根の活力が高いため，根腐れを起こしにくく，僅かに培養液を冷却すると石垣の夏でも栽培できる．

環境保全型環境調節技術は環境負荷，エネルギー消費，経済性の3基準の適正バランスで評価されるべきである．これには時代や地域で異なる厄介さがある．さらに，経済性以外の二つの基準を定量的に評価することは現時点では不可能で，この確立は環境保全型環境調節技術を評価する上での残された課題である．

引用文献

1) Fukamachi, H. *et al.* (2002) ActaHort. 578 : 373-375.
2) 干場信司，小沢　聖，新しい農業気象・環境の科学，252-275.
3) Mihara, Y. and Hayashi, M. (1978) ActaHort. 76 : 361-364.
4) 岡部勝美，太洋興行株式会社ホームページ．
5) Ozawa, K. *et al.* (2002) ActaHort. 578 : 157-162.

自然エネルギー利用のための環境教育・研究施設

玉木　浩二

[環境教育，循環型システム，自然エネルギー利用，情報化農業]

環境教育への試み

　環境教育の実践には，ソフト・ハード両面の整備が不可欠である．東京農業大学は農学系，環境系の大学として，古くから環境教育に取り組んでいるが，ソフト面の取り組みとして，平成14年度にISO 14000を取得し，収穫祭など，学生の活動に対する環境意識の高揚をはかるため，学生による環境活動のコンテスト（エココン）を開催するなどの取り組みを行なっている．

　他方，ハード面では，平成13年度文部科学省に新しく設置された「オープン・リサーチセンター整備事業」に，自然エネルギー利用型農業・施設栽培のロボット化」というテーマで応募し受託した．平成14年6月には，一応の完成をみて，「ロボット農業リサーチセンター」の名称で一部運用を開始した．本施設は，自然エネルギーの農業への利用とロボット化を主な目的としているが，同時に併設されている新しい温室空間であるエコテク・グリーンハウス，学内の残渣を堆肥化し，エネルギーとして回収するためのリサイクルセンター，自然エネルギーを最大限利用していくためのエネルギーセンターを，有機的複合的に運用することにより，小規模な学内の循環型システムを構成している．これらの施設をエコテク・ゾーンと呼称し，学部学生の授業の一環として利用すると同時に，施設の運用，研究に学生が関与することにより，環境教育の実を挙げる場として活用を目指している（図1）．

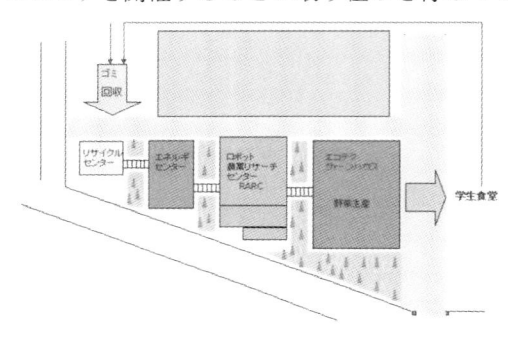

図1　東京農業大学エコテク・ゾーン

エコテク・ゾーンによる環境教育

　従来，わが国の温室施設は夏季に於ける高温対策が指摘され，解決策が模索されてきたが，コスト的な観点から構造体そのものの検討は躊躇されてきた．エコテク・グリーンハウスは，トラス構造を基本とすると自由な空間設計が容易に可能になる点に着目し，対流により換気効率を高めた，新しい構造を有する温室で

ある．床面積は 20 m × 30 m，最大高さ 10 m，軒高さ 4 m であり，内部に支柱を持たない構造である．このため，内部に作業機等を導入し作業を容易に実施できる．施設内部で野菜を無農薬・有機栽培し，収穫した野菜を学内の学生食堂に供給する．学生たちが食べた残渣はリサイクルセンターに供給し，堆肥化するとともにエネルギーセンターでバイオガス化しエネルギーとして利用する．現在，リサイクルセンターでは，世田谷区と協定を結び，世田谷区内の給食センターの残渣を一部引き受け，堆肥化する事業も取り入れている．食に関わる大学として，自分たちが消費した食物のリサイクルを身近に理解させる試みである．

ソーラー農業ロボットの開発と情報化農業

ロボット農業リサーチセンターは，わが国の農業労働人口の高齢化に対応し，また農業における化石エネルギー使用を軽減するため，太陽光を積極的に利用するソーラー農業ロボットの開発，および農業のロボット化の本質が情報化にあるという認識に基づいて，植物個体を認識し，管理することにより，食の安全性に寄与するための作物個体管理システムの開発を目的として設置された．ソーラー農業ロボットの開発には，太陽光を利用するための機体の開発と同時に，現行の栽培体系と異なる栽培システムの開発が求められる．また，作物個体管理システムは，ロボットが個々の作物を認識し，栽培管理が行なえる能力を有していることから，精密農業の先にある技術と考えられる．授業，研究を通じて，農業への自然エネルギー利用，食の安全性に関わる環境教育の一環として捉えている．

国際的な自然エネルギーを中心とした環境教育への取り組み

今後の世界，特にアジアにおける経済発展を考える時，これらの地域に自然エネルギーの導入を図ることは緊急を要する．このため，2002 年に国連やわが国の NEDO をはじめ，ドイツ，オーストラリアなど 6 カ国の援助をもとに，国際的な自然エネルギー教育・研究機関 IIRE (International Institute for Renewable Energy) がタイ国ナレスアン大学エネルギー研究所 (SERT) 内に設置された．東京農業大学も運営委員会理事大学として参画しており，同研究所との共同研究を実施し，自然エネルギーを軸とした環境教育の国際化を図っている．

植物を利用する環境修復（バイオレメディエーション）および環境緩和

筑紫　二郎

[土壌汚染，植物抽出，環境修復]

　20世紀における産業の発達は，自然の浄化機能を超える勢いで環境を悪化させ，人類の生存を脅かしてきた．21世紀においては，産業を維持しながら環境を修復していく，いわば環境と産業とが調和した社会構造への変革が求められている．

　環境修復法としては，従来汚染物質の特性に合わせて，物理的（工学的）手法や化学的手法が行われてきたが，最近では生物学的手法が注目されるようになってきた．それは，生物学的手法には前者二つに比べて効果が現れるのが遅いという欠点があるが，省エネで廉価であるという利点があることが主な理由である．

　生物学的方法とは，汚染した大気，水，土壌環境を，生物の機能を利用して修復する技術である．例えば，大気環境においてはユーカリ等がもつ二酸化窒素を同化する能力，水環境においてはヨシやシュロガヤツリ等がもつ窒素およびリン除去能力，土壌環境においては微生物がもつ分解能力に期待がかけられている．しかし，現在最も関心が高まっているのは，土壌環境における植物を利用した修復である．一般に，植物修復には植物安定化，植物不動化，植物抽出，植物分解，植物揮発化等がある．これらの中で代表的修復法である植物抽出は簡単にいえば，植物蒸散を利用して汚染化学物質を吸い上げる，いわば植物ポンプによる除去である．このシステムは単純であるが，そのメカニズムを定性的・定量的に把握するには，種々の学問分野の協力が必要である．つまり，それには植物学，植物生理学，細胞学，分子生物学，遺伝子工学，生態学，土壌物理学，土壌化学，土壌微生物学，化学動力学等の学際的分野が関与している．順次それらの関わりについて述べることにする．

　まず，植物修復機能をもった植物を探索する必要がある．従来，多くの植物について選別が行われ，ある種の植物が高度蓄積種として認知されている．それらの多くは，汚染地帯でも生育可能な植物であることから見出されることが多い．これら植物の分類，生育分布，については植物学の知識が必要である．

　それでは，なぜそれらの植物は汚染物質を吸収しても耐えられるのであろうか．現在分かっている点は，それらの植物が耐性抵抗を保持していることである．つ

まり，植物は汚染物質の細胞への吸収を抑制し，汚染物質を解毒化しようとする作用があるが，これらの作用は植物および汚染物質の種類によって異なっている．これらのメカニズムの解明には，細胞学的および植物生理学的知識が必要である．

　上述のような自然に存在する耐性植物とは対照的に，人工的に重金属耐性植物を創出する試みも手がけられている．例えば，哺乳動物のタンパク質は重金属と結合してそれを無害化する作用があるが，遺伝子工学分野では遺伝子組み換え法を用いて，そのタンパク質を植物に導入しようとする研究が進められている．

　土壌中には，無限に近い微生物が存在し，多くの微生物が植物修復に関与している．一般に微生物の生存は，植物根からの分泌液によって支えられている．根からの分泌成分は，多糖類，アミノ酸，植物ホルモン等である．これらは微生物にとってよき栄養源となる．土壌微生物は本来有機物を分解する能力を備えており，有害な有機化合物を分解できる可能性がある．したがって，植物は微生物を介して間接的に環境修復に寄与していることになる．

　植物修復においては，そのような間接的な機能以外に，汚染化学物質を植物に吸収しやすい形態に変形する植物作用が期待できる．植物根からは，上記の分泌成分以外にキレート剤やプロトンを放出している．これらの成分は土壌溶液中に金属イオンを溶解し，植物による金属吸収を助けている．このような関係の解明には，土壌微生物学，植物生理学に負うところが大きい．

　土壌微生物の中でも植物修復に効果的な菌類はどれか，を選別することは重要である．土壌中には多くの菌種が存在するため，それらを識別するにはかなりの困難が伴うが，その解決に向けて多くの試みが行われている．このような作業には，分子生物学的手法が用いられている．

　土壌汚染は，土壌に投入された化学物質に基づくため，土壌化学の知識が必須である．土壌汚染の形態は汚染化学物質が土粒子や有機物表面に吸着した状態，あるいは間隙中に滞留した状態である．汚染化学物質が植物に吸収されるか否かは，それら物質が土壌溶液中に遊離しているかどうかにかかっている．土壌中では様々な化学反応が関与しており，植物が吸収しやすい物質の状態を探るには土壌化学的な接近が必要である．

　また，汚染物質が植物に吸収されていく過程を解析し，植物修復能力を高めて行くには，土壌物理学，化学動力学的手法の適用が不可欠である．

質量分析および量子化学の応用

竹内 孝江

[フラグメンテーション,経験的分子軌道（Molecular Orbital：MO）法,ab initio MO法（非経験的MO法），エレクトロスプレーイオン化（ESI），MALDI]

　質量スペクトル（MS）で見られるフラグメンテーションの量子化学的研究は，時代とともに，経験的分子軌道（Molecular Orbital：MO）法や半経験的MO法を用いた研究から ab initio MO法（非経験的MO法）を用いた研究へと移っていった．MSのイオン生成は分子レベルで起こるので，まさに量子力学によって解かれるべき問題である．近年のコンピュータ技術のめざましい進歩やコンピュータアルゴリズムの発展によって現在では計算化学やコンピュータシミュレーションによる研究が可能となり，質量分析を含む気相イオン化学分野でも ab initio MO法と統計的手法を用いた理論的研究が行われている．本稿では，主に現在用いられている ab initio 法によるアプローチについて解説する．

　MSに関係するどのような物理量や性質を理論的に予測可能であるのか？電子衝撃イオン化過程について，ab initio 計算から得られる情報を図1にまとめた．横軸は反応座標，縦軸は相対エネルギーである．中性分子ABはイオン化して分子イオン$AB^{・+}$を生成し，さらにA^+と$B^・$に分解する．ab initio 計算によって断熱（adiabatic）イオン化エネルギー（IE_a）と垂直（vertical）イオン化エネルギー（IE_v）を計算することができる．ABと$AB^{・+}$は，ポテンシャルエネルギー曲面上の極小点であり，このような極小点にある分子構造を平衡構造という．

　$AB^{・+‡}$は$AB^{・+}$から$A^+ + B^・$への分解反応の遷移状態構造（TS）を表す．平衡構造や遷移状態構造については基準振動数を計算できる．平衡構造では計算されたすべての振動数は実数であり，遷移状態構造ではただ一つの振動数は虚数である．

　中性分子ABからA^+と$B^・$に分解するのに必要な最小エネルギー，すなわち，遷移状態構造$AB^{・+‡}$とABのエネルギー（ポテンシャルエネルギー＋振動エネルギー）

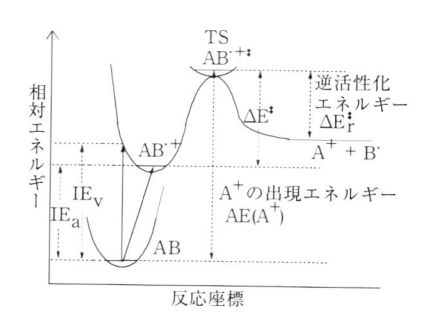

図1　MSで観測される反応過程の ad initio 計算

の差は，MS の出現エネルギー AE（A^+）に対応する．また，計算された逆活性化エネルギー $\Delta E_r^{\ddagger}$ の値を用いて運動エネルギー放出（Kinetic Energy Release；KER）の量を計算することができる．このほか，*ab initio* 計算から，振動スペクトル，異性体の構造，反応経路，生成熱，気相中における酸性度・塩基度や同位体効果などが得られる．

エレクトロスプレーイオン化（ESI）やマトリックス支援レーザー脱離イオン化（MALDI）などでプロトン化分子やアルカリ金属イオン付加分子などの正イオンや，プロトン脱離分子などの負イオンを生成するイオン化過程では，イオン化の際，溶媒分子とのプロトン移動やアルカリ金属イオンの移動が起こるので，イオン化過程については単分子系ではなく通常 2 分子系の計算となる．

① MS に現れている各ピークがそれぞれどのような構造のイオンに対応しているのか？ ② それぞれのイオンがどのような反応で生成するのか？ 現在では，①および ② の MS の問題については，イオンのサイズがあまり大きくないときには，配置間相互作用（CI）法，摂動法，密度汎関数法などの電子相関も含めた精度のよい *ab initio* 計算から答えを導きだすことが可能になってきた．

③ MS の各イオンピーク強度はどのようにして決まるのか？ 分子の構造から MS のフラグメントイオンのピーク強度を理論的に予測することは IR や NMR スペクトルの予測に比べて難しい．小さな化合物については以下に示した方法によって計算されているが，一般の化合物に広く適用可能な簡便な理論的方法は事実上まだない．これは，各々の分解反応のポテンシャルエネルギー超曲面（PES）の計算だけでなく，PES 上でのダイナミックス，反応速度の計算も必要となるからである．RRKM 理論，準平衡理論（QET），位相空間理論や分子動力学（MD）の方法を用いて MS の分解反応速度を計算した多くの研究が報告されてきた．各イオンの分解速度はイオンの内部エネルギーに依存するので，内部エネルギーに依存した反応速度関数を求めることになる．生成した分子イオンの内部エネルギーの分布関数と反応速度関数の積を，MS 実験条件のエネルギー範囲で積分することによって MS のイオンピーク強度を計算するのである．RRKM–QET 理論は，現在，数原子から 30 原子程度の大きさの多原子分子イオンの分解の理解に成功をもたらしているが，大きなサイズのイオンへ適用可能な理論の構築はこれからの課題である．

インシリコバイオロジー

後藤　英司

[システム生物学，ゲノム情報科学，計算生物学，生体シミュレータ]

　近年，遺伝子の塩基配列やタンパク質の立体構造などの情報をコンピューターで利用して解析する技術が急速な勢いで発達している．このような分子生物学分野における情報科学はバイオインフォマティクス（生命情報科学）と呼ばれる．その中で生体の諸反応をコンピュータ上で再構築し，シミュレーションを行って現象を再現したり，反応を予測する分野をインシリコバイオロジー（in silico biology）と呼ぶ．インシリコとは，*in vivo* や *in vitro* と比較して，計算機の中の生物学という意味が込められており，将来は生物学の研究を効率的に進めるための必須技術になると期待されている．具体的には，発生，代謝，光合成などのプロセスをモデル化し，コンピュータ上でプログラムとして動かすことである．以下にゲノム解析からインシリコバイオロジーに至る流れを概説する．

　1990年代に入り塩基配列の解析技術の急激な進歩により，大腸菌，酵母，線虫，ショウジョウバエ，ヒトなどの生物種のゲノムが決定されている．植物については，すでに双子葉植物のモデル植物であるシロイヌナズナの塩基配列が2000年12月に決定され，最近は，単子葉のモデル植物でかつ穀類モデルでもあるイネや，マメ科モデル植物のミヤコグサなどが精力的に解析されている．2010年代にはかなりの数の高等植物の全塩基配列が決定されることになろう．塩基配列の決定はそれ自体が価値のある作業であるが，次には，遺伝子を特定し，その機能を調べることが重要な作業になる．また遺伝子発現が関わる各種の生理反応を反応やパスウェイごとに解析することが必要である．このような解析をネットワーク解析とよぶ．

　遺伝子が特定されて役割が明らかになると，合成されるタンパク質や酵素の種類と機能が特定されることになる．しかし遺伝子の発現制御は複雑であるため，どのような要因により遺伝子発現が引き起こされるかを明らかにする必要がある．また遺伝子間の情報伝達も具体的に示す必要がある．個々の回路において，物質の生成，分解の反応式および関与する酵素の種類が決定すれば回路マップが出来上がる．

　京都大学化学研究所では KEGG という生命システム情報統合データベースを構築している[1]．ここでは遺伝子とゲノムの情報をデータベース化し，それを機能予

測などの解析に応用することを目的としている．対象は代謝系ネットワークや遺伝子ネットワークまでの広範囲であり，全塩基配列が決まった生物を含めて多生物種の代謝系や一部の制御系（シグナル伝達や細胞周期など）を公開している．ここでは分子生物学，細胞生物学の広範な知識を分子のパスウェイ情報としてコンピュータ上で構築したり，データベース化した相互作用データから可能なパスウェイを計算することができる．慶応大学では E-CELL Project とよばれる細胞のコンピュータシミュレーションが行われている[2]．これは細胞内の代謝全体をシミュレートすることを目的として，細胞内の複数の代謝経路をシミュレーションするモデルを構築している．特徴の一つは細胞内の生命現象，たとえば生合成系，エネルギー代謝系，転写，シグナル伝達などを記述するための言語を開発し，汎用的なシミュレーションモデルに作り上げている点である．

　インシリコバイオロジーは，現段階では，微生物や動物の細胞を対象とした研究がほとんどを占めている．植物では，解糖系や呼吸に加えて，光化学系および炭素同化系の経路，窒素同化，二次代謝物質や植物ホルモンなどの生合成経路について，さまざまな研究成果をもとに，遺伝子発現と情報伝達まで含めてモデル化することが必要である．その上で，細胞分裂，成長，形態形成などの組織・器官レベルの現象をモデル化することになろう．従来から農学分野では，植物の生理成長をモデル化するために，個体または器官レベルの現象を対象として統計的または機構的なモデルを構築することが行われており，研究および実用の両面で大きな成果を上げている．インシリコバイオロジー的なアプローチは，細胞レベルで一つ一つの生理反応を記述することから始めるため，膨大な研究資産が必要である．当面は，植物の発芽〜栄養成長〜生殖成長までの複雑な現象をシミュレートするのは困難かもしれない．しかし近い将来，光合成系や特定の形態形成反応に関わるシグナル伝達のモデルなどの構築は期待できよう．

引用文献

1) 京都大学化学研究所（2003）http://www.genome.ad.jp/
2) E-Cell.Org（2003）http://ecell.sourceforge.net/

農作物生長シミュレーション

小林　和彦

[群落光吸収モデル，個葉光合成モデル，生長プロセス，生長モデル，分配]

　読者がイネの生長をシミュレートしたいとする．生長モデル[3]をインターネットで（例えば www.icasa.net）注文・入手して，手持ちのパソコンにインストールすれば，あとはデータを入れるだけだ．トレーニングコースもあり（上記URL），技術としては何も言うことが無い．では，科学としてはどうだろうか？

　農作物生長モデル（以下モデル）は，発育，光吸収，炭素代謝，水利用，窒素代謝，生長（器官の数とサイズの増大），老化といった生長プロセスの変化を記述し，時間積分して，農作物の生長経過と収穫時の収量をシミュレートする．

　生長プロセスのうちで，炭素代謝特に光合成が最も良く分かっており，個葉光合成モデルと群落光吸収モデルを組み合わせて群落光合成をシミュレートする方法が確立している[3]．光合成に比べると，呼吸のモデリングは弱い．呼吸は，植物の生長と機能維持に要する無数の「生物的仕事」の結果だから，「どんぶり勘定」にならざるを得ない．「仕事」の目的を生体機能維持（維持呼吸）と生長（生長呼吸）に分け，前者は植物体の現存量に比例し，比例係数を温度の指数（Q_{10}）関数で表し，後者は生長量に比例すると仮定する[3]．しかし，Q_{10}が温度依存性を示したり[15]，植物体の老化につれて維持呼吸速度が低下したりする[3]．呼吸速度はむしろ，光合成速度に比例するという考えがあり[5]，観測結果もそれを支持する[1]．

　多くのモデルは[4,11,13,16,17]，光合成と呼吸を分けずに群落の炭素同化量が受光量に比例すると仮定するので，上記の問題を避けられる．その比例定数をradiation-use efficiency と呼び，概ね安定した値をとることが知られている[12]．

　炭素代謝で最大の難問は分配だ．多くのモデルは，各器官への炭素分配率を発育段階ごとに固定しているが，分配は実際にはダイナミックなプロセスである．分配メカニズムのモデリングが試みられているが[8]，生長モデルに使える段階ではない．農作物では，収穫物と植物全体の重量比を Harvest Index (HI) と呼び，子実肥大期にHIが直線的に増加することが確かめられており[2]，子実への分配は単純化できそうである．葉に分配された炭素で葉面積が増えるモデルは[3]，分配率のズレが葉面積の誤差を生み，それが群落炭素同化量に伝わって，雪だるま式に誤差が拡大する．葉面積の生長を炭素分配と切り離して，積算温度に関連づけた方が安全で，観測結果とも一致する[14]．葉面積の生長は水や窒素の不足で低下するが，

群落光合成がストレスで減退する間接的な結果と考えるよりも，ストレスが直接的に葉面積生長を低下させるとしたほうが，実験結果と良く合う[10,14]．

炭素に比べて，窒素は植物体内を動きやすい．栄養成長期に葉や茎に分配された窒素は，生殖成長期には子実に再分配される．その際，子実の窒素要求量が肥大開始期の植物体の窒素総量で決まるとしたほうが，子実側で窒素需要量が決まると仮定するよりも，実験結果に良く合っている[10]．

以上のように，実験結果との比較検証により，モデルはよりシンプルで適切なものに改良されてきた．今後，農作物生長モデルは土壌プロセスモデルと結合して[6]，長期的な持続可能性評価に用いられる一方で，ゲノム科学の発展につれて，育種のための強力な道具[9]として用いられようとしている．また，L-システムによる植物形態形成モデルと結合して，形態も機能も明示的なモデル[7]の展開が期待される．実験・観測によるモデルの検証は，今後も重要な役割を果たすだろう．

引用文献

1) Albrizio, R. & Steduto, P. (2003) Agric. For. Meteorol. 116 : 19-36.
2) Bindi, M., Sinclair, T. R., & Harrison, J. (1999) Crop Sci. 39 : 486-493.
3) Bouman, B. A. M., Kropff, M. J., et al. (2001) ORYZA 2000 : modeling lowland rice. IRRI, Los Banos, the Philippines. 235 p.
4) Brisson, N., Gary, C., et al. (2003) Eur. J. Agron. 18 : 309-332.
5) Gifford, R. M. (1995) Global Change Biol. 1 : 385-396.
6) Gijsman, A. J., Hoogenboom, G., et al. (2002) Agron. J. 94 : 462-474.
7) Hanan, J. S. & Hearn, A. B. (2003) Agric. Sys. 75 : 47-77.
8) Hilbert, D. & Reynolds, J. F. (1991) Ann. Bot. 68 : 417-425.
9) Hammer, G. L., Kropff, J. J. et al. (2002) Eur. J. Agron. 18 : 15-31.
10) Jamieson, P. D. & Semenov, M. A. (2000) Field Crops Res. 68 : 21-29.
11) Jones, J. W., Hoogenboom, G., et al. (2003) Eur. J. Agron. 18 : 235-265.
12) Sinclair, T. R. & Muchow, R. C. (1999) Adv. Agron. 65 : 215-265.
13) Stockle, C. O., Donatelli, M., & Nelson, R. (2003) Eur. J. Agron. 18 : 289-307.
14) Tardieu, F., Granier, C., & Muller, B. (1999) New Phytol. 143 : 33-43.
15) Tjoelker, M.G., Oleksyn, J., & Reich, P. B. (2001) Global Change Biol. 7 : 223-230.
16) van Ittersum, M. K., Leffelaar, P. A., et al. (2003) Eur. J. Agron. 18 : 210-234.
17) Wang, E., Robertson, M.J., et al. (2002) Eur. J. Agron. 18 : 121-140.

[212]

高 CO_2 濃度下の農作物生長シミュレーション

小林　和彦

[生長モデル，大気 CO_2 濃度上昇，FACE 実験，影響予測]

　農業の発祥以来，産業革命まで大気中の CO_2 濃度はほぼ 280 ppm だったので，現在の約 370 ppm は農作物が過去に経験したことの無い濃度である．まして，今世紀後半に見通される 550 ppm（産業革命以前の約 2 倍）は，温室効果の増大に伴う気候変化も加わって，まさに未知の環境となる．その時，農作物の生長と農業生態系はどう変化するか？ 未知の環境について予測するのだから，過去の傾向の外挿ではなく，理論的根拠のある推定が欲しい．農作物の生長メカニズムに基づくモデルが，地球環境変化の影響予測に用いられる[4]のは，このためである．

　大気 CO_2 濃度の上昇が植物に及ぼす影響は，主に光合成の促進と気孔開度の低下だと考えられている．幸い光合成の CO_2 濃度への応答は良く調べられており，しかも光合成については，生長プロセスの中でモデリングが最も進んでいる（「農作物生長シミュレーション」参照）．光合成のモデルには，個々の葉の生化学メカニズムに基づく詳細なものから，群落全体の radiation-use efficiency に基づく簡単なものまで幅があるが，CO_2 濃度上昇への応答は，モデル間で大差無く[2]，圃場での観測結果とも概ね一致した[5]．

　気孔開度は，CO_2 と水蒸気の出入りを同時に制御しているため，CO_2 濃度上昇で気孔開度が低下すると，光合成と蒸散の両方が変化する．こうした光合成と蒸散の関係を詳細に記述するモデルもある一方で，簡単なモデルは光合成とは別に，蒸散速度を CO_2 濃度に応じて低下させる[6]．両タイプのモデルで推定した蒸発散量を，FACE（開放系大気 CO_2 増加）実験の観測値と比べたところ，どちらのモデルも観測結果と概ね一致した[1]．

　農作物の生長は，光合成や蒸散だけでなく，窒素の吸収・分配，炭素の分配・蓄積，葉面積の拡大等，互いにリンクした多数のプロセスから成る．CO_2 濃度上昇で光合成が促進されると，炭水化物が多くでき，増えた炭水化物が葉に分配されれば葉面積が増え，根に分配されれば根域が拡がる．こうした生長応答の結果，前者では光吸収が増え，後者では窒素の吸収が増えて，さらに光合成が促進される．光合成と違って，炭素や窒素の分配や葉面積の記述は，モデル間で違いが大きく，CO_2 濃度上昇に対する光合成の応答が似ていても，生長・収量の応答は違うことがある．例えば，3 種類のコムギ生長モデルを FACE 実験の観測値と比べた結果，

葉への炭素分配が葉面積拡大を決めるモデルでは，高CO_2濃度により葉面積が増えたが，葉面積の拡大を窒素吸収量で決めるモデルでは，葉面積はCO_2濃度で変わらなかった[2]．興味深いことに，窒素施肥量が多い区では前者のモデルが観測結果に近く，窒素肥料が少ない区では，逆に後者のモデルが観測結果に近かった．なお，植物体バイオマス量が，葉面積ほどにはモデル間で違わなかったのは，葉面積を過大評価すると葉の窒素濃度は逆に過小評価する傾向があり，光合成速度の計算で両者が打ち消し合うためと考えられた[2]．

このように，CO_2濃度上昇への生長応答については，モデル間で違いがあり，モデリング方法も改良の余地が多いため，実験結果との比較検討が重要である[6]．CO_2濃度上昇の圃場実験に，オープントップ・チャンバーが従来用いられてきたが，チャンバー内の農作物の生長をシミュレートすること自体容易でない[1]．チャンバーによる微気象変化に加えて，小区画で生じる「周縁効果」が原因と考えられ[1]，モデルの検証には不向きである．FACEは，こうしたアーティファクトの無い実験手法として考案され，コムギ，ワタ，イネ，バレイショ等について，実験データが蓄積されている[3]．特にコムギでは，CO_2濃度上昇への生長応答が，水ストレス[1,7]や窒素量[2]で変わることが，生長モデルで検証されている．私たちは現在，イネのFACE実験結果を用いて，生長モデルの検証を行っている．

以上のように検証が進むモデルがある一方で，気候変化の影響予測に多用された農作物生長モデルは，CO_2増加実験の結果を用いた検証があまりなされていない[6]．そうした包括的なモデルの検証は容易でないが，観測で試されていないモデルのシミュレーションは，根拠ある推定といえない．農作物の生長だけでなく，農業生態系の変化を予測することが重要となった今，圃場での観測で試され，鍛えられた農作物生長モデルが一層求められている．

引用文献

1) Ewert, F., Rodriguez, D., *et al.* (2002) Agric. Ecosys. Environ. 93 : 249-266.
2) Jamieson, P. D., Berntsen, J., *et al.* (2000) Agric. Ecosys. Environ. 82 : 27-37.
3) Kimball, B. A., Kobayashi, K., & Bindi, M. (2002) Adv. Agron. 77 : 293-368.
4) Parry, M., Rosenzweig, C., *et al.* (1999) Global Environ. Change 9 : S51-S67.
5) Rodriguez, D., Ewert, F., *et al.* (2001) New Phytol. 150 : 337-346.
6) Tubiello, F. N. & Ewert, F. (2002) Eur. J. Agron. 18 : 57-74.
7) Tubiello, F. N., Rosenzweig, C., *et al.* (1999) Agon. J. 91 : 247-255.

植生モデルを用いた温暖化時の植生影響予測

清水　庸

[陸上生態系，統計モデル，プロセスモデル，植生分布モデル，生物地球化学モデル]

　陸上生態系は，生存する動植物と環境の微妙なバランスのうえに成り立っているため，温暖化による気温や降水量，積雪深などの環境の微妙な変化が，生態系のバランスを崩し，影響を顕在化させる．本項にて取りあげる「植生」は，この陸上生態系をおおまかに指標するものと考えられ，温暖化による植生の変化は，純一次生産力（Net Primary Productivity, NPP），生物季節そして種組成などへの軽微な影響から，森林衰退のように現存の植生分布そのものが完全に変化して，生態系が破壊されるような影響まで，さまざまな状況が考えられる．

　植生モデルは，大別して，①植物群落や植生帯などの地理分布を予測するものと，②陸上生態系がつくり出す純一次生産力や窒素・炭素などの物質循環の過程を予測するものがある．予測の対象と関連して方法論はいくつかに分類されており，その代表的なものとして，統計モデルと生態系の過程をモデル化したプロセスモデルがあげられる[5]．

　植生分布を予測するモデルにおいて，統計モデルでは現在および過去の植生分布とその分布を規定する環境条件の統計的関連性をもとに温暖化時の潜在自然植生の分布を予測し，現状の分布との比較により，影響予測を行う．「潜在自然植生の分布」とは，ある地域の代償植生を持続させている人為的干渉が全く停止されたとき，ある気候条件下で分布する可能性が高いと考えられる自然植生の分布である．したがって，その変化は，対象地域における植生の温暖化に対する脆弱性を示すものと解釈する．

　プロセスモデルでは，温度，水，光条件などの大気―植物―土壌系における環境条件の生理学的・資源制約的条件下において，植物機能タイプごとに算出されるNPPを指標として，潜在自然植生の分布を推定している[2]．統計モデルやプロセスモデルによる日本の潜在植生分布の予測では，高山帯・亜高山帯植生など山岳植生が温暖化の影響を受けやすく，一方，常緑広葉樹林や亜熱帯林といった比較的温暖な地域に分布する植生タイプは，温暖化に対して適応性を持ち，分布が拡大する可能性を示している[4,7]．

　一方，生物地球化学モデルのプロセスモデルでは，あらかじめ与えられた生態系分布を条件として，気温，降雨，太陽放射，土壌，二酸化炭素などの環境条件

によって生物地球化学サイクルがどのような影響を受けるかをシミュレーションする．これらの環境条件を入力として，光合成による炭素固定，微生物による有機物の分解，蒸発散による大気と土壌の水交換など，植物と土壌の相互作用を表現する．生物地球化学モデルに共通するアウトプットは，NPP，蒸発散量，植物および土壌中における炭素および窒素ストックなどである[8]．また植物の光合成と蒸散による炭酸ガスと水蒸気の流れの理論的考察をもとに，年間純放射量と放射乾燥度をパラメータとして，NPPを推定する統計モデルもあり，全球の陸上植生のNPPを136×10^9 t/yrと推定している．また温暖化時（二酸化炭素濃度倍増時）では，それらが15〜20％増加することを予測している[6]．

温暖化影響評価モデルにおいて，陸上生態系のように，複雑なメカニズムを持つ評価対象は，温暖化に伴う過渡的変化を予測することが難しく，気候条件と影響評価対象の関連性は平衡状態を扱うことが多い．しかしながら，今後の方法論の発展として，温暖化進行時の時系列の影響予測を行うことが望まれている[3]．その試みとして，大気大循環モデルと植生分布モデルを統合させ，気候や二酸化炭素濃度などの環境条件の変化と植生分布の変化の相互作用を考慮したモデルや，森林動態モデルを用いて植生分布の過渡的変化を予測する研究も進められつつある[1]．

引用文献

1) Foley J. A., Levis S, Prentice I. C., Pollard D., and Thompson S. L., (1998) Global Change Biol., 4 (5), 561-579.
2) Haxeltine, A. and Prentice, I. C. (1996) Glob. biogeochem. cycles, 10 (4), 693-709.
3) IPCC. (2001) Climate Change 2001. Cambridge University Press, 1032pp.
4) Ishigami, Y., Shimizu, Y., and Omasa, K. (2001) Proc. LUCC Sympo. 2001.
5) 大政謙次，清水　庸，石神靖弘（2002）生態工学，14 (4)，19-29.
6) Seino, H., and Uchijima, Z. (1993) J. Agr. Met., 48 (5), 859-862.
7) Tsunekawa, A., Ikeguchi, H. and Omasa, K. (1996) In Climate Change and Plants in East Asia (ed. by Omasa, K. *et al.*). Springer Verlag, 57-65.
8) VEMAP Members (1995) Glob. biogeochem. cycles, 9 (4), 407-437.

SPA (speaking plant approach to the environment control)

橋本　康

[画像計測，人工知能，知能的制御，精密農業，情報生理工学]

そもそものSPAとその意義

　オランダ，ベルギー等で開発されたグリーンハウス栽培（コンピュータで制御・管理される栽培システムで，ビニルハウスを想定する施設園芸と云うよりは，太陽光利用の植物工場と称する方が実状に合致する）において，システム的なアプローチが展開し始めたのは四半世紀程前の頃である．当時はシステムの主要目的である栽培環境の温度制御が単なる空気調和やその背後の工業プロセスの技術移転のみであり，生物的な視点は全く考慮されてなかった．そのシステムの機能を最適に管理・運用するには，植物の生理生態学的な情報を利用する必要があり，またそこに研究者の夢とエネルギーが充満していた．

　何時の世も，若手は目先の実学を越えた理論的というかコンセプトに研究者としての夢を託す．たとえ当初の目標と異なる結果に到達するにしても，そのコンセプトは多くの研究者を魅惑するものとして，分野を問わず尊重されねばならぬ．

　上記のシステム制御に関するコンセプトを，当時のオランダやベルギーの若手研究者は SPA (speaking plant approach to the environment control) と称し，俯瞰的視点に基づく農業工学の魅力的な研究対象に設定していた．この詩的表現の提唱者は，古典的光合成モデルの生みの親であり，当時ワーヘニンゲンの生理生態学研究所（CABO）の所長であったハストラ（Gaastra）博士といわれた．植物生体（ホールプラント）の巨視的生体計測情報を何とか環境調節に利用したいと，彼を尊敬する彼の地の少なからぬ若手研究者が努力を傾けていた．

画像計測でSPAに参加

　1979年6月，ワーヘニンゲンで開催された栽培環境調節へのコンピュータ応用に関する国際ワークショップで，葉面の画像計測とその画像認識を口頭発表した筆者は，SPAに大きく貢献する研究者であると，広く欧州にわたる評価を得た．

　その延長上の関連する研究は1983年，米国デューク大学理学部ファイトトロン客員教授として滞米中，米国植物生理学会で発表し，米国でも高く評価された．その論文は米国植物生理学会誌「Plant Physiology」に掲載され[1]，植物画像計測でのプライオリティーを認められ，その後，学術専門書にも収録された．

SPAを中心にシステム制御の輪が広がる

システム制御の国際学会はIFACであり，工学系で日本学術会議が加盟する嚆矢となった超一流の学会である．ワーゲニンゲン農科大学の優秀な若手研究者に，デルフト工科大卒のシステムエンジニーアがおり，SPAの輪をこのIFACの土俵で広めようと誘われた．デルフトは西欧でも屈指の工科大学であり，オランダのIFACの拠点でもあり，その判断はまさしく当を得ていた．

他方，国内的には計測やシステム制御を扱う横断型の斬新な学会である計測自動制御学会にSPAを中心に農業応用をめざす研究委員会を設置した．同学会はIFACの事実上のわが国の受け皿学会でもあり，1981年に京都国際会議場で開催のIFAC第8回ワールドコングレスに深く関与していた．IFACの舞台で初めてのSPAに関するスペシャルセッションが，椹木義一同会長のご指導で実現し，世界の工学者にその存在を知って戴く幸運な機会を得た．

IFACにSPAを中心とする技術委員会が誕生

1985年に英国で開催のIFACシンポジウムでは京都で萌芽した組織を技術委員会（TC）へ認めて戴く働きかけを行い，1987年にミュンヘンで開催の第10回ワールドコングレスで正式にWGが認められた．さらに，1990年にタリーンで開催の第11回ワールドコングレスで念願のTC (on Control in Agriculture) が誕生した．

同時に，SPAも人工知能（AI）や知能的システム制御へと研究領域を拡大した．

IFACによる世界的な活動へ

TC委員長として国際シンポジウムを開催する必要性から，先ずは私の当時の所属（愛媛大学）地である松山市でTC主催の国際会議を開催した．1991年の秋であり，IFACにSPAが初登場してから10年間の努力で，SPAを下敷きとする農業へのシステム制御応用をメインテーマとするIFAC史上初の国際会議を開催した．

その成功は世界を駆けめぐり，西欧を中心に多くの同志が集まり，TCの規模も拡大した．1996年には新たに，SPA情報コンセプトを拡大した精密農業や情報生理工学を扱うTCの誕生を促し，委員長の村瀬治比古大阪府大教授の絶大なる尽力でさらに大きく前進した．ある意味でSPAは環境制御への単なるアプローチから生物生産全域のコンセプトへと変貌を遂げたと云っても過言では無い[2]．

引用文献

1) Hashimoto *et al. Plant Physiology* 76, 266-269（1984,10）
2) Hashimoto *et.al. IEEE Control Systems Magazine* 21（5）71-85（2001,10）

システムの同定と制御

森本　哲夫

[植物応答，環境要因，システム同定，最適制御]

はじめに

　植物の高品質化は重要な課題である．環境制御により高品質化を達成するには，品質に関わる植物応答を計測し，それが向上する方向に環境を適切に制御すれば可能となる．これを実現するには，植物を含む制御システムをシステマティックに捉え，環境変動に対する（品質に関わる）植物応答の計測，システム同定（モデル化），さらに品質が向上する方向への最適制御が一つの流れである．

システム同定

　効果的な制御を実現するには，制御対象の将来の挙動を予測するモデルが必要となる．システム同定（system identification）とは，対象の内部特性がよく分からない場合のモデル化法であり，実際に計測できる入力と出力の時系列データから，入出力関係を関連づけるモデルを得る方法である．入力としては温度や二酸化炭素濃度などの環境要因であり，また出力としては光合成速度や蒸散速度などの植物応答となる．モデル構築後は，その妥当性を検証する必要があり，これをモデルバリデーション（model validation）という．植物応答は未知なものが多いので，そのモデル化にはシステム同定が有効となる．

　いま，入力と出力の時系列データを $\{u(k)\}$，$\{y(k)\}$（$k=1, .., N$）とすると，線形システムにおける入出力関係を表すモデルは以下のようになる．

$$y(k) = -a_1 \cdot y(k-1) - ... - a_n \cdot y(k-n) + b_0 \cdot u(k) + ... + b_n \cdot u(k-n) \tag{1}$$

ここで，$(a_1, a_2, ..., a_n, b_0, b_1, ..., b_n)$ は入出力関係を関連づける重みであり，システムパラメータ（system parameter）という．これらは最小二乗法や最尤推定法などによって得られる（n：システムパラメータの数）[1]．

　一方，非線形システムに対しては，Kolmogorov-Gabor の多項式の二次項までを考慮した次のような非線形の入出力モデルを同定する GMDH（Group Method of Data Handling）法がある[2]．

$$y(k) = a_0 + a_1 X_i + a_2 X_j + a_3 X_i^2 + a_4 X_j^2 + a_5 X_i X_j \tag{2}$$

　また，数式を使わずに，学習によって非線形なモデルをつくるニューラルネットワーク（神経回路網）による同定法もある[3]．

植物の制御

　制御法にはいろいろあるが，高品質化のための制御を考えると，植物の生理生態的挙動は複雑なので，知能的方法論による最適制御が有効と考えられる．

　最適制御（optimal control）とは，制約条件のある操作量（manipulated variable）の下で，制御性能を評価する目的関数（objective function）を定義し，それが最大（もしくは最小）となるような操作量（最適値）を決定する．図1は筆者が提案する植物の最適制御システムである．まず，ニューラルネットワークを用いて，環境要因 $u(k)$（$u_{min} \leq u(k) \leq u_{max}$）に対する植物応答（品質に関わる応答）$y(k)$ を計測・システム同定してモデルをつくり，次にそのモデルのシミュレーションから，遺伝的アルゴリズムを用いて，目的関数 $f(y, u)$ を最大にする環境条件の目標値 $u_{opt}(k)$ を求め，それに基づいて環境制御（フィードバック制御）する．

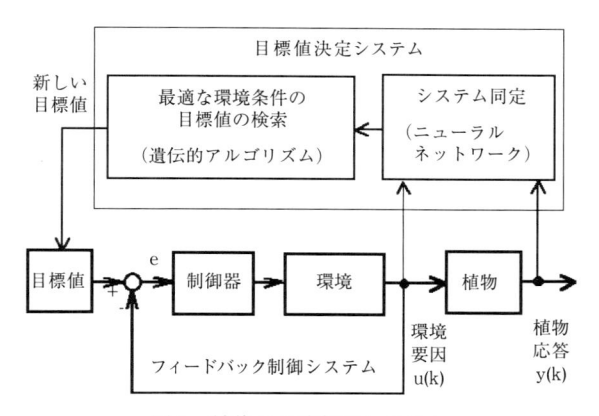

図1　植物の最適制御システム

引用文献

1) 相良節夫・秋月影雄・中溝高好・片山　徹 (1981) システム同定. 計測自動制御学会.
2) Ivakhnenko, A. G. (1970) Heuristic self-organization in problems of engineering cyberetics. *Automatica* Vol. 6 : 207-219.
3) Chen, S., S. A. Billings and P. M. Grant (1990) Non-linear system identification using neural network. *International Journal of Control* 51 (6) : 1191-1214.

人工知能を応用するシステム制御

橋本　康

[植物の環境制御，システム制御，人工知能（AI），知能的制御]

植物の環境調節における環境制御

生物環境調節学会の創設に際しては，生長に関与する生理メカニズムが周囲の環境条件に大きな影響を受けるので，それを生産性を高めるために活用しようとする基本理念が設定された．植物に限ると，生理生態学（Physiological Plant Ecology）に基づき生産機能を開発するために植物の地下部，地上部の環境を調節することである．物理学的調節がやり易い地上部に視点を置くと，それは空気調和に基軸を置くプロセス制御であり，これを環境制御と称している．

システム制御とは[1)]

環境制御は，閉鎖空間を対象とするシステム制御である．システム制御とは，主としてフィードバックに基づきプロセス，サーボ，レギュレータのそれぞれの分野で発達してきた技術を総合した技術体系であるが，理論体系が効果的に威力を発揮する工学の最右翼に位置付けされている．状態につき下記の微分方程式 $\frac{d}{dt}x(t) = Ax(t) + Bu(t), y(t) = Cx(t)$ で与えられる表現は優雅な工学の象徴である．

システム制御の国際学会である IFAC（別項目で説明）では，21世紀を迎え，システム制御のさらなる学術の振興のため理論，技術，応用の大括りに3分割し，39にも及ぶ技術委員会（TC）に整理統合し，さらなる活動を推進している．

理論は，以下，システムの解析（4 − TC：1.1〜1.4）と設計（5 − TC：2.1〜2.5），

1.1　Modelling Identification & Signal Processing, 1.2 Adaptive and Learning Systems, 1.3 Discrete Event Dynamic Systems, 1.4 Stochastic Systems
2.1　Control Design, Linear Control Systems, 2.3 Nonlinear Control Systems
2.4　Optimal Control, 2.5 Robust Control

技術は，以下，情報・通信（3 − TC：3.1〜3.3）と要素技術（5 − TC：4.1〜4.5），

3.1　Computers for Control, 3.2 Cognition & Control（AI：Fuzzy, Neural network, Genetic algorithm etc.），3.3 Computers & Telematics, 4.1 Components and Instruments, 4.2 Mechatronic Systems,
4.3　Robotics, 4.4 Cost Oriented Automation

4.5 Human Machine Systems

応用の大括りには,製造業,工業,輸送業,バイオ等に関するシステムが包含されており,農業は医用,環境等と共にバイオの小括りに所属している.

人工知能をなぜ利用するか

物理学,あるいは物理化学の法則に基づくシステムに関しては前述のように微分方程式等で表現されるモデル化が可能であり,システムを厳密に解析できる.さらにそのモデルに基づき設計するシステムの制御は有効な結果をもたらす.いわゆる解析的な扱いが決定的に有効であるシステムといえる.

これに反して,生物的な現象を包含するシステムに於いては,たとえ数理的なモデル化が得られたとしても,再現性は悪く,システムの良好な制御は期待できない.人間の頭脳が持つ柔軟な判断力が望まれる.すなわち過去の事例に基づく学習機能,推論機能,決定機能等が要求される.これらはコンピュータの発達により可能になっているが,人工知能(AI:Artificial Intelligence)と総称する.

知能的制御[2]への期待

理論の重要性は軽視すべきでないが,しかし,多くの応用場面では,システムがラージスケールになれば,生物系を含まなくても,解析的手法に限界が生じる.多くのアンノウンファクタを含むシステムを農業的と称するが,20世紀に大きな進展を示した工業は21世紀にはより農業的になる,と指摘されている.

われわれの回りで解決が望まれるシステムは自然環境(圃場)にしろ,人工環境にしろ,培養から栽培,そして収穫,貯蔵まで,多くのものは,システムのスケールの規模の大小によらず,全て農業的である.AIを活用するシステム制御すなわち知能的制御(Intelligent Control)がまさにキーポイントといわざるを得ない.

具体的には,システム制御に於ける設定値の柔軟な変更,適応制御,外乱に強いロバスト制御,評価関数を最適に満たす最適制御等々への知能的制御の導入,別な表現をすると,省エネルギー,環境にやさしい,統合的(俯瞰的),循環的等々のシステムへの知能的制御の導入が強く期待されている.

引用文献

1) 橋本・村瀬・大下・森本・鳥居:農業におけるシステム制御,コロナ社(2002)
2) Y. Hashimoto, H. Murase, T. Morimoto and T. Torii (2001): Intelligent Systems for Agriculture in Japan, *IEEE Control Systems Magazine* 21 (5) 71-85

バイオインフォマティクス

村瀬 治比古・秋田 求

[ゲノム，DNA，生命情報，IT，バイオデータベース]

バイオインフォマティクスの目標

　バイオインフォマティクスの最終的な目標は，*in silico*（コンピュータ上での仮想実験）で「完全な」生物を構築することである．そのために，遺伝子とその産物の構造や機能，相互関係に関する情報などが日々蓄積され，それら膨大な情報を利用するための情報処理技術が開発されている．とはいえ，生物の「遺伝子ネットワーク」を含めた複雑なシステムを解明し，*in silico* で再現するにはさらに時間を要するであろう．バイオインフォマティクスの究極的な目標は上記の通りであるが，半面，応用分野として，ゲノムやプロテオームの新しい解析技術を利用した様々な産業分野が，現在急速に展開しつつある．企業の積極的な参入も目立ち，今後も，医療分野に限らず様々な解析技術が開発されてくるものと期待される．

バイオインフォマティクス資源とその利用

　必要な情報を入手し解析するためには，いかに有効にバイオインフォマティクス資源を利用するのかが問われる．表1には，バイオインフォマティクス資源の利用例をまとめた．これらのデータベースやプログラムには，NIAS（http：//

表1　バイオインフォマティクス資源の利用例

分類	利用例	DBやプログラム
配列データベース（DB）	対象とする遺伝子や遺伝子ファミリーがどのような配列をもつか調べる．	GenBank, EMBL, DDBJ, SWISS-PROT
相同性検索	新規な遺伝子やタンパク質と相同な遺伝子をデータベースから探し，機能を推定する	BLAST, FASTA, Smith and Waterman
多重整列と系統樹作成	遺伝子やタンパク質同士の複数の配列に共通するパターンを探し，関連性を推定する．	CLUSTALW, CLUSTALX
保存領域検索	新規な遺伝子の機能をアミノ酸の特徴的な配列や保存領域を探すことによって推定する．	InterPro, BLOCKS, CD-Search
遺伝子発見	新規なゲノムDNA配列の情報からどこにどのような遺伝子が含まれているか推定する．	GENSCAN, TWINSCAN, GenomeScan
遺伝子ネットワークDB	マイクロアレイのデータから代謝系のどの酵素が働いているかを知る．遺伝子のネットワーク情報を手に入れる．	KEGG

www.dna.affrc.go.jp/), DDBJ (http://www.ddbj.nig.ac.jp/Welcome-j.html) などを経由して誰でも簡単にアクセスできる．データベースや解析システムには各々特徴があり，利用者はそれを理解し適切に使い分けなければならない．解析に当たって注意すべき点も多い．特に，配列データの精度の問題には注意が必要である．塩基・アミノ酸配列データベースへの登録は，いわば科学者の良心に従って行われる．配列を決定する精度は均一ではないので誤まりがあったとしても，それらを完全に除くことは不可能である．塩基配列を正確に決めるには，8回のシーケンス作業を行わなければならないとされるが，登録されている配列の全てがそのように正確に決められたとは限らないのである．多少の誤りが含まれていたとしても価値の高い情報もあることに変わりはないので，それを利用する側は，誤りが含まれている可能性を念頭におく必要があろう．

教育と研究

　この分野は将来の人類生存に深く関わる分野であり医療・福祉・環境を中心に具体的な社会貢献につながる基盤的な科学技術分野である．米国では既に50を超える大学でバイオインフォマティックスコースがあり，わが国においてもその動きが目白押しである．生物を理解し工学を展開してきた農業工学分野にはこの学問分野との接点が多く，分子生物学をはじめ新しい生物学・農学の視点を教育研究の基盤的学問分野とし取り組みを強化する動きもある．

　バイオインフォマティックスは基本的には生物学で，そこに情報技術を応用したものといわれるが，その関連分野や応用分野は極めて広範なものである．これに必要とされる基本的なスキルは，分子生物学，分子生物学パッケージソフトの活用能力，UnixやLinuxなどの計算機環境，PerlやC++などのコンピュータ言語によるプログラミング能力などである．その他にデータベース設計・構築，アルゴリズム，システム学，熱力学，統計力学，応用数学および農業工学をはじめとする多くの工学が支援分野および応用分野として重要である．

　バイオインフォマティックスで最も重要な応用分野の一つとしてデータマイニング，すなわちデータベースからの機能特異的な配列をはじめとする有用情報の発見がある．表1に示したプログラム群が利用できるものの，いまだ容易な作業ではない．データマイニングの手法開発には，近年研究が進んでいる人工知能技術，ニューラルネットワーク，遺伝的アルゴリズム，免疫アルゴリズム，SOMなどが利用されているが，新たな学習アルゴリズムの開発が強く望まれている．

コンピュータ工学

星　岳彦

[グリッドコンピューティング，人工生命，データマイニング，バイオインフォマティクス，ユビキタスコンピューティング]

　1940年代の半ばにディジタルコンピュータが発明されてから，およそ半世紀余が経過した．1970年代に入ると，大規模集積回路（LSI：Large Scale Integration）技術によるワンチップのマイクロコンピュータ（MPU：Micro Processing Unit）が開発され，「半導体の集積密度（性能）は18〜24ヶ月で倍増する．」というIntel創設者の一人，ムーア博士の経験則通り，コンピュータの高性能化，低価格が急速に進んだ．大容量のメモリ，高速な中央処理装置（CPU：Central Processing Unit）などのハードウェアが誰にでも使えるようになって，それまでメモリの節約技術が主要課題であった，コンピュータプログラミングの研究は，開発効率，可読性，再利用性の向上を目指し，構造化プログラミング，オブジェクト指向プログラミング（OOP：Object-Oriented Programming）などの，ソフトウェア工学の諸手法が開発された．コンピュータの処理能力が高まるにつれて，数値だけでなく，文字，絵，写真，音，動画などを扱うことが可能になって，これまでの電子計算機というコンピュータの概念は，電子データ処理システム，知的能力の増幅装置という考え方に変わってきた．さらに，コンピュータを道具にして，人間の知的能力の解明・模倣をしようとする人工知能（AI：Artificial Intelligence）へと結びつき，発見的（heuristic）問題解決，自然言語処理，画像からのシーンの理解，学習アルゴリズム，非手続き的な情報処理などが研究され，それらはエキスパートシステム（ES），ロボティックス，人工生命（AL：Artificial Life）などの応用技術や発展技術を産み出すきっかけになった．大容量の半導体メモリや補助記憶メディアの開発は，大量の情報を効率良く扱う方法論の発展に結びつき，データベース，知識ベース，データマイニングなどの手法が開発された．

　一方，1台のコンピュータを各地の多くの人で共有するために，情報通信技術の研究が開始された．このころ開発されたRS232-Cという情報通信規格は，現在でも，計測制御などに広く使われている．やがて，コンピュータが安価になり，多くのコンピュータが使用されるようになると，それらのコンピュータ間で人間を介さず直接情報の交換を行うことが目的になった．特に，1960年代の東西冷戦時にアメリカで考案されたインターネットは，IEEE802.3とTCP/IPという通信規

約（protocol）として今やデファクトスタンダードになり，世界の科学研究や経済取引においても重要な位置を占めるようになっている．

　農業環境工学の分野においても，研究に用いられる多くの計測制御機器にはコンピュータが内蔵され，今や研究者はコンピュータの基礎的な概念や専門用語を知らなければ実験ができないといっても過言ではないだろう．たとえば，植物生産の環境制御では，サーモスタット，シーケンス回路に代わって，1970年代にミニコンピュータを用いたDDC（Direct Digital Control）が提案された．やがて，マイクロコンピュータを使ったインテリジェントなデータロガー，PLC，温室コントローラなどが，植物環境工学研究や植物生産現場に普及した．圃場の気象計測，閉鎖環境の計測制御，生体計測などを必要とする研究では，もはやこれらのコンピュータを使用せずに実験することなど考えられない時代になった．同様に，コンピュータを用いた画像処理，データベース（DB），情報通信の各システムは，リモートセンシング，メッシュ気象情報，農業GIS（Geographical Information System），農業用ロボットなどの研究で極めて多く用いられている．

　今後の発展方向として，次の3点を指摘する．第一に，コンピュータがさらに広く使われ，ほとんど全てのものに内蔵可能な時代がすぐに来る．このような環境での情報処理はユビキタスコンピューティングと呼ばれる．すでに，砂粒程度の大きさで紙や塗料に混入可能な超小型半導体や，コンピュータネットワークで接続されている多数のコンピュータを仮想的高性能なコンピュータとして機能させるグリッドコンピューティングなどが提案されている．第二に，思考の道具としての言語コンピューティングの発展である．自由な形式の文章などの分類や，類似性評価のためのオントロジ（ontology）や事例ベース（CB：Case Base）技術，ある言語から多言語に高速に翻訳するための自動翻訳技術は，研究成果等の効率的探索や，人間の言語による意思疎通の障壁を取り払う技術として期待されている．第三に，生命科学と情報科学，情報工学が融合した学問分野であるバイオインフォマティックス（生命情報学または生物情報学とも呼ばれる）の台頭である．様々な生物種のゲノム解読プロジェクトが終わりつつあるポストゲノム時代において，次に必要な遺伝子やタンパク質の機能や相互作用の解明に対するコンピュータ工学の適用は，大きな力になるに違いない．環境に対する機能や相互作用の解明が進めば，農業環境工学の研究手法を一変する可能性があると思われる．

画像工学

大政　謙次

[画像転送，画像記録，画像処理，視覚，センサ]

　画像工学という用語は，30年以上前の，テレビジョンが放送以外の民需産業に拡大し，コンピュータを中心とした情報処理技術やレーザなどの光学画像技術が急速に発達してきた頃から使われるようになった．NHK放送科学基礎研究所長であった樋渡涓二博士が，その頃出版された「画像工学」（滝　保夫，青木昌治，樋渡涓二編，コロナ社）という本の中で，厳密にこの用語を定義している．それによれば，「人間の入力系（感覚器）機能を補う技術として，変換，伝送，記録，処理，表示などの技術があるが，入力系のうち視覚のみを対象としたものが画像工学」であるとされる．

　図1は，人間と機械の情報処理系を比較したものである．人間系では，目のような感覚器でとらえられた情報が，大脳中枢で処理され，手足のような効果器に伝達される．この中で，感覚器への視覚入力系の技術を画像工学と定義することもできるが，単なる工学的な知識だけではなく，視覚の生理的，心理的な機能についての知識も要求される．一方，機械系では，入力情報をセンサで検知し，コンピュータで処理した後，制御器を操作する．この場合，感覚器の代行としてのセンサを含む画像情報の入力系が画像工学のカテゴリーに入る．なお，パターン認識あるいは人工知能を中心とした情報工学は，人間の大脳中枢機能の代行をは

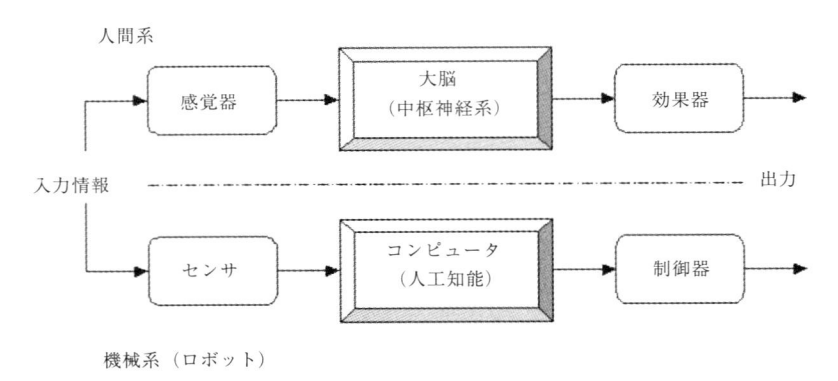

図1　人間と機械の情報処理系の比較

かることを目的とする意味で，画像工学とは区別される．しかし，最近では，人工知能の機能が内蔵されたセンサなども存在し，明確な区別ができない場合もある．

　画像工学で扱う技術について具体的にみると，人間の視覚機能の空間的拡大，時間的拡大，識別機能の拡大などをはかったものがある．空間的拡大をはかったものとしては，テレビジョンやインターネットなどの伝送技術がある．また，時間的拡大をはかったものとしては，写真や印刷技術の他，VTRやビデオディスクなどの記録技術がある．視覚機能の識別能力の拡大をはかったものとしては，可視光だけでなく，目に見えない電磁波や音波を可視化する変換技術や，目では判読しにくい情報を明瞭に判読できる情報に変換する各種の処理技術がある．また，ディスプレイなどの表示技術もこの範疇に入る．

　最近のディジタルカメラや液晶ディスプレイの小型化，高性能化と，携帯電話や無線LANなどの通信技術の発達は，テレビ電話のような双方向での対話や，どこにいても自由にコンピュータが利用でき，また，欲しい情報のやりとりができるモバイルコンピューティングを可能にした．このため，農業の分野でも，生産や流通の現場での画像情報の積極的な利用が期待されている．例えば，小型カメラで，作物や家畜を遠隔でモニタリングし，コンピュータによるデータ処理の結果とあわせて，日常の作業の自動化や記録，異常状態の早期検知に利用することができる．また，ポストハーベストの分野では，収穫された果実や野菜の選果や調製のために，画像センサや画像処理の技術が実用化されている．また，生産物のトレーサビリティを確保するための情報を識別するためにも有用である．農作業用のロボットでは，小型化された画像センサにより得られた情報がロボットの制御情報として利用される．人間の目ではみることのできない電磁波や断層撮影法などの技術は，農作物や家畜の早期診断に有用である．

ナノテクノロジ

鳥居　徹

[ナノ・マイクロマシニング，エッチング，ナノ振動子]

　ナノテクノロジとは，nm領域にある物質や加工に関する研究の総称である．ナノテクノロジには，従来あるマイクロサイズの精密加工技術や測定技術[1]を発展させて，ナノ領域を対象として取り組むという研究方向（トップダウン型）と，従来Åレベルの分子をnm領域に応用するという研究，たとえばDNAを電気配線に利用する[1]とかカーボンナノチューブの応用など，微小な領域からナノ領域にサイズを拡大する研究方向（ダウントップ型）がある（図1）．

　一般の半導体プロセスであるシリコン基板上に溝と電極を形成する場合を例にとって加工プロセスを説明する（図2）．シリコン基板上に，光感光性材料であるフォトレジストをスピンコーターにより塗布する．スピンコーターとは，レジストを遠心力にて均一かつ薄く塗布する装置である．マスクアライナーにフォトマスクを装着し，光を照射して加工したい部分だけを感光させる．感光したレジストを除去した後，微小溝を作成する場合はエッチング処理により溝加工を行う．エッチングには，酸やアルカリで基板をエッチングするウェットエッチングと，イオン化したガスなどによりエッチングするドライエッチングがある．電極を作成するときは，基板を上下逆さまにして蒸着を行い，電極を形成する．このように

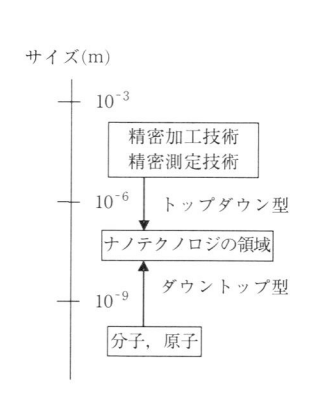

図1　ナノテクノロジの領域

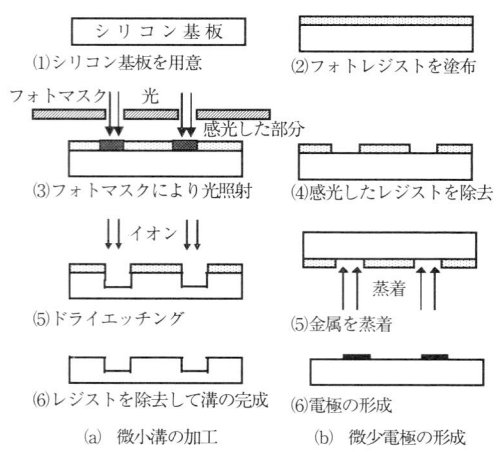

図2　ナノ・マイクロマシニングプロセス

	1997	1998	1999	2000	2001	2002	2003	2004	2005	2006
256M DRAM	0.25 μm									
1G DRAM			0.18 μm							
4G DRAM						0.13 μm				
16G DRAM									0.10 μm	

図3 半導体メモリーの微細化の過程[3]

して，微小溝，微小電極の加工を行うことができる．図3にメモリサイズとその線幅のその移り変わりを示す．線幅は光源の波長に依存し，現在線幅 0.13 μm では KrF エキシマレーザ（波長 248 nm）が用いられているが，光源を ArF（波長 194 nm）や F^2 エキシマレーザ（157 nm）になっていくとさらに微細化されていくことになる．

さて，ナノサイズの振動子の例を図4に示す．これは，シリコン基板にキノコ状振動子を形成したもので，右側のキノコはカン

図4 ナノサイズの振動子
（提供：東京大学生産技術研究所川勝英樹氏）

チレバーで押されてたわんでいるが，破壊には至っていない．このようにナノ領域では強靭な性質を示している．農業環境工学分野では，まだ目立った研究例はないが，今後さらに発展を遂げて，当該分野への取り組みも始まっていくものと予想している．

引用文献

1) http://www.nano.pe.u-tokyo.ac.jp/nanocmm.html
2) 田畑　仁・川合　知（2001）DNA 配線－DNA 分子素子を目指して－, 高分子 50（4）: 251.
3) http://www.ece.cmu.edu/~maly/maly/SIA97.pdf

[230]

メカトロニクスおよびバイオロボティクス

野口　伸

[CAN，自律走行車両，マニュピレータ，テレロボティクス]

　生物生産分野のメカトロニクス・ロボティクスは周辺科学技術の進展に伴い大きな変革を遂げている．日本の農家戸数は一貫して減少し，農村地域では，過疎化が進むとともにわが国社会全体に先行して高齢化が進行している．一方，1戸当たりの耕地面積は増加傾向にあり，特に5 ha以上の農家戸数の増加が際立っている．つまるところ，農業地帯では過疎化が進み，今後さらに老齢化が進むと予測され，労働力不足は深刻な状況にある．このような背景から日本農業には自動化を含めた超省力技術の開発が，農業を持続的に発展させるために必須である．この労働力不足は，欧米も切迫した状況にあり，国際的にも機械の自動化システムは高いニーズがある．このような自動化を進めると高度に電子化され，複雑な制御を必要とする場合が多い．メーカーや機種毎に特化された今日の電子機器は，それぞれ制御系統が分散し，機器構成や制御プロセスが複雑化しているのも事実である．このような背景からCANを基本とした機械内部のネットワーク構築が近年注目され，リアルタイムに制御することを目的に複数のサブシステムから構成される機械系の電子的インタフェースの国際標準化が進んでいる．この開発思想はインターネットのようなパブリックな情報伝達手段ともリンクしてゆく方向にあり，情報のオープン化やテレオペレーションに発展することが予想される．

　生物生産に使用されるロボットは，土地基盤型の稲作・畑作，施設園芸，畜産にわたり様々なものが開発研究されている．稲作・畑作では，数十haにも及ぶ大規模なほ場に対しても使用できるGPSを航法センサとしたロボットトラクタが実用レベルに達し，慣行のトラクタ作業を全てロボットに置換えることに成功している[1]．海外では，Geotec社（独）が既に1999年秋よりロボットシステムを市販化し，2001年秋までに20セット近くを販売したという．その他ルノー社（仏），Deere & Company社（米），CNH社（米）なども市販化を視野においた開発を進めている．しかし適応能力の向上や利用技術の実証，安全対策の充実など，今後さらに行うべき技術開発は多岐にわたる．施設園芸分野でも，培養組織植え継ぎロボット，接ぎ木ロボット，野菜・果実などの調整・収穫ロボットなど，様々な生物生産に関するロボットが研究されている．この種のロボットはマニピュレータ型ロボットが主流であるが，工業製品と違い対象のばらつきを許容できるハンド

図1　屋外環境下の未来のロボットシステム

部，軟弱材のハンドリングに対する工夫が重要な研究要素となる．生物生産用のロボティクスは使用環境をロボット用に整備することがコスト低減と性能向上を図る上で肝要であり，栽培技術との共進化が不可欠となる．また，畜産分野においては，もっとも過酷な労働である搾乳作業の自動化としてロボットの導入が進んでいる．現在は放し飼い方式によるロボットシステムであるが，わが国の主体である繋ぎ飼いに適用できる搾乳ロボットの開発が望まれている．農作業を省力化するとともに，これまでの経営規模をさらに拡大する手段として，分散したワークスペースを多数のロボットで作業することが次のフェーズである．この場合，能率を落とすことなく作業を行うためには，1人の作業者が複数のロボットに監視・指示が与えられるような知的協調システムの完備が必要になり，テレロボティクス，マルチエージェントといった理論が基盤要素になる．

引用文献

1) 野口　伸（2001）車両系農業機械のロボット化. 農林水産技術研究ジャーナル 24 (6)：5-10.

植物工場

高辻　正基

[太陽光利用型，完全制御型，光源，栽培品目，実用化状況]

定義と意義

植物工場[1,2)]とは，野菜や苗を中心とした作物を施設内で光，温湿度，二酸化炭素濃度，培養液などの環境条件を人工的に制御し，季節に関係なく自動的に連続生産するシステムをいう．したがって各種のセンサ，制御機器，栽培装置，ノウハウなどを含めた総合的なシステム技術ということができる．植物工場の意義は，将来何らかの原因で食糧が欠乏した場合に食糧の安全保障になる，いま日本農業が高齢化と後継者不足で低迷しているが，農業のハイテク化によってそれを活性化する可能性がある，そして新しいアグリビジネスとして新産業の創造という期待がかかっている，の3点にある．

太陽光利用型と完全制御型

植物工場には太陽光利用型と，もっぱら人工光による完全制御型の2種類がある．カイワレ大根，ミツバ，葉ネギ，リーフレタスなど各種葉菜類，ミニトマト，イチゴ，バラなどの生産がよく知られているが，これらの生産の多くは太陽光利用型によっている．しかしレタスやホウレンソウ，ハーブを始めとする葉菜類生産の今後の本命は完全制御型であると考えられる．完全制御型植物工場では完全無農薬，新鮮で栄養価の高い野菜を狭い土地で大量に計画生産することができる．いま実用化が進展しており，必要な技術をもっていれば商用化寸前のところまできている．実際，リーフレタスを中心にいくつかの葉菜類がサラダやサンドウィッチ，焼肉用に出荷されている．

栽培光源

完全制御型植物工場が実用化に近づいた理由の一つは，栽培光源の本命が従来の高圧ナトリウムランプから蛍光灯や可視発光ダイオード（LED）にシフトしてきた点にある．高圧ナトリウムランプは発光効率が30％と高いが，植物に必要な赤色と青色の比率が小さいことと，大量の熱線を発生するため植物との距離を十分に取る必要があるという欠点がある．一方，蛍光灯とLEDは熱をあまり発生しないので植物に近接させて照明することができ，照明効率を大幅にアップできる利点がある．蛍光灯は何といっても安価で取扱いが簡単であるが，LEDには別の利点がいくつかある．まず赤色（660 nm）と青色（450 nm 近辺）のLEDは偶然では

あるが，発光スペクトルがクロロフィルの吸収ピークにほぼ一致している．そのため植物による光の吸収効率が高まり，比較的弱い光でも健全に生育させることができる．また小型・低電圧駆動である，赤色LEDの発光効率は30％と高い，パルス照射が可能などの利点が加わる．

これからの栽培植物

現在は完全制御型ではサラダナなどリーフレタス類の生産が主体であり，太陽光利用型ではこれにトマトやホウレンソウなど多数が加わる．完全制御型で今後有力になるのはハーブとホウレンソウであろう．また赤色LEDは安価なので，LED植物工場では赤色のみで育つレッドファイヤー（レタスの一種），コマツナ，ルッコラなどのハーブが有力になろう．太陽光利用型を含めれば，比較的高価な野菜であるロメインレタス，アンディーブ，モロッコインゲン，万願寺トウガラシ，キニラ（葉もの），オリンダ（実もの）なども注目すべきである．

実際の植物工場

すでに完全制御型ではキユーピーが，また太陽光利用型では川鉄ライフがいくつかの植物工場を商用化させてきた．これから有望と思われる蛍光灯植物工場については，E. T. ハーベストがつくったラプランタ植物工場が神奈川にある．また植物栽培工房はいくつかの小型工場を製造している．LED植物工場については，コスモプラントの赤色LED使用の植物工場が静岡で稼働している（サンフィールド）．生産物はリーフレタス一品であるが，生産が需要に追いつかないという．太陽光利用型はカゴメの大型トマト生産工場など，多数のシステムが実用化されている．植物工場の問題点は実用化まであと一歩という採算性にあり，その普及のためにはコストダウンのあらゆる努力が必要である．

引用文献

1) 高辻正基（1996）植物工場の基礎と実際．裳華房．
2) 高辻正基 編（1997）植物工場ハンドブック．東海大学出版会．

生物工場

古在　豊樹

[植物工場, 昆虫工場, 野菜工場, 閉鎖型生産システム]

　「生物工場」を，本稿では，「生物あるいは生物が生産する物質を，計画的あるいは継続的に大量生産または多品種少量生産する施設」と定義する．生物工場は，対象生物の種類により，植物工場，微生物工場，昆虫工場，動物工場，魚介類工場（養殖工場）等に分類される．植物工場は，野菜工場，薬草工場，きのこ工場，植物苗工場などに分類される．さらに，野菜工場は，サラダナ工場，かいわれ大根工場，ハーブ工場などに分類される．

　生物工場生産物（商品）の用途は，食料，医薬品原料，観賞生物，香料や香辛料の原料，工芸品原料，工業原料，各種の苗などである．質量当たりの経済価値が高くない，例えば，エネルギー源としての食糧（コメ，コムギ等）は，その生産に必要なエネルギー量が大きいので，生物工場の商業的生産物にはなりにくい．生産物の利用法としては，①生物またはその一部をそのまま，②一次生産物を加工して，また③生物の特定の成分のみを抽出して，などがある．植物体，昆虫などを，特定の物質を生産する工場と見立てて，植物体や動物そのものを，植物工場，昆虫工場などと呼ぶこともある．特定の物質を生産するように遺伝子組み換えされた植物や昆虫に関して，昆虫工場，植物工場などと呼ぶことが多い．微生物の機能を利用した発酵工場（酒，しょう油醸造など）は，生物工場に含まれない．他方，生物に特定の物質（抗ガン剤，インシュリン等）を計画生産させるシステムは生物工場に含まれる．最近，生物活性が高い物質を生産する昆虫工場が注目されている．

　生物工場は，一般に，閉鎖的または半閉鎖的な施設または設備で構成される．これは，計画生産するには，外界気象の影響を受けにくくし，工場内の環境を望む範囲内に制御する必要があるからである．別の理由としては，災害・危険防止，秘密保持などがある．

　植物工場の中で，緑色植物工場は，植物の光合成にかなりの光エネルギーが必要な点で他の生物工場とは異なる．昆虫工場や動物工場において必要な光エネルギーは，生物の光受容器への信号（刺激）であるので，光合成に必要なエネルギー量の数十分の一である．したがって，緑色植物工場を除けば，光源としてはランプを用いるのが普通である．他方，緑色植物工場の多くは太陽光を利用する．そ

の場合，工場の壁の大部分は，光に透明なプラスティックフィルムあるいはガラス板などで構成されるのが普通である．この場合，緑色植物工場と高度施設園芸施設との違いを明確にするのは困難である．なお，緑色植物工場でも光源としてランプを利用しているものがある．苗工場，葉菜工場，ハーブ工場などである．これらは，栽培期間が短い，必要光強度が低い，草丈が短い，植物体の全部または大部分を商品とする質量量当たりの経済価値が高い，などの特徴がある．今後は薬草工場などが商業化すると考えられる．

　従来，生物工場は，計画生産，生産効率，経済性，自動化，高度管理などをキーワードに開発研究されてきたが，最近では，生産システム一般と同様に，キーワードとして，省資源，環境保全，循環利用，ゼロ・エミッションなどが加わってきた．たとえば，緑色植物工場において，閉鎖型植物生産システム[1,2]の実例が表れはじめた．一般に，各種の資源を投入して製品を得る生産システムは，同時に廃棄物（環境汚染物質）が生じる．この廃棄物を生産システム内で循環・再利用して，生産システムからは廃棄物を一切排出しないようにすれば，投入資源は全て商品に変換されたことになり，省資源，環境保全，ゼロ・エミッション，省力の全てが達成されることになる．この閉鎖型の考え方は厳密には投入物質の変換に関してのものであるが，投入エネルギーに関しても似た考え方を適用できる．閉鎖型生産システムでは，投入エネルギー量あるいはシステムからの排熱エネルギー量を最小にするために，システムに出入りするエネルギーが抑制または制御される．常温・常圧下で物質生産を高機能で行う生物を利用した生産システムは，21世紀における省資源的，環境保全的，省力的かつ安全な生産システムとして，研究的，開発的，産業的に，益々注目されていくと考えられる．

引用文献

1) 古在豊樹編著（2000）閉鎖型苗生産システムの開発と利用．養賢堂．190 pp.
2) 大山克己・古在豊樹・全昶厚（2003）閉鎖型苗生産システムの開発と利用．植物工場学会誌 15 (1)：1-10.

ポストハーベスト工学および農産施設

相良　泰行

[循環型社会，食の安全性，高齢化，トレーサビリティー，バイオマス]

　ポストハーベスト工学は収穫後の生産物を対象とする単位操作と機械設備，さらに，これを包含する空間的「場」，すなわち農業施設の計画，設計，建築および運営などの課題を研究対象としている．前世紀において大部分の産業が「大量効率生産方式」により利潤を追求してきた結果，原材料の確保，エネルギーおよび環境などの諸問題が顕在化し，これらは人の生存を脅かす深刻で緊急に解決すべき課題としてクローズアップされてきた．農業・食品の分野にも「食の安全と安心をとどける健全な産業」への変革が要望されている．これらの課題の解決策として，「循環型社会の形成」が国政レベルの重点研究課題として採択され，法整備の進展と共に研究開発のための予算措置も講じられている．

　これらの課題の中で，ポストハーベスト工学の分野に蓄積されてきた科学技術が直接的に貢献可能と考えられる課題は，① 消費者に食の安全と安心をとどけ，食生活の健全化をはかる「食育」情報・社会システムの構築，② 産業廃棄物やバイオマス利用循環型社会システムの構築によるエネルギ，環境問題解決への貢献であろう．前者の課題には，国内外で生産された生鮮青果物や畜産物の流通プロセスにおける鮮度保持と安全性確保のための技術体系およびトレーサビリティー確保のためのIT利用社会情報システムの構築が含まれる．特に，青果物残留農薬の迅速な検出・測定技術の開発は緊急を要する課題となっている．後者には，湖沼や河川の主要な環境汚染源となってきた家庭用廃食油の再利用，すなわちエステル化などによる「バイオディーゼル燃料（BDF）の開発と軽油との混合利用よる大気汚染防止，また，菜種などの植物バイオマスを原料とするエーテルの製造・利用によるエネルギ・環境問題の改善法が含まれる．さらに，畜産の分野では家畜糞尿のメタン発酵によるバイオガスの生産および燃料電池社会形成に向けたバイオガス利用水素供給インフラ技術の開発も進展している．これらの課題はいずれも環境汚染源となっている農畜産業廃棄物を収集するか，植物バイオマスを生産して，大気汚染の防止や新エネルギの創出に役立てることを目的としており，単に個別技術の開発と体系化に留まらず，社会経済システムの構築までを視野に置いた横断的研究が必要と考えられている．

　農産施設にはライスセンタやカントリエレベータなどの穀物調製加工貯蔵施設，

青果物・花きなどの温室栽培を可能とする園芸施設および生鮮青果物を対象とした共同選別包装施設が典型的施設として挙げられる．穀物を対象とする施設では主食である米の品質向上技術による利用拡大と高齢化社会に対応したフードサプライシステムの構築が重要な課題となろう．このような「食」を取り巻く緊急課題を解決するためには，消費者の欲求を的確に把握すると共に，これを健全に育成する「食育プログラム」の創出が肝要であり，新しいアイデアに基づく農業・食品産業の構造改革とこれを支援する科学技術および生産・流通・情報システムの構築が必要と考えられる．これを実現するためには，消費者，特に高齢者が感じる「おいしさ」や「食嗜好」を評価し，さらには「安全・安心」をとどける HACCP 対応システムを構築し，これらの情報を利用して生産・流通プロセスに反映させるための科学技術の発達が必要とされる．

園芸施設では，対象作物の高度生産環境制御による収量と品質の向上，バイオテクノロジを応用した合理化技術の開発などが要望されている．青果物の共選施設では，光センシングや画像処理による等階級選別装置の開発，特に大型果実を対象にした非破壊糖酸度および「おいしさ」の計測技術と箱詰めロボットなどの周辺省力化技術の開発が期待されている．

これらに共通する研究課題は，生鮮農産物の品質向上と評価技術に関する基礎工学の充実であり，植物生理学などの分野で明らかにされた ATP サイクルや青果物内部の生理反応・物質移動などのメカニズムを数理モデルに変換し，最適環境制御などに役立てる方法論の構築が肝要であると考えられる．また，品質評価技術に関する光センシングの基礎的研究では，従来の近赤外分光法に加え，中赤外光，蛍光，紫外光などを含めた広領域吸光スペクトルの利用法，対象農産物の三次元画像解析法，特に材料内特定成分の立体的分布計測法などの開発，さらにはこれらの機器分析データから消費者が感じるおいしさを予測する情報処理・モデルの創出，すなわち感性計測・評価法の開発が望まれている．

これらの研究成果はデータベースとしてウェブサイトに搭載され，生産者と消費者が IT を利用して自由に利用できるシステムとする事が望ましい．これにより，研究成果を社会に広く伝達して利用者相互の信頼性を醸成し，ひいては社会不安を解消するツールとして活用されることが期待される．

食品工学と食品安全工学

亀岡　孝治

[HACCP，食品機能，トレーサビリティ，フードチェーン]

食品工学とは

　食品工学は食品加工技術や食品加工工程の開発や改良のために工学的理論を基礎にしてエネルギー収支，物質収支，および製造装置の性能解析などを行なう学問分野である．このため，古典的な食品工学ではその手法のほとんどを化学工学に求め，化学工学での重要手法である単位操作を食品に適用するような形で学問の構築が行われた．単位操作とは，化学工業における製造プロセスの基本単位ともいうべきものであって，全体の工程はこの組み合わせとして考えることができるような技術をさす．これは1915年頃にアメリカで生まれた考え方で，どのような種類の工程にも適用することができ，製造工程の理解と分析に役立つことから，その後理論と応用に立脚した学問として発達した．主なものに，流体輸送，伝熱，蒸発，乾燥，蒸留，攪拌などがある．

　当初，この単位操作の考え方を食品工業にモディファイして取り入れるだけで十分であった食品工学であるが，近年では原料のほとんどを占める農産物とのインターフェース部分，流通・安全などで必要不可欠な情報の取り扱い部分などの重要性が高まっている．さらに食品化学的な部分とされてきた内容も，食品機能の研究の増加に伴い食品工学の一部と考えられるようになってきている．このため，食品加工の各段階で生ずる損失を防止して，食品中栄養素の有効性を高め，健康増進に寄与しようとする学問分野としての側面も併せ持つと定義できよう．具体的には，食品の流通・加工・保蔵・調理段階における食品の変性防止，化学的処理による食品の消化吸収利用性の向上，未利用資源開拓による新規食品開発，食品のトレーサビリティ・システム開発，食品の製造過程モニタリングのためのセンサ開発などが新しい分野となっている．

食品安全工学とは

　原料農畜水産物の生産から加工，流通，消費に至るフードチェーンでの食品の安全確保という問題の中で，食品安全工学という言葉が使われ始めているが，まだ一般的ではなくその定義は難しい．そこで，ここでは食品安全工学の中で重要となる二つのシステム，すなわちHACCPとトレーサビリティ・システム（追跡可能性システム）について解説することにする．まず，HACCPについて述べる．

HACCPは1960年代に米国で宇宙食の安全性を確保するために開発された食品の品質管理の手法である．食品の製造工程全般を通じて危害の発生原因を分析し，重要管理事項を定め，より一層の安全確保を図る科学的管理法式とされ，危害分析を意味するHA（Hazard Analysis），重要管理事項を意味するCCP（Critical Control Point）から成り立っている．危害分析（HA）は，微生物・異物・薬品　食品の製造加工工程のあらゆる段階で発生する恐れのある微生物汚染等の危害について調査分析し，重要管理事項（CCP）では温度・時間・異物・臭気・pH製造工程の段階で，どの様な対策を講ずれば，より安全性が確保された製品を得られる事ができるか重要管理事項を定め常時管理記録を行うことになる．

　次に，トレーサビリティ・システムについて解説する．トレーサビリティとはTrace＋abilityから来ており，「もとをたどること（遡及）ができる」という意味であり，計量機器の原器までたどる校正の意味で本来は使われてきた．食品分野におけるトレーサビリティは，本来欧米でのGM問題などの食品原料に関する情報やBSE問題を契機としてEUで牛および牛肉を中心に取り組まれたトレーサビリティに由来している．欧州では，EFSA（欧州食品安全機関）のもとEU各国の組織（例えばFSA：イギリス食品基準庁，AFSSA：フランス食品衛生安全庁）下で，原材料，製造過程，出荷後の配送・保管状況などを製品ごとに追跡・把握する総合情報システムとしてトレーサビリティ・システムが整備されつつある．

　一方，日本では食品安全委員会を中心とする食品安全行政の新システムが整備されつつあるが，その整備過程の情報はほとんど公開されていないばかりか，消費者代表が安全委員会のメンバーからはずされることがほぼ決定していることなどを考慮すると，日本政府の「食」の安全確保に対する感受性が疑われる．しかし，食品の安全管理への早急な対応が食品各社に求められているため，会社では，加工食品に対して原料から消費者の手元に渡るまでを網羅する会社固有のシステム開発を急いでおり，すでにいくつかの食品会社ではシステムを導入し，出荷後の製品についての管理体制を整えつつあるとの現状が報告されている．反面，小売店が参加しやすいシステムの標準化の問題が残されており，原材料農産物の栽培履歴・品質履歴のモニタリング・追跡システム構築に関する取り組みは非常に少ない現状といえる．

[240]

生物資源循環工学

岩渕　和則

[資源循環，バイオマス，脱化石エネルギー社会，生分解プラスチック]

　私たちが意図する生物資源の循環とは「動植物などの生物に由来する資源（バイオマス，Biomass）を人類が利用，廃棄した後にもバイオマス再生を目的として生態系に負荷を与えることなく意識的に再利用すること」であり，永続的な資源利用とその再生を意味する．本来，自然における資源循環系にはそこへの人類の関与の有無は問題にならないことである．例えば草や木が土壌栄養を吸収，成長し，やがて枯れ朽ちて再び土壌栄養成分となるように，そこに人類が関与せずとも物質循環は明らかに成立しており，むしろ人類の関与により過剰な，かつ偏在化した物質とエネルギーが生態系に対して負の影響を与えないような努力が現代の生物資源循環である．いずれにしても人類に生存欲がある限り，人類存続のため自然生態系を健全に維持しつつ，それが保有する能力を引き出し，生産されるバイオマスの恩恵を最大限活用する要素技術とそれを活用する社会システム作りが生物資源循環工学に今求められている．

　現在のところバイオマスとは草本，木本等の「再生可能な，生物由来の有機性資源で化石資源を除いたもの[1]」というのが一般的な認識である．バイオマスが大きな期待を受けている理由は再生可能資源としての代表的存在であり，燃焼や微生物分解によって発生した炭酸ガス中の炭素が再び炭酸同化作用によってバイオマス中に固定されることの繰り返しが永続的に行え，大気中の炭素量を結果的にプラスマイナスゼロ（カーボンニュートラル）な状況を作り出せる可能性を持っており，地球温暖化防止に貢献すると考えられているからである．

　石油などの化石資源も生物由来の資源と考えられており，厳密にはバイオマスの範疇に入り得る可能性があるが，石油の生成速度が極めて遅いため再生可能資源と位置づけられることはなく，むしろ大気中への炭酸ガス蓄積の根源とされる資源である．たとえ生物由来の資源であっても，資源の生成速度よりも使用速度の方が圧倒的に大きければ大気への炭酸ガス蓄積が生じるのであり，バイオマスを単に「利用する」ことが温暖化防止の切り札とはならないことに留意すべきである．こうして見ると石油等の化石燃料は厳しくその使用が抑制されなければならないことがわかる．石油由来製品であるPETボトル等の汎用プラスチック製品のリサイクルは，リサイクルの大切さを啓蒙する活動の一環としての役割は期待

されるが，本来は石油資源そのものの使用抑制に対して歯止めをかけるべきであり，リサイクルの本質を見失うことがないようにすべきである．

バイオマスという言葉は主にエネルギー生産を目的にした再生可能資源という意味で使われることが多いが，有機資源としてコンポスト等により肥料の現総消費量に相当する量をまかなうことも期待されている．しかし現実にはその絶対量が不足していることも事実であり，エネルギーに注目した場合でも実際は世界のエネルギー消費量の16％程度しかバイオマスエネルギー潜在量がないと推算されている[1]．この数値はバイオマスの直接燃焼による発熱量から推定された値であり，アルコール化によるエネルギー代替を考えた場合バイオマスエネルギー潜在量はエネルギー変換率が小さくなることからわずか3.6％に過ぎないという結果もある．

このように資源循環型社会の実現は容易な事ではないが私たち人類に出来ることは

① エネルギー消費の低減化のため生活様式を見直す．
② 使用物質を再生可能資源由来のものに替えていく．
③ 風力，水力，太陽光，バイオマス燃料，水素等を複合的に利用することによって消費エネルギー量を賄う．

ことである．

生物資源循環工学の使命はこれらが達成されるような技術やシステム創生である．例えば現在使用されている汎用プラスチックからバイオマス由来の生分解プラスチックへの転換がある．生分解性プラスチックは石油ではなく食品廃棄物を原料にした乳酸を用いて生産することが可能で，強度やガス透過性等多様性のある材料が生産可能であう．価格もかつては汎用プラスチックの10倍以上といわれていたが現在は約3倍になっており，汎用プラスチックの後処理や環境負荷影響を考慮するとコスト的にも十分競合できる水準になっている．このように未利用バイオマスが保有する能力，可能性を引き出す研究が必要となろう．

引用文献

1) 閣議決定（2002）バイオマス・ニッポン総合戦略 http : // www. maff. go. jp / biomass / index. htm
2) 松田　智，久保田宏，岩城英夫（1982）科学 52 : 735-741

精密農業

野口 伸

[GPS, GIS, マップベースPF, センサベースPF]

　欧米では圃場管理のIT利用として精密農業（Precision Farming ; PF）が注目を集めている．図1に示したようにPFは一筆圃場内の作物生育のばらつきを量的に把握し，圃場を小空間に分割することによって，ミクロな視点で最適な管理作業を目指した技術である．必要なところにだけ必要量の化学肥料，農薬を散布しようとする考え方で，従来の均一資材投入とはコンセプトが異なり，地域環境の保全，農産物の安全性，低コスト農業に寄与する．基盤技術はGPSとGISである．この技術の革新的な点は農家がいままで決して把握できなかった圃場の詳細（収量や土壌成分）を地図情報としてコンピュータのスクリーンに描画させたことにある．これは，篤農家といえども大規模圃場の詳細を観察・記憶することができなかった現行の農法とは，飛躍的な技術変革である．また，このような圃場の詳細情報は当然施肥計画などの作業計画の適正化にも有効である．PFにはスケールメリットがあることはいうまでもなく，数千haを所有する集団農場などにとっては，圃場環境の情報化の意義ははかり知れない[1]．

　PF関連の農業機械が欧米において実用化，商品化して既に10年が経過した．疑似距離補正値を取得して，1mの誤差まで測位精度が向上したデフレンシャルGPS（DGPS）の普及が，PFを具現化できた理由である．補正信号の放送サービスは，連邦湾岸警備のビーコン，民間企業によるFM放送，インマルサットから放送される補正信号などがある．このDGPSの恩恵によって現在商品化されている作業機・システムは既に数多くあるが，大手機械メーカーはGISの一種である収量マップ作成ソフトを収量モニター付コンバインと合わせて販売している．また，作業機メーカーはアプリケーションマップに基づき播種・施肥・防除できる施用量可変作業機を製造・販売している．

　PFコンバインは，GPS受信機，レーダ速度計，穀流センサ，含水比センサ，収量モニターが基本要素となる．圃場の土壌マップは，土壌採集・分析して，土壌中窒素，リン，カリなどの主要成分の他に，pH，カルシウム，有機質含量などをマップ化するプロセスで実用化している[2]．

　収量マップと土壌マップが最もポピュラーなPF製品であるが，これ以外に機械メーカーが種々雑多なPF作業機をラインアップしている．基本的な仕様は，播種

図1 精密農業の基本コンセプト

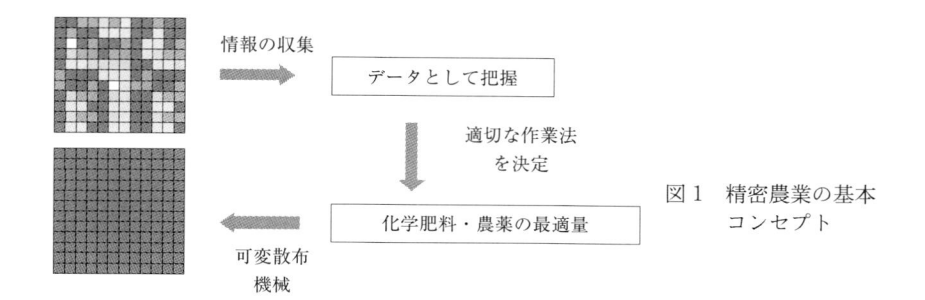

（情報の収集 → データとして把握 → 適切な作業法を決定 → 化学肥料・農薬の最適量 → 可変散布機械）

機・施肥機・防除機などについて自宅のPCで作成した作業計画に基づいて，自動的に施用量を圃場内で調整，制御できる機械群である．このようなPFシステムは『マップベースPF』と呼ばれる．この特徴は事前に綿密なアプリケーションマップを作成して，その処方通りに作業機を制御することが戦略となる．しかし，除草剤散布，農薬散布，追肥作業などの管理作業では，作物を含む圃場空間を事前に位置データとともに把握し，適切な処方せんを作成することは極めて難しい．作物学者などによって様々な情報を含む多次元マップから，アプリケーションマップを自動生成するシステムの開発が行われているが，いまだ実用レベルには至っていない．このような背景から，今日衛星ベース，航空機ベースのリモートセンシングと作物生育モデルを融合することで，モデルを逐次修正して精度の向上を図るハイブリッド手法の研究が注目を集めている．

『マップベースPF』が長期的な農作業計画に有効な技術に対して，リアルタイムにセンシング・処置を行うことを目的とした『センサベースPF』は国際的な研究トピックである．ビジョンセンサなどを用いて，雑草の繁茂状態をリアルタイムに認識して，雑草の存在しているところだけに除草剤を散布する防除機，トウモロコシ・麦などの窒素ストレスを観測して高ストレスの作物群に窒素を追肥する施肥機などがこれにあたり，近未来のPF技術として期待されている．

引用文献

1) 野口 伸（2001）圃場作業におけるIT利用．農林統計調査 51（5）：18-24．
2) 野口 伸（1999）米国穀倉地帯におけるプレシジョンアグリカルチャー．農業機械学会誌 61（1）：12-16．

農業情報工学

町田 武美

[IT農業, 精密農業, バイオインフォマティックス, SPA]

情報基盤の急速な整備が進み情報利用環境が高度化する現在,情報のはたす重要性はいうまでもなく,文部科学省の科学研究費補助金の分科細目に「農業情報工学」が新設されたことは,この分野の研究の重要性と今後の発展・広がりを意味している.ここでは,農業情報工学の対象とする研究領域について主に述べる.

農業情報工学の展望

農業情報工学は農業・農村を情報基盤型社会（Information Base）にシフトさせ,高度に情報を共有する知識基盤型の農山漁村を実現することにその役割領域があると考える.農学の各分野を含め,他分野の研究の協調・融合により複雑な問題を総合的に解決するための研究分野が農業情報工学であり,農学全般の研究領域と横断的に連携し,その研究成果の農業生産現場への適用を強く意識している専門分野でもある.

情報科学を研究手法のベースとしているが従来からの農学各専門領域にも研究の軸を置き,当面,ITの農業への適用とシステム化やモデル化,精密農法,GISなどによる環境保全に関する情報化,情報化の工学研究,生産から消費の情報化などが研究対象である.複雑系を多く含む農業生産活動を取り巻く問題解決に不可欠な研究領域とも言える.

「農業情報工学パースペクティブ」（農業情報学会橋本康）に農業情報工学のめざす展望が述べられ,対象研究領域と相互に関連する分野が示されている.また同「農業生産に関する情報化モデルコンセプト」に各研究細目を体系化し,実現すべき情報システムにSPA（Speaking Plant Approach to the environment control）志向の情報化モデルコンセプトが提唱されており,農業情報工学の新たな分野へ広がりを示唆している.

研究対象の多くは生体や生物機能の生理機能の複雑さや適用される環境の特殊性など,システム化・モデル化自体に内在する手法の解決のみでなく,自然環境との調和,人間・社会との調和といった地球空間システムをも対象とした課題や要求も農業情報工学で扱う対象と考える.

農業情報工学の研究対象分野

農業情報工学21世紀パースペクティブでは100程のキーワードで現在の情報

を俯瞰的に示し，それらを，①コンピュータネットワーク，②コンピュータシミュレーション，③知識処理，④画像処理・画像認識，⑤バイオセンシング，⑥非破壊計測，⑦インターネット応用，⑧バイオインフォマティックス，⑨バイオメカトロニクス，⑩GPS/GIS，⑪精密農業，⑫食料生産・食品加工，⑬生物資源循環工学，⑭その他の項目に分類し現状の情報関連研究領域を示している．情報先端分野から農業環境工学，ロボティックス，バイオメカトロニクス，精密農業などと農業機械・施設などの分野を網羅しており，「農業情報工学」の扱う範囲は学術会議農業環境工学研連が対象とする研究領域を広く網羅し，さらに一部の経済・社会系や情報コミュニケーション科学など社会工学分野も含む広範な研究分野を対象としていることがわかる．

　農業情報工学の内容について「新農業情報工学」（橋本康）に詳細が示され，この研究分野がめざす解決すべき問題・対象の複雑化・高度化に伴い，知識ベースを含む総合的な発想・設計の支援技術など，農業・農村の知的活動を支えるツールなど先端的情報科学技術の農学へのアプローチを総合的に示唆している．

　農業情報工学の内容・体系について同資料を引用し，大項目のみを以下に示す．

A：基礎
B：情報基盤技術
C：関連工学（1）センサ・計測・制御
D：関連工学（2）ロボティクス・メカトロニクス，
E：生物とその応用
F：人文社会科学
G：農業情報の応用技術
G-1　食の安全情報
G-2　産地情報
G-3　食品感性情報
G-4　圃場情報
G-5　プレシジョンアグリカルチャー
G-6　生体情報の応用
G-7　環境情報
G-8　農業情報基盤
G-9　農業ロボット
G-10　意思決定支援
G-11　営農計画支援システム
G-12　流通・消費の支援システム

引用文献

橋本　康（2002）情報科学の新たな展望　農業情報研究 11(2) 107-111

農業基盤工学

～塩類集積回避の観点から～

雨宮　悠

[土壌劣化，塩分集積，対流・分散モデル，相互拡散]

　新世紀に入りなお人口増加のため農業生産基盤の拡大を図らねばならない状況に変わりはない．加えて，基盤適地の要件は厳しくなることはあっても緩和されることは期待できない．高度な生産基盤拡大への障害は，残された質的に劣悪な地域と各種資源の枯渇に尽きよう．とりわけ，塩分集積の問題は，未開発地域のみならず，既存基盤の劣悪化の中にも認められるものでる．それゆえに，それら問題の解決には極めて多くの困難を克服する必要があるが，まずもって，塩分移動機構の解明が望まれるところである．

　一般に，土壌内溶質（塩分）の移動機構は，いわゆる対流・分散モデル（CDE）によって説明されてきた．すなわち，溶質のフラックスは，

$$J_u = -D_e \frac{\partial C_u}{\partial z} + J_w C_u \qquad (1)$$

と表される．ここに J_u と J_w は溶解溶質と土壌水分のフラックスとされ，C_u は溶質濃度，D_e は有効拡散/分散係数である[6]．Bigger and Nielsen[2] や Bear[1] の指摘に加えて，Jury et al.[6] は，与えた水分フラックス J_w 下で流出曲線を最適化することにより土壌パラメータを決定せざるをえないとした．また，(1)式における J_w を溶質の存在と関わりなく，単に Darcy 則で与えている例もみられる[3,4]．一方，Bigger and Nielsen[2] は溶液の粘性係数や密度の僅かな差が混合過程にかなりの影響を与えることを指摘している．希薄溶液中の溶質は溶媒と比較して微量であるため，双方とも既知な溶液流速では(1)式により概ね正確な解析が期待できる．しかし，塩分集積時のように飽和もしくはこれに近い高濃度では，相当量の溶質の存在によって溶質・溶媒間の相互関係が無視できなくなる．一般に，自由溶液系の2成分分子運動の巨視的結果は周知のように相互拡散で説明される．現象の特徴は一方が移動すると，他方が逆行したかのように見える点にある．さらに，溶液の流動が加えられたときでも同様に扱うことができる．このような観点から土壌中の拡散・分散現象に溶質・溶媒移動の概念を適用すれば，溶質・溶媒双方に対し質量フラックス，

溶質　$f_u = -\theta D_L \dfrac{\partial c_u}{\partial z} + c_u \theta U_L$　(2)

溶媒　$f_w = -\theta D_L \dfrac{\partial c_w}{\partial z} + c_w \theta U_L$　(3)

を与えることができる[5]．ここに，D_L は対流・分散係数，U_L は溶液の流動速度，θ は液相率である．含まれる共通の流速 U_L は他律的に与えられるものである．すなわち，これらから特定の法則が定まるわけではないが，それを考察する糸口となりうる．図1は試料表面から強い蒸発が生じ，溶質輸送が生じるときのフラックスを，両式をもとに解析した結果であり，黒丸が全溶質フラックス，白丸が対流溶質フラックス分布を示す．蒸発にともない上方ほど大きな対流輸送成分，下方に向かう拡散・分散成分の様子が示される．

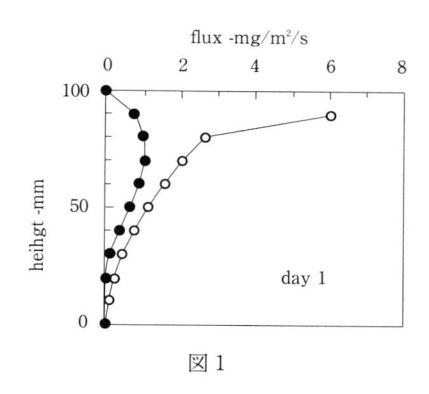

図1

引用文献

1) Bear, J. (1972): *Dynamics of fluids in porous media*, Elsevier, New York.
2) Bigger, J. W. and D. R. Nielsen (1967): Miscible displacement and leaching phenomenon. In R. M. Hagan, H. R. Haise and T. W. Edminster (ed.) *Irrigation of agricultural lands*. Agronomy, 11, 254-274. Am. Soc. of Agron., Madison, Wis.
3) Bresler, E. (1973) Simultaneous transport of solute and water under transient unsaturated flow conditions., Water Resour. Res., 9, 975-986.
4) Bresler. E, McNeal, D. L., Carter, D. L. (1982): *Saline and sodic soils*., Springer-Verlag, Berlin.
5) Dai, W., S. Lee, Y. Amemiya (2002): Determination of the convective and diffusive fluxes from the transient profiles of solute and solvent under evaporation experiment., J. Environ. Impact Assess., 11, 173-187.
6) Jury, W. A., W. R. Gardner and W. H. Gardner (1991): *Soil Physics* 5th ed., John Wiley & Sons, Inc.

生態工学

~熱帯泥炭湿地林を事例として~

長野　敏英

[炭素蓄積，酸性硫酸塩土壌，泥炭分解・消失，湛水管理]

　熱帯には多くの泥炭土壌が分布している．泥炭土壌は植物遺骸から出来ており，炭素の貯蔵庫となっている．しかし，泥炭土壌地域は水管理状態あるいは生態系の変化によって大きな炭素の発生源となることもあり，ここでは泥炭湿地林を事例として炭素収支について述べる．熱帯泥炭土壌面積は 3,000 万～45,000 万 ha と大きな幅を持って見積もられているが，特に東南アジアに広く分布している．泥炭土壌の定義は研究者によって有機物含量 65％以上，また泥炭の厚みを 1 m 以上，あるいは泥炭厚みを 0.5 m 以上とすることもあり，面積推定に大きな幅が生じている．熱帯泥炭土壌の中でも特異な生態系を形成している熱帯泥炭湿地林があり，林内は通年湛水状態にあり，アジア各地には 800 万 ha の熱帯泥炭湿地林が分布している．マレーシア・サラワク泥炭の ^{14}C 年代測定結果（Anderson, 1964）では，最下部泥炭（12.0 m）では 4,270 ± 70 年前に蓄積され，泥炭の蓄積速度は 2.8 mm/年，また深さ 4.5 m の泥炭の年代は 2,255 ± 60 年前，泥炭の集積速度は 2.2 mm/年と推定している．北海道の泥炭蓄積速度は一般に 1 mm/年といわれているのに対して，熱帯泥炭では約 2～3 倍の集積速度である．寒帯・温帯泥炭は主として草本植物遺骸による泥炭であるが，熱帯泥炭は樹木の幹・枝葉・根等の木本遺骸から生成したもので，構成成分としてリグニンなどの難分解有機物を含み，熱帯地域のような高温下においても，湛水の嫌気的条件下で有機物蓄積が有機物分解に卓越し，結果として厚い泥炭層が集積したと考えられている．しかし，これら泥炭湿地の多くは人口問題，食料問題から 1970 年代に入り農地へと開発が進められた．タイ国の事例を基に，泥炭湿地林を農地として開発した場合，これら地域は二酸化炭素のシンクあるいはソースとなっているのかについて述べる．タイ国の泥炭土壌地域は主にマレー半島最南端のナラチワ県に広く分布しており，これら泥炭湿地地域も 1970 年代から開発が始められた．ナラチワ自然泥炭湿地林は一年を通じて湛水しており，50 cm（乾季）～100 cm（雨季）の湛水が見られる．したがって，これら泥炭湿地林を農地化するためには，最初に排水路を作り地域の排水が行われる．しかし，これら開発された泥炭地域は農地として適さず，多くは荒廃地として放置されている．農地として不適である理由は，泥炭層の下にあ

る海成粘土中に存在するパイライト（FeS_2）に起因している．沿岸域に形成されている多くの泥炭層の下層には，かつてマングローブが生育していた時代の堆積有機物，また海成粘土が存在することが多い．海成粘土中にパイライトを含んだ泥炭地域を農地開発等で干陸化した場合，乾燥に伴いパイライトが酸化され，硫酸とジャロサイトに分解され，土壌を酸化させる．さ

写真1 泥炭消失測定用

らに酸化が進むとジャロサイトも硫酸を生成し，酸性硫酸塩土壌となる．タイ国ナラチワ県のように泥炭層が1～3mと薄い泥炭土壌地域を農地開発した場合，泥炭湿地の排水を行うことにより酸化が粘土層に及び，その結果，毛管現象によって強酸性水が泥炭層まで上昇し，表層が強酸性化させる．泥炭湿地林の農地開発には表層酸化作用が起こりやすい．ナラチワの開発地域の多くは，土壌の強酸性化により農地開発に失敗し，多くは荒廃地となりメラルーカ（*Melaleuca cajuputi*）等の二次林となって放置されている．土壌からは有機物の無機化により土壌から二酸化炭素が放出される．写真はタイ国ナラチワ泥炭土壌開発地域の泥炭消失測定用ポールで，測定ポール上部のコンクリート塊が1983年における地表面を示す．1983年から1999年までの17年間で地表面の沈下は90cmに達している．これは土壌有機物（泥炭）の分解，あるいは野火発生による泥炭消失である．したがって，泥炭消失速度は5.3cm/年であり，すべてが大気中へ放出されたとすると，31.3tC/ha/年の炭素を放出したことになる．泥炭の蓄積速度は1年間に2mm前後といわれているので，泥炭湿地林を開発した結果，20年から30年かけて蓄積した泥炭が僅か1年で消失したことになる．実際，この地域での土壌呼吸量は，湛水状態では1tC/ha/年，乾燥状態（土壌含水率60％前後）では23tC/ha/年と水分状態によって大きく変化する．自然泥炭湿地林における炭素吸収量は5～10tC/ha/年であるので，巨大な炭素貯蔵庫とし機能している泥炭湿地林は大きな炭素発生源へと変わっている．

引用文献

1) E. Maltby *et al.* (1996)：Tropical Lowland Peatlands of Southeast Asia. IUCN

土壌物理学

筑紫 二郎

[土壌間隙，土壌汚染，撥水性土壌，ガス移動，植物根]

　日本の土壌物理学研究は，農地の研究から始まっている．とくに初期の研究者は，食糧増産のために水田を研究対象とし，飽和土壌を解析することが多かった．その後，畑地農業の発達につれて，欧米の知識が数多く導入され，不飽和土壌を取り扱う場面が多くなった．さらに，林学分野では，森林地帯の水管理の必要から，土壌物理学の知識が利用されるようになった．このように，土壌物理学は水田・畑地等の農地から林地へと対象を拡げ，最近では環境問題への研究を通して全地球の陸地をも対象とするまでに変化した．現在の土壌物理学は主に地表から地下水面までの間の諸現象を扱う学問として位置づけられ，食糧問題や環境問題に関連する重要な分野になってきている．2002年米国土壌科学会から発刊されたVadose Zone Journalはその高まりの現れであるように思われる．

　食糧問題に対しては，土壌物理学は持続的な農業生産基盤を確立するのに寄与できる．農業生産を安定的に確保するには，土壌，水，作物の適切な管理が必要である．土壌管理および水管理では，節水のための灌漑法の検討，雨水，海水，水蒸気など種々の水資源利用法の検討，従来型の排水法に加え生物的排水法の検討，塩類集積土における塩の除去法の検討等，新たな技術の発展が望まれている．これらの技術には，土壌物理学が関与するところが多い．

　環境問題に対しても，土壌物理学の活躍の場が開かれている．農地では，持続型農業技術からさらに進んで環境保全型技術が重要視されてきた．つまり，物質循環機能を活用することによって生産物の収量・品質を維持し，しかも環境への負荷を減じていく技術が必要とされている．従来の有機農業の他に，周辺地域への環境汚染を起こさず，土づくり，有機物のサイクル利用，農薬に頼らない病虫害防除等を基本に据えた農業が要望されている．一方，農地以外では，生物に有害な物質による環境汚染が問題となっている．とくに鉱山や工場敷地では高濃度の汚染物質が検出されることが多い．2003年に「土壌汚染対策法」が施行されたことから，今後土壌汚染に対する関心が一層高まるのは必然である．

　以上のような状況下で，土壌物理学が対応できる問題は数多く存在する．今後取り組むべき課題として，そのいくつかを以下に列挙する．

　場の性質の変化：土壌物理学が扱う土壌間隙は次第に複雑化している．土壌間

隙は，固定したものではなく，化学物質の吸着，沈殿，溶解や微生物の増殖によって変形するものである．また，小動物の活動や腐朽した根によって，土壌間隙が拡大し，いわゆる大間隙を形成したり，土壌が団粒化したりする．これら間隙の変化は，土壌中の物理的特性に影響を及ぼし，土壌中の物質移動を規定する．また，間隙の変化は空間的および時間的にも変化する．間隙が変化する条件下の物質移動に関しては，新たな展開が必要であり，多くの課題が存在する．

移動物質の多様化：一般に，土壌汚染地域では種々の化学物質が複合的に投与されることが多い．それらの化学物質はそれぞれ異なる吸着性，密度や粘性を有しており，それらの移動現象は連結して考えねばならない．そのために，解析はますます複雑，困難になりつつある．

土壌の発撥水性：森林土壌や石油系物質による汚染地帯の土壌では，土壌が撥水性になることがある．撥水性土壌は，水分移動を阻害したり，フィンガー流の撥生原因となったりする．撥水性は，土壌特性値の空間変動を起こす一つの要因でもある．これら発水性を考慮した物質の移動解析は，今後の課題である．

土壌中のガス移動：環境汚染を起こす有機化合物の中には，揮発性のものがある．また，ある種の化学反応の結果，ガスが発生することもある．さらに，微生物や植物根を含む土壌中の生物活動によってガスが発生することもある．土壌中のガス成分の分析やガスの移動解析は，地球温暖化の観点からも重要である．

植物根との関わり：植物による水分・養分吸収や植物修復における汚染物質の吸収においては，根圏における物質移動が大きく関与している．根圏には土壌中の水分が集中してくるだけでなく，微生物の活動の場にもなっている．微生物は汚染物質を分解したり，根に吸収されやすいものに変えたりする．根，微生物，土壌，水分および化学物質の相互作用については，未知のことが多い．

計測技術：土壌物理学および土壌学の研究の進展に伴い，新しい計測技術が出現している．例えば，土壌水分計測に関しては，1980年にTDR (Time Domain Reflectometry) 法が画期的に発明された．それ以来，新しいプローブの開発，測定精度の検証，応用面の開発等研究が行われてきた．今日では，TDR法が標準的な土壌水分計測法として確立している．また，土壌水分計測以外においても，電子技術の発達によって，従来の測定技術が大きく変化することが予想される．

農業気象学

真木　太一

[地球環境，局地・微気象，環境調節施設，気象災害，持続的食料生産]

　日本農業気象学は昭和17年(1942)に発足以来，近代的な農業気象として急速な発展を遂げたが，戦前・戦後の食糧増産の窮余の策として，公立試験研究機関・大学など多くの人々が止むに止まれぬ願望があって発展したとも考えられる．

　1961年に「農業気象ハンドブック」が出版され，農業に必要な気象学の知識，農業気象の調査法，農業と気候，農業気象災害，農業予想と天候，農業と気象が記述され，微気象や気象災害がかなりのウェイトを占めた．1974年には「新編農業気象ハンドブック」が出版され，農業気象研究の役割，天気と気候，耕地微気象，作物栽培と気象，農業気象災害，農業気象調査法のキーワードでイメージできる．生物気象・微気象・局地気象・農業気候の研究の基礎研究分野があり，次に立地計画・生産予測法の策定および農業気象環境の改良技術と農業気象災害の防止法の開発があって，生産計画・管理法の向上，生産技術の向上を挙げる目標に従い，農業生産向上・安定へと寄与している．その後，社会経済の発展として高度経済成長により，農業気象学会会員も急激に増加し，学問分野も長足の発展を遂げた．その後も分野の拡大があり，会員が増加したが，学会の専門化・細分化が起こるとともに，経済の停滞期に入り，現在は会員がやや減少した状況にはあるが，複数の学会で活躍している会員なども含めて現状を維持している．

　最近の会誌「農業気象」の論文のキーワードは，リモセン(赤外線放射温度計)，熱・ガス・水蒸気フラックス・モデル，熱・ガス・水収支，メッシュ気候図，温室・ハウス気象，光合成，画像解析，乾燥地(沙漠，砂丘)気象，気象モデル・シミュレーション，光・水ストレス，局地風，表面温度，アルベド，べたがけ・マルチ気象，気象災害(潮風，凍霜害，冷害，干害)，冷気流，都市気象・都市緑化環境，分光・光学，日射・放射環境，作物病害，自然植生，自動灌漑，渦相関法など微気象法，超音波風速計など気象測器，GPS，蒸散熱伝導法，地球環境，防風林，水田水温，霧，風穴，溶液栽培などである．非常に多分野に渡っており農業気象学は発散している観があるが，本来の農業気象が廃れた訳ではない．

　現在，人口爆発による過開発，過放牧，過伐採(森林破壊)，資源過使用があり，土地荒廃・沙漠化，地下水の低下・上昇と塩類集積，エネルギー・水資源減少，土地利用型農業の衰退，南北問題，農山村の過疎化と荒廃を招いている．

表1 気象・気候を空間・時間スケールで区分した場合の研究

スケール	代表的気象・気候	環境影響・気象特性，関連・利用事例
グローバル（地球規模）	地球規模の気候変化・気候変動，プラネタリー波	地球温暖化，オゾンホール，エルニーニョ，沙漠化，海面上昇，火山爆発，黄砂
リージョナル（地域的）	内陸・海洋性気候，モンスーン，偏西風	気象災害（冷・干・水害など），酸性雨，光化学スモッグ，広域大気汚染
ローカル（局地的）	森林・山地・高原気象，農山村の気象，都市気候，ヒート・クールアイランド	高冷地，冷気流，斜面温暖帯，風穴気象，防風林・ネット気象改良，一村一品運動，局地的大気汚染（SOx・NOx）・水質汚染
ミクロ（微細的）	耕地（畑地・水田）気象，温室・ハウス・人工気象室・試験管内気象	耕地気象改善，防霜ファン，温室・施設・マルチ環境調節，畜産施設気象改善，バイテク・苗生産・植物工場の環境調節

今後の研究課題の発展方向は，①気候変化・変動下での食糧生産向上，②気象改良・環境保全と持続的農業の推進，③微気象・局地気象への技術開発と応用，④各種気象災害の軽減防止，⑤地球環境変化（温暖化・砂漠化）の評価と対策，⑥砂漠化防止・緑化と農業開発，⑦環境汚染・負荷の評価と軽減，⑧環境ストレス（塩・水・温度）耐性植物のバイテク開発上の環境調節，⑨沙漠緑化から植物培養機器内までの一連の気象改良・環境調節，⑩資源（風力・太陽熱）エネルギー利用効率向上技術の開発と農業への利用，⑪気象環境計測と生体反応計測の改善，⑫気象環境管理・農業情報・農業（生物）環境調節工学の利用，などがある．

さて，著者の将来展望としては，局地・微気象評価・改良，気象災害，農業気候，環境調節施設，気象測器，地球環境（温暖化，沙漠化）などが中心となるが，研究範囲は多岐に渡ると考える．特に空間スケールではミクロ気象からマクロ気象まで，全分野に及ぶ状況があり，時間スケールでも同様に非常に範囲が広い．その中で「地球環境劣化下の食料生産と環境保全の国際シンポジウム」や合同大会の開催によって広範囲の農業気象のアピールを行うことで，歴史ある学問分野として当分は現状維持，または幾分明るい状況で継続できるものと確信してる．

現在は外部評価が花盛りである．大学・研究所から個人まで点数評価である．学会はレフェリー付きの立派な論文を早く発行する義務があり，また功績賞など新たな賞を用意して会員を確保し，学会の共存・共栄を願っている．

作物学

～スーパークロップへのアプローチ～

野瀬　昭博

[イソプロパノイド，稲紋枯病，炭素分配クロスロード，野生稲]

　食糧生産に関する今日・将来的課題は環境保全に配慮した安全な食糧の確保と今後予想される人口増加と農地不足を克服するための生産性の改善である．このような問題を解決するアプローチとして農業生態学的手法と遺伝子組み換え法が期待されてきたが，前者では今後見込まれる食糧需要に答える生産性の改善が見込まれず，後者においては消費者や生態学的合意が得にくい，という食糧生産技術の展望はまさに閉塞状況にある．この状況を打ち破るには植物の持つ自己防衛能力を利用した機能の改善とそれを最大限に引き出し活用する栽培管理技術の開発（スーパークロップ）があると考える．

　動物と異なり免疫系を持たない植物は，主に二次代謝で生成される様々な代謝産物を用いて生物的・物理的ストレスを克服する．現在そのような二次代謝として最も注目を集めているのがイソプロパノイド代謝（IPM）である．作物学研究においては，有用代謝産物の検索と利用のみがとり上げられることが多いが，IPMの興味深い点はその代謝分岐点にある．つまり，IPMは酸化的および還元的ペントースリン酸回路（OPPCとRPPC，後者はカルビン回路）のエリスロース4リン酸（E4P）と解糖系のホスホエノールピルビン酸（PEP）へ，シキミ酸経路を介して連なっており，興味深い点はE4Pの位置で，E4Pと相互に転換するジヒドロキシアセトンリン酸（DHAP）とフラクトース6リン酸（F6P）はスクロースおよび澱粉への分岐物質で，E4Pの対極に位置しDHAPとF6Pと相互転換するフラクトース1,6ビスリン酸（F1,6BP）はRPPCのCO_2固定基質であるリブロース1,5ビスリン酸（RuBP）再生への分岐物質である（E4P, DHAP, F6P, F1,6BPにPEPを加えた部分をスーパークロップにおける炭素分配クロスロードと呼ぶ）．

　野生植物の作物化と共に植物は生物的・物理的ストレスに対する耐性を失い，その機能を栽培技術で補おうとしてきたのが農業であり，その科学が農学であろうが，炭素分配クロスロードにおける炭素分配収支からすれば光合成からの限られた炭素資源を収穫物へ向かわせる作物の改変や環境整備は，例えばIPMへの炭素分配を減じることになり，野生植物がIPMを用いて対応していた自己防衛機能の弱体化をもたらすのも当然である．この観点からすれば多収とサステイナビリ

ティは相矛盾する作物への働きかけで両立することはありえない．この点を克服するところにスーパークロップの可能性が見えてくる．

イネ紋枯病はいもち病と並ぶ水稲の重要病害で，当病害に対する抵抗性遺伝子は存在しないとみなされている．和佐野の育成したポリジーン由来の抵抗性を獲得していると予想されるイネ系統について，その抵抗性メカニズムを解析すると抵抗性系統は罹病後に OPPC, 解糖系, IPM の活性を増大させ，細胞壁へリグニンを蓄積し，壊滅的な病害が回避され農薬散布の補助手段を講じなくても 60・70 ％の収量が確保される[2]．分子生物学的にもストレスに対応してテンポラリーな遺伝子の発現を可能にするプロモーターが存在する．また，炭素供給能力の改善に関しては，CAM 型光合成の利用も十分に可能で，さらに，内田ら[1]は野生稲 (*Oryza rufipogon*) の中に比活性の高い RuBP カルボキシラーゼ・オキシゲナーゼ (Rubisco) を発見し，戻し交配によって栽培稲への導入に成功している．

生物的・物理的ストレスに対し受動的に見える植物は，代謝の可変性と多様な代謝産物を用いて積極的に対処するシステムを有している．また，C4 型光合成の C3 植物への導入の挫折も CAM や野生稲の中に克服の可能性が見える．このような可能性を実用的な農業技術として仕立てて行くためには，以上の特性を総合的かつ動的に解析して行くアプローチが必須となる．つまり，ポストゲノム時代の生物学におけるツールとして実用化の段階に入ったマイクロアレイ等の遺伝子の発現から作用までを総合的に捉える解析法や蛍光解析，近赤外分析，アイソトープ・マス等の非破壊的手法は効果的なアプローチを可能にする．

20 世紀後半の目覚しい科学の進歩に基づいた作物生産技術の発展は，余りに人為に過ぎるとして，この 20 年余りの作物学研究を農業生態学的アプローチの再評価と回帰へと向かわせた．このこと自体は間違いない歴史認識であるように思うが，そこに科学の成果が生かされたものでなければ社会からの評価は得られない．具体的な時の流れを反映した歴史的弁証法に従った農業生態学的アプローチが求められ，そこに次世代の作物学があるように考えている．

引用文献

1) 内田直次・増本千都・石井尊生 (2002) 日作紀 71 (別 1)：294-295.
2) 野瀬昭博・和佐野喜久生・Danson, J. (2002) 日作紀 71 (別 1)：298-299.

その他の文献は，日本作物学会編 (2002) 作物学事典：作物の代謝および成長調節物質 (野瀬昭博)．朝倉書店, p.41-153. を参考.

生物の環境調節と園芸生産との関わり

矢澤　進

［開花調節，春化処理，昼夜温変温管理，花き栽培，野菜栽培］

　明治4年，時の政府が東京青山の開拓使官園の中に温室を建設，洋花を導入して栽培試験に着手し，明治10年頃には洋ラン栽培が宮廷園芸へと発展していった．それを契機にその後花き園芸を中心とした施設栽培が広がりをみせていく．

　植物栽培の環境調節は，大きく分けて二つの方向が考えられる．一つは植物の生育にとってより良い環境を整えるために，温度・湿度・光量などの制御を行う場合，そして一つは，人為的に環境を調節し植物の発育相を制御する場合である．まず，前者の環境調節に対するアプローチがなされ，後者の環境調節技術はやや遅れて発展したのは自然の成り行きと思われる．これは，後者の場合，植物の環境に対する生理・生態的反応が解明整理され，その結果をもとに環境の条件設定がなされなければならないからである．例えば，今日広く行われているキクの日長反応に基づく開花調節技術もその一例である．

　花きの栽培では，1928年頃キクの切花生産の先駆的地域である愛知県（渥美郡）でシェード栽培による8月から9月にかけての出荷が行われ，1939年には，アセチレンガスによる長日処理で12月出荷の抑制栽培がなされていた（昭和農業技術発達史編纂委員会編，1997年，昭和農業技術発達史第6巻）．有名な光周性についての論文『植物の生長と発育に対する昼夜の長さと他の環境要因の影響について』をW.W.GarnerとH.A.Allardが発表をしたのが1920年であるが，わずか8年後にわが国の花き生産現場にその理論が応用されていたことになる．これは環境調節技術と園芸生産を結びつけた成果として特筆すべきことであろう．花き生産では，環境を調節することにより，ある種のランのようなわが国の自然条件では栽培不可能なものを生産可能にしようとする概念が明治時代から定着していた．このことが，キクの切り花における日長処理の早期導入につながったと思われる．一方，野菜栽培における日長反応性の生産への利用については花きに比べてかなり遅れをとっていた．野菜の分野においてもW.W.GarnerとH.A.Allardの発見した光周性の重要性については1930年代すでに認識されており，当時の農務省の試験場を中心にイチゴなどを用いた実験がおこなわれている．しかし，花き生産に比べて野菜栽培は生産規模が大きいこともあり実用化に結びつくことが困難であったと思われる．1949年には，東北大学の吉井義次が『植物の光週性』を養賢堂

より出版し光周性の重要性を説いたが，それでもすぐには野菜の栽培技術の中に活かされることはなかった．しかし，1951年には，農林省を中心にしてプラスチックフィルムの農業利用の研究が始まり，1953年になるとビニルフィルムをハウスなどの被覆資材として利用できるようになり実用化が本格的に進む．そして圃場への電気配線の拡大，ビニルハウスの規格化などもこの時期に急速に進展した．このような社会的背景の中で，1960年代後半にはいり，これまでのわが国の数多くの研究成果を踏まえた，光周性を利用した世界に誇るイチゴの施設栽培法が確立し生産が急増するようになった．光周性の現象が発表されてから40数年目にして本格的に実用化されることになったのである．社会基盤の発展と研究成果の実用化とは強く結びついていて，春化処理技術や昼夜温変温管理技術の確立なども光周性と同じような経過をたどって生産の場に定着してきた．また，野菜関連分野では，'作型の開発'も生産技術の定着にとって重要な要因となっている．わが国独自の概念である'作型'の研究成果も光周性を利用したイチゴの施設栽培法確立に大きく寄与したものと思われる．

　生物の環境調節の研究成果の中には，他分野における概念や社会基盤との関わりがあいまって初めて大きなな成果をあげるものも多いのである．

造園学

進士 五十八

[ランドスケープ，ランドシャフト，ランドスキップ，生き物文化]

　斜に構えるわけではないが，農業環境工学はもとより農学の境界線にある造園学（Landscape architecture）から，本書の目論見に対しランドスケープ的パースペクティブを試みてみよう．

　ところで，ランドスケープは「景観」とも訳され視覚によって認められる陸面の形状，大地上に展開する諸所の全体像を指すが，ドイツ語のランドシャフト（Landschaft）には地域の意味をも含ませている．造園はこうしたランドスケープやランドシャフトを保全し，創造するための学・技・芸術である．

　画法におけるパースペクティブ（Perspective）同様，ランドスケープの語源ランドスキップ（landscipe）の scipe には終端，すなわち端から端まで全体とか総合の意味あいがある．また landskip には，男の中の男一匹と同じ使い方で，土地の中でも最もその土地らしさをいうものともされる．以上，ランドスケープの本義にかこつけて「地域性」「総合性」の重要性を強調したのには訳がある．

　私にとって専門外の生物環境調節学や農業環境工学研究ではあり，的外れの議論をしているのかも知れないが，本書の概説や目次区構成を拝見する限り，余りに機械論，機能論的精度向上に力点がおかれ過ぎていやしないか．作物自体の生物的自然性，生物的生命性，さらには生物種間の関係性，またさらに生物の生育における季節性，地域や風土との関係での生育，それによる地域性の味わいといったものは，誰も考えてはくれないのかと心配になる．

　素人ながら，水耕栽培のものと永田農法もののトマトを食べくらべて感じる．工業における生産ラインのように，分析結果にもとづく肥料分析だけを投入しているだけでは，本当にコクのある美味しいものは出来ないのではないか．天然自然の多様なファクターが複合的に働いて生育し，成熟すべき農業製品を工業生産とまったく同様の発想よって得られると考える考え方自体に大きな疑問を感じざるを得ないのである．

　殊々，平成15年5月10日秋篠宮文仁殿下らが世話人となって「生き物文化誌学会」を設立する．その趣旨を私流で単的にいえば，近年の学問では生き物を分子レベルで捉えるあまり，人間との関係性，地域や社会など個別性と多様性の視点で理解することを忘れている．このことを反省し「生物」ではなくて「生き物」

総体を研究することが求められている.

　自然生態系の中から，種を取り出し，単なる植物組織として培養し，人間存在の為の栄養源として生育し収穫するだけの栄養還元主義から如何に脱却し，有機的生命体としての総合質をもった作物を如何に生産するか．そのためには如何にしたら，生物同士の関係性や生物体と大地や気候や地域文化の中の自然性を付与しうるかを追求しなければならないのだろう．

　ランドスケープ的作物栽培法を実現してほしいのである．

林　学

太田　猛彦

[森林科学，森林の多面的機能，森林の原理，森林環境物理学，循環型社会]

森林科学を取り巻く状況

「林学」は森林の管理を目的とした応用科学であり，総合科学であるが，現在はこの意味を含めて「森林科学」と呼ばれることが多い．初期には，人工林での木材生産にかかわる造林学，森林計画学（以前は"計画"の意味で森林"経理"学と呼ばれた），森林利用学（森林工学とも呼ばれる），林政学などいわゆる林業学と砂防・治山学，およびそれらの基礎学で構成されていたが，次第に管理の対象が天然林，非木材生産林に広がるに従い，基礎学としての森林生態学，森林水文学などが重視されるようになってきた．さらに，2001年に新しい森林・林業基本法が制定され，森林管理（整備）の第一目的として"森林の多面的機能の持続的な発揮"が打ち出される一方，技術者教育の観点からの学問体系の見直しも行われて，森林科学の内容は変身の途上にある．

森林の原理

森林の水源涵養機能や国土保全機能など，従来「森林の公益的機能」の呼ばれていたものに木材生産機能も含めた「森林の多面的機能」の発揮が，法律的にも明確に森林管理の目的となったことにより，森林の機能を原点から見直す作業が日本学術会議を中心に行われ，森林の原理や多面的機能全体の特徴，機能評価の原則等が「答申」により明確化された[1]．そして，この見直しは，従来見落とされがちであった森林水文学や砂防・治山学など，生物環境物理学の一分野と位置づけられる「森林環境物理学」の視点を中心に行われた．

森林の機能の本質は，地形・地質，気候とともに"自然環境を構成する要素の一つである"ということである．しかも，現在の森林が突然自然環境の構成要素になったのではなく，約4億年間，陸域に森林が存在し続けて現在の大気環境，温度環境，土壌環境等を創造したのである．さらに，森林は自然環境だけでなく，人類までも創りだしたのである．したがって，森林が人類の生活基盤をまもる環境保全機能を発揮するのは当然である（環境原理）．しかも，日本人はかつて"森の民"であり，稲作農耕社会となっても森林とともに生きてきた．その過程で日本人の文化や民族性が森林の影響を受けてきたこともまた当然である（文化原理）．

一方で現在森林の外に住んでいる私たちが木材を利用すれば，森林の一部を外

へ持ち出すことになり，一時的に上述の森林の機能を損なうことになる．したがって，木材の利用は光合成生産物の最も有効な利用法ではあるが，自然の森林が持つ本質的な機能とは異質な機能である（木材利用原理）．

このように，森林の機能の第一は環境保全機能である．先の日本学術会議の「答申」では森林の多面的機能を，①生物多様性保全，②地球環境保全，③土砂災害防止/土壌保全，④水源涵養，⑤快適環境形成，⑥保健・レクリエーション，⑦文化，⑧物質生産の8機能に分類しているが，このうち，②〜⑤は物理的環境保全機能であり，森林環境物理学の対象である．すなわち，これらの機能は森林が水その他の物質の循環や移動を健全なものにすることにより発揮されており，循環の場と循環するものを特定すれば物理的に機能の説明と評価が可能である．

以上のように，森林は多様な機能を持っているが，逆に，一つ一つの機能は単独ではそれほど強力ではない．けれども，多くの機能を重複して発揮でき，総合的に強力なことが森林の機能の最大の特徴である．

農耕地・農村と森林・自然域

前述の「答申」はまた，資源とエネルギーの投下量の違いによって現代の農耕地と森林・自然域には本質的な差異が出現していることを明らかにした．すなわち，後者は今でも太陽エネルギーのみに依存する物質循環が行われている地域であり，その結果，良質の水が得られ，生物多様性が保全されている．さらに最近，循環型社会と農耕地・農村および森林・自然域とのかかわりが日本学術会議の別の報告書で明らかにされた[2]．そこには，都市的社会システムの一層の省エネルギー・循環化とともに，都市を取り巻く領域を含めた各種の循環を健全にし，森林・自然域や農業・農村の多面的機能が十分発揮される環境を取り戻すことが必要であると述べられている．それには，科学と技術によって人類と自然環境との共進化を成功させる必要があり，農業環境工学や森林環境物理学の責任は大きい．

引用文献

1) 日本学術会議：地球環境人間生活にかかわる農業及び森林の多面的な機能の評価について（答申），2001
2) 日本学術会議：循環型社会特別委員会報告—真の循環型社会を求めて—，2003

植物栄養学・肥料学と環境問題

熊澤 喜久雄

[植物栄養学,土壌学,肥料学,環境保全型農業,物質循環]

　植物の栄養に関する学問としての植物栄養学を創始したのは,ドイツにおいてテーアーの腐植説(1809)を植物無機栄養説に発展させた農芸化学者スプレンゲルであり(1828年)それを生物圏における物質循環の原理に基づいて農学の基礎学として位置づけ,肥料使用の合理的根拠を与え,化学肥料の発明へと導いたのは化学者リービヒ(1840)であった.当時より肥料施用の目的は植物生産に伴う土壌生産力(地力)の減少の回復にあった.窒素肥料の施用が地力の永続的維持の観点からみて,略奪農業として批判されるべきか否かが最大の論争課題にもなった.植物栄養学と土壌学の進歩はこの課題を農業の実践上において克服し,1870年代においては,農業生産向上に対する肥料の役割は確固たるものとなり,窒素,リン酸,カリの肥料三要素説あるいは石灰を加えての四要素説が,植物生産に関する最小率とともに,広く受け入れられてきた.

　わが国の明治以後の農学とくに農芸化学は岩倉具視ら欧米使節団の帰朝報告[1]に明らかにされている欧米の最新の農業知識,技術の影響を強く受けて発展してきたが,直接に農業生産に役立つ肥料学,あるいは土壌肥料学の分野が先行し,土壌学および植物栄養学の独自の発展は暫時取り残されてきた.後に土壌肥料学は発展して土壌学,肥料学に領域を分離したが,肥料学から植物栄養学へと本質的転換が図られたのは1960年代になってからである[2].

　土壌学・植物栄養学・肥料学はこうしてそれぞれ固有の領域を持ちながら発展をしてきたが,それらは農業生産においては,土壌肥沃度・土壌生産力の維持向上の課題において統一されてきた.土壌肥沃度はまた経済学における地代論などでも取り扱われているように,農学における自然科学と社会科学の統合点でもある.地力の永続的維持向上の問題,略奪農法を防ぐための土壌管理法や肥料・施用法は人口の増大に伴う食料・生活資材の生産の基本として研究されてきた.

　20世紀後半における科学技術の発展に基づく人間生活諸条件の改善は人口の増大をもたらし,それに伴う食料生産を必要としたが,当面の経済的利益追求を主眼とした農業政策と農業生産の発展は,自然科学的合理主義に基づく農業技術の発展を制約し,自然の略奪,自然の破壊や汚染をもたらした.土壌の砂漠化,塩類化,アルカリ化,流亡損失,有害物質の集積など,土壌生産力の破壊,劣化が

進行した．さらに自然の物質循環の軽視は畜産と耕種農業の分離をすすめ，畜産廃棄物や生活廃棄物などを含む有機性廃棄物の土壌還元による植物生産への循環的利用の道を狭隘化し，埋蔵鉱物資源や化石エネルギーの利用による化学肥料の一方的な流れの増大とともに，地力を減退させ，地下水の硝酸性および亜硝酸性窒素の濃度を環境基準（飲料水基準）以上に高め，河川・湖沼・閉鎖性海域の窒素やリンによる富栄養化現象をもたらしている．

植物栄養学・肥料学は現代農業が引き起こしたこれらの環境問題に対して，土壌学や関係諸科学との連携のもとに，正面から対応することが求められている．

その内容は多岐に亘っているが，植物栄養学分野においては，酸性土壌やアルカリ鉄欠乏土壌などに適応して，栄養分吸収を可能にする植物の創製，吸収された各種養分の目的産物生産に対する効率の上昇，生物的窒素固定植物・微生物の能力向上と非窒素固定植物への窒素固定能の付与，有害重金属や有機化合物の選択的吸収および排除能をもった植物の開発など，遺伝子組み換え技術などを駆使したバイオサイエンスの最前線での取り組みが求められている．

肥料学分野においては，環境保全型農業の進展に貢献する環境に優しい肥料，肥効調節型肥料や施肥法の開発と同時に，多種類の有機性廃棄物の効率的有機質肥料乃至堆肥化方法の確立と，製品の利用法の研究が進められている．これは同時に環境汚染の軽減と地力回復の有力な手段となっている．一方，資源的に早期枯渇の恐れのあるリン酸については，下水中からの回収技術の実用化や土壌中リン酸の微生物利用による有効化なども重要課題となっている．さらに土壌学との協力領域において，土壌からのメタンや亜酸化窒素の発生メカニズムや施肥の影響などを明らかにし，合理的発生抑制技術を開発し，地球温暖化ガスの増加抑制を目指す京都議定書の遵守に貢献することも重要になっている．

2003年はリービヒ生誕200年にあたるが，彼の提起した生物圏における物質循環思想，国民経済における地力維持思想の重要性は現在でも生きている．

引用文献

1) 久米邦武 編, 田中　彰校注：特命全権大使米欧回覧実記, 岩波文庫 (5) 177・198 (1982)
2) 石塚喜明 編：植物栄養学論考, 北海道大学図書刊行会 (1987)

植物育種学

武田　元吉

[育種，環境ストレス耐性，ゲノム，GMO，設計科学]

「作物（植物）育種学」は作物体に起こる遺伝変異を利用する研究領域であり，「育種」とは新品種・新作物を育成することで，「品種改良」とほぼ同じ意味である．作物を栽培するときは，生物素材として栽培環境に適応する種苗が選ばれるので，新品種を育成するときは栽培環境にいつも気を配っている．そのようなわけで，作物育種学と農業環境工学との接点は実は極めて多様である．

実際，本書のなかで扱われている課題のなかで，新生物素材の活用がたくさん扱われており，育種研究との接点が多い．ここでは新生物素材を生み出す遺伝変異についてやや包括的に，また偏見を含めて触れてみる．

作物（植物）の各細胞は2万以上の遺伝子を持つ．2品種・植物の間でいくつぐらい遺伝子が変異しているか（どのくらいの遺伝子座が対立遺伝子を持っているか）はまだ明らかになっていない．品種育成のときは，数個あるいはその数倍の遺伝子座に含まれる遺伝子の組み換えを当面の目標として品種・植物間の交雑を行う．作物の特性として表れる遺伝子の新しい組み合わせ効果は予想と異なることが多々ある．さらに背後に控えた2万以上の遺伝子との相互作用になると，ほとんど予想がつかない．そのため多数の分離後代の中から希望の個体を選ぶ作業が必要になる．利用したい遺伝子の数をしぼった突然変異育種やDNA組み換え育種でも「2万以上の遺伝子との相互作用」は予想がつかない．

数年から20年ぐらいかけて新品種を育成する過程のなかで，とくに初期・中期では数百以上の植物体サンプルについて環境適応性の検定と選抜を実施することになるが，これがまた容易ではない．このような悩みは環境工学分野の研究者にはあまり理解されていない．育種家は環境工学専門家の教示を受けながら自分で多数・少量サンプルの簡易検定技術を工夫することが大切な仕事になる．これは1例であり，育種家は育種目標にしたがって実に多くの研究領域から知識を取り入れて，検定選抜を実施している．環境ストレス耐性，特殊環境への適応性などの選抜技術の開発についても，これからますます環境工学の専門家の協力が必要になっている．

ゲノム研究などに触発されて，最近，社会科学者が「設計科学」というような科学手法がこれからの科学で大きな位置を占める可能性があると提唱している．

誤解があるかも知れないが，これまでの育種学もその性質上すでに「設計科学」のような部分をかなり含んでいたと思われる．現在，ゲノム研究の応用成果として常に大きく取り上げられるのがまた育種的利用である．ゲノム研究が発展し，その利用が進むとますます「設計科学」の方向が強まってくる．

　ゲノム研究はこれから年月をかけて膨大な成果をあげていくであろうが，その途上ですでに育種的利用が進んでいる．DNAマーカー利用による選抜育種はゲノム研究の第1段階で得られたDNAマーカー情報を利用したものであるが，この手法はいずれ上述の検定選抜技術に置き換わるもので，今後の育種操作には欠くことができない重要な操作である．ゲノム研究の育種的利用のつぎの段階はDNA組み換え技術による遺伝子組み換え作物（GMO）の利用である．遺伝子の機能情報がたくさん解明されるほど，GMOの利用が広がるだろうが，同時に遺伝子機能の解明が進むほど，栽培技術や環境工学にとって役立つ情報が提供され，これらの研究分野が発展するだろう．そうなればこうして発展する研究成果は育種研究の「設計」のなかに再び取り込むことになっていくだろう．

　GMOの育種的利用を容易にするためにはまだ，相同組み換え技術のような解決直前の研究や環境への影響の検討などが残っている．しかし現在の技術でも薬用，健康用のような高付加価値のGMOを作出して環境管理下で栽培することは盛んに実施されるであろう．その経済的なインパクトは極めて大きいものであろう．

　育種学の発展はもう少し先まで見通すことができる．2002年12月にイネの全塩基配列の解読（正確には重要部分の解読）の宣言がだされた．染色体の塩基配列が解読されたとしても，まだ多くの遺伝子の機能やタンパク質の立体構造，反応特性などの研究はこれからの課題である．膨大な遺伝資源，遺伝子の情報からはじまって個々の遺伝子の機能や遺伝子相互作用を推測し，植物体の一生の全容を把握しようとする，ゲノム・シミュレータの研究も始まったばかりである．

　これらの研究が進んできて利用されるようになってくると，育種研究はますます「設計科学」の色彩を深めていくであろう．もちろんそのような状況下であってもいくつかの基本的な課題，環境保全，環境悪化防止，循環型農業，食の安全などに果たす育種研究の役割を忘れてはならないが．

植物病理学

豊田　秀吉・野々村　照雄

[根部病原体，生物防除，拮抗菌，モニタリング技術，GFP 標識]

　植物病理学の主要命題は作物を種々の病害から防護することにある．植物の病害においては，ウイルス，細菌，糸状菌が主な病原体となるが，いずれの病原体もそれぞれに特有の宿主感染系を有する．このうち，病原体が植物の根部から侵入感染する病害は特に土壌病害と呼ばれ，難防除病害に指定されるものが多い．一般に，土壌病原体の根絶は非常に困難であり，生産地の集約化や特定作物の周年栽培ともあいまって，結果的には，病原体の密度が極度に増高した病原菌汚染圃場を形成することになる．このような汚染圃場で作物を栽培すれば，生産性の極端な低下を引き起こすことから，農業上も深刻な問題となっている．こうした問題を回避するため，市場性の高いトマトやイチゴなどでは土耕栽培から養液栽培への転換が図られている．養液栽培システムにおいては，植物根部に供給する栽培養液を機械的に循環し，その物理化学的条件を制御できる利点がある．しかしながら，養液栽培のように土壌を使用しない栽培体系であっても，病原菌の管理面を考慮すると必ずしも万全の栽培法ではない．例えば，養液循環系に一旦病原体が侵入した場合，むしろ土耕栽培とは比較にならない早さで病原体が蔓延する[1]．現在のところ，栽培養液には殺菌剤が使用できない現状を考慮すると，これに依存しない新たな防除法が必要である．養液栽培で実際に問題となる根部病原体は，土耕栽培の場合と同様，疫病菌，ピシウム菌，フザリウム菌などの糸状菌類と青枯病細菌が主体である[1]．このような病原菌の防除手段として，拮抗微生物を利用した生物防除法が注目されている．ここでは，多様な分化型を発達させ，多くの植物に感染するフザリウム菌（*Fusarium oxysporum*）をとり挙げ，特に，トマトに甚大な被害をもたらす萎ちょう病菌や根腐れ萎ちょう病菌について，養液栽培系における病原菌のモニタリング技術を紹介する．また，これら病原菌の防除に使用する非病原性 *F. oxysporum* についても，病原菌との同時識別を前提としたモニタリング手法を紹介する．

　病原菌の標識には GFP 遺伝子を使用する．この遺伝子を導入した病原菌はその細胞質に緑色蛍光性タンパク質を生産・蓄積するので，紫外線照射下で緑色の蛍光を発する[2]．一方，このような GFP 標識菌と非標識菌を中性赤で染色すれば，この色素が細胞内の液胞を染色することから，前者は細胞質と液胞が緑色蛍光と

中性赤で二重染色され，後者は液胞のみが染色される[3]．この識別技術によって植物根面における病原菌とその拮抗菌の挙動解析が同時に行える．トマトに感染するフザリウム菌としては，上述の根腐れ萎ちょう病菌と萎ちょう病菌が存在し，イチゴやメロンにはそれぞれ萎黄病菌やつる割れ病菌が感染する．このような病原菌の分生胞子を水耕装置の養液循環系に投入すれば，液中を移動した分生胞子が宿主植物の根面に付着し，菌糸を根面に蔓延させる．GFP標識菌であれば，その蛍光顕微鏡写真の映像を画像解析できるので，菌糸伸長の様子を容易にモニターできる．このシステムを適用して，水耕トマト根における病原菌の感染挙動を解析したところ，根面付着した病原菌分生胞子は菌糸をネット状に伸長し，その後，根内に侵入して組織の褐変や萎ちょうを発症させることが明らかとなった[2]．同様のGFP標識は分化型の異なる他の菌にも適用できるので，非宿主植物に接種した場合の挙動も解析した．例えば，GFP標識したイチゴ萎黄病菌やメロンつる割れ病菌を水耕トマト根に接種した場合，褐変や萎ちょうの発症は誘導されないものの，伸長した菌糸は植物根面をネット状に被覆することが示された[2,3]．一方，土壌中には多くの *F. oxysporum* が存在するが，いずれの作物にも病原性を示さない分離株が生物防除に利用されている．このような非病原性 *F. oxysporum* についてもGFP標識とその後のモニターが可能である．非病原性 *F. oxysporum* をあらかじめ水耕トマト根に接種すれば，その菌糸体が根を被覆する．このような状態のトマト根に根腐れ萎ちょう病菌や萎ちょう病菌が到達した場合，根面における両者の競合関係は前接種菌に圧倒的に有利となり，その結果，病原菌は菌糸を伸長できず，感染も不成立に終わる．このように，病原菌とその拮抗菌との競合関係に基づく生物防除法では，前処理菌の効果的な根面生育が重要な要素となり，その正確な判定が防除効率を左右する．このような観点から，養液栽培系にGFP標識モニタリング法を適用すれば，効果的な拮抗菌の処理時期や処理菌体の根面被覆状況を正確に把握する技術を提供できると期待され，まさに植物病理学と農業環境工学の新たな境界領域を開拓するものといえよう．

引用文献

1) Jenkins, S. F., Averre C. W. (1983) Plant Disease 67 : 968-970.
2) Nonomura, T., *et al.* (2001) J. Gen. Plant Pathol. 67 : 273-280.
3) Nonomura, T., *et al.* (2003) J. Gen. Plant Pathol. 69 : 45-48.

生物的防除（biological control）

高木　正見

［害虫防除技術，環境にやさしい農業，伝統的生物的防除，天敵の放飼増強，天敵の保護利用］

　大規模農業や集約的農業にとって，害虫の被害は最も厄介な問題になる場合が多い．そして，近代農業では，害虫防除をほとんど化学農薬に頼っている．しかし，化学農薬の多用は，環境や農産物の農薬汚染だけでなく，リサージェンス（化学農薬を散布することによって，かえって害虫が多発する現象）などの，様々な問題を引き起こしてきた．そこで，環境にやさしい農業と安全な食糧の生産のために，出来るだけ化学農薬に頼らない害虫防除法の確立が求められ，様々な新たな方法が開発されつつある．中でも，天敵の力を利用して害虫を防除する技術，即ち生物的防除は，環境にもやさしく，農産物の化学物質汚染も全くあり得ないので，最も期待されている害虫防除技術である．

　生物的防除が，近代農業の害虫防除技術として確立されたのは，1888年に，アメリカ合衆国のカリフォルニア州で，オーストラリアからベダリアテントウを導入し，柑橘類の重要害虫イセリアカイガラムシを防除することに成功してからである[1]．その後，アメリカ合衆国を中心に，害虫防除の目的で外国から天敵を導入し定着させる試みが盛んに行われた．このように，永続的な効果をねらって外国から天敵を導入する方法を，「伝統的生物的防除」と呼んでいる．

　このような外国から天敵を導入する事業は，個人レベルで行うのは困難で，国家的事業や，場合によっては国際機関の事業として行われる．近年では，アフリカのキャッサバベルト地帯に侵入し猛威を振るったキャッサバコナカイガラムシの防除に，FAOが中心となって南アメリカから数種の天敵を導入し，大成功を収めた．日本での成功例としては，ルビーロウムシに対するルビーアカヤドリコバチやクリタマバチに対するチュウゴクオナガコバチ，ヤノネカイガラムシに対するヤノネキイロコバチとヤノネツヤコバチの導入などが有名である[2]．

　伝統的生物的防除は，その事業が成功すれば効果は計り知れない．しかし，導入した天敵が定着しても，すべてが効果的に働くとは限らない．また，土着天敵で潜在的に優れた能力を持っていても，害虫密度の増加に天敵個体群の増加が伴わないなどの理由で，うまく働かない場合も多い．そこで天敵昆虫を大量増殖し，それ放飼することによって，効果を高めようとする技術が開発されている．これを，「天敵の放飼増強」と呼んでいる．特に，施設害虫に対する天敵の放飼増強は

オランダを始めとするヨーロッパで確立され，大量増殖され商品化された天敵が天敵農薬として市販されている．日本でも，チリカブリダニ，ククメリスカブリダニ，オンシツツヤコバチ，タイリクヒメハナカメムシなどが農薬登録され，一部の施設農家での使用が始まっている．

　一方，潜在的に優れた能力を持っている土着天敵や施設などに放飼した天敵の働きを高めるために，これらの天敵が働きやすいように環境を改善することを，「天敵の保護利用」という．具体的には，作物の耕種スケジュールを工夫したり，天敵の隠れ家になる場所を人為的に供給したりする．また，害虫の低密度時に代替え寄主を提供できる植物や，天敵の成虫の餌になる花粉や蜜を供給できる植物を，作物と同時に植えるのが効果的なことがある．このような植物をバンカープラントと呼んでいる．

　生物的防除に利用されている天敵としては，テントウムシなどの捕食性昆虫や寄生バチなどの捕食寄生性昆虫，カブリダニなどの捕食性節足動物，さらに，スタイナーネマなどの昆虫寄生性線虫，ボウベリアなどの菌類，卒倒病菌（BT）などの細菌，核多角体病ウイルス，顆粒病ウイルスどのウイルスがある．このような菌類，細菌，ウイルスといった病原性微生物を用いた有害生物防除を，特に微生物的防除という．これらの病原性微生物うちBTは，その結晶毒素だけを製剤化した製品の利用が一般的になっている．また，BTの昆虫病原性毒素を産出する遺伝子を，作物に直接組み込んで利用するという害虫防除法も開発され，この遺伝子組み替え作物の利用は，アメリカ合衆国では，綿花に始まり，トウモロコシやダイズ，ジャガイモなどの害虫防除に利用され高い効果を発揮している．

　一方，防除対象の有害生物としては，農林害虫だけでなく，畜産害虫や衛生害虫，また，害獣や有害陸生貝類，雑草，植物病原性微生物など，様々な有害生物に対して，適用範囲が広がっている．利用する天敵としては，害獣や有害陸生貝類に対して病原性微生物や肉食性陸生貝類，雑草に対して食植性昆虫，水性雑草に対して草食魚などが用いられている．さらに近年では，植物病原性微生物に対して弱毒ウイルスや拮抗微生物などが用いられるようになった．

引用文献

1) Driesche *et al*. (1996) Biological Control pp. 539
2) 村上陽三 (1997) クリタマバチの天敵 pp. 308

農作物の気象災害

卜蔵　建治

[気象災害，気象変動，人工気象室，農業災害]

　栽培している作物が順調に収穫を迎えると「自然の恵み」として感謝のお祭りを盛大に行うことは古今洋の東西を問わずよく見られることである．しかし，一度自然が猛威をふるうとその悲惨さたるや手の施しようがない現場となる．作物＝食糧が壊滅状態になると多くの餓死者，栄養失調による健康問題が生じる実態は飽食のわが国あっては世界の何処かのニュースとして報道されるにすぎない．

　過去100年の歴史を見ても干ばつや洪水などで数十万人が犠牲になってた被害は世界各地に見られる．こうした農作物が広範囲にわたり壊滅的な被害を受けるのは大きな気象変動が誘因となっている．災害の誘因が気象変動であるという面から気象の予知予測は被害軽減の第一歩となる．気象衛星の画像解析やコンピュータを用いた予報，長期予報はそれなりの成果をあげている．気象情報により危険が察知されると人間は急遽避難することで人命の被害は減少傾向にある．しかし，農作物は避難行動が不可能であり被災は不可避であるという実態は今日でも変わらず，災害を回避するためには適地適作の原則を守ることが重要である．特に高価な種子・多肥・農薬を投入し高額な機械・施設を駆逐して営農する先進国の高収性農業は投下資本が多額であるが故に災害が発生すると被害額も大きくなる．高収性農業は多くの関連分野の上に成り立っており，被害の影響は広く関連分野にも及び産業，地域の衰退にも繋がりかねない．この点で作物の被災実態，被災地域の実態調査・把握は重要であり防災面では欠かせない．防災技術の確立には災害現場の人為的再現に基づく作物被害のメカニズムの検討や，開発された防災技術の成果の検証が求められる．人工気象室を使用した研究にこの分野での成果がもっと多く期待されても良いと考えられる．わが国で最初に人工気象室を用いた農業気象災害分野の研究は水稲の低温災害（冷害）に関する研究であり世界に先駆した生物環境調節装置の導入であった．1934年の大冷害を受けて農林省は水稲の品種改良だけでなく，水稲の低温に対する生理・生態的研究を進めるために西ヶ原（東京都北区）に真夏でも室温を15℃に保つ大温室を建設した（1935）．当時としては莫大な予算であり，空調装置の維持管理に6人の専門技術者が動員された．先進的な装置・機器を使用する風潮は当時の現場的な農学研究を室内の基礎的な研究へと関心を高める発端になった．冷害対策として「深水管理」に関

する検討が多方面から進み理論的に優れた防災技術と結論されるにいたる．
　この技術はその後篤農家に普及し冷害年に確実な成果を挙げたが，広く農業現場に普及するには地域の用水量不足といった初歩的問題が指摘されている．この技術を北日本の冷害常襲地に普及するには用水確保のダム，水温確保の温水池などの工事が必要とされ，米余りの今日では受け入れられない技術となりつつある．
　一般の防災技術と同様に農業防災技術も経済的な妥協の産物として評価されるべきであるにもかかわらず，戦後の食糧難時代に経済的事情より社会的事情に対処することが優先し多大な政府助成金のもとに確立された農業防災技術もある．雹災害を防ぐために積乱雲にロケットを打ち上げて雲内に降水核を多量に撒いて大粒の雹が発達しないようにして降雹災害を防ごうという理論に対し「現代の科学技術の粋を集めたものだ」と多くの人が賛成する．ロケットの製作費，積乱雲観測レーダの設置費，維持管理費，技術者の人件費がどれだけかかり？それに対して降雹災害は何年に一度（災害発生確率）でその被害地域は数 km の範囲で被災農家が費用を全額負担するのは不可能となり政府や地方自治体などが税金で負担するのは当然だという理屈を付ける．これほどバカげた技術は実用化していないものの農業防災技術に関しては多額の財政投資を必要とするものが多い．今後助成金が減少していく事態に耐えうる農業防災技術が問われ，こうした情勢に耐える技術こそがエネルギー，資金などの乏しい発展途上国にも受け入れられるものと考えられる．一方先進国のなかで食糧自給率が極端に低い日本農業を考えるとき，水田面積の半分近くを休耕してもなお過剰生産になる水稲を他の作物に転換していく農業技術の開発は急務である．適地適作を基本にした作物の導入，栽培技術の検討が多方面からなされるべきで，気象資源の評価は農業気象災害を予知，予測するうえでも重要であり今後の営農に大きく影響する．
　一次産業であり自然の驚異を直接受ける農業の救済処置として保険機構＝共済制度は重要な役割を果たす．今日までの農業共済制度は多くの税金で賄われてきたが，全国一律の負担・救済がなされてきた．気象災害の専門家の意見が反映され地域の気象資源を十分に活用した農業を振興する新たな作物共済制度が検討されなければならない．作物の気象災害を一次産業の生産場面における問題として捉えるだけでなく総合科学の分野として研究・教育が幅広く行われるべきであり，そのことがわが国の食糧の安定・安全確保の上から重要だと考えられる．

土壌植物大気連続体（SPAC）

原　道宏

［水ポテンシャル，膨圧，蒸散，植物水分生理，水環境制御］

　土壌から根を通して吸収された水が植物体の中を通り葉に至り気孔を通して大気へと移動する過程がポテンシャルから見て連続体を形成しているという概念およびこの連続体は，オーストラリアの土壌科学者 J. R. Philip (1966) により，土壌植物大気連続体 (Soil-Plant-Atmosphere Continuum，略称 SPAC) と呼ばれた (Hillel, 1998, p 547-587)．植物体には高さがあるので，ポテンシャルには高度差に起因する重力ポテンシャルを含める必要があり，これと水自身が有する内部ポテンシャルの和を総ポテンシャルといい，SPAC における水移動は総ポテンシャルの差によって引き起こされる．ここでいうポテンシャルとは，単位体積当たりの水が有するエネルギーのことである．このように定義されるポテンシャルの次元は，エネルギー/体積なので，エネルギー＝力×長さであることを考慮すると，力/面積となり，圧力の次元になる．したがってポテンシャルの SI 単位はパスカル (Pa) である．なお，1 hPa（ヘクトパスカル）＝ 1 mb（ミリバール）あるいは 0.1 MPa（メガパスカル）＝ 1 bar（バール）の関係を用いて従来単位と換算がなされる．SPAC の分野では，内部ポテンシャルの，基準状態からの差は，特に，水ポテンシャルと呼ばれる．基準状態としては通常，標準状態の液体水がとられる．このため水ポテンシャルの値は，通常，負（ゼロ未満）である．水ポテンシャルの成分は土壌粒子間に在る水の表面張力に起因するマトリックポテンシャル，溶解成分の濃度に起因する浸透ポテンシャル，細胞内での圧力が高まることによる膨圧ポテンシャルがある．

　SPAC が取り上げられる背景にはポテンシャルに相当する術語が，土壌水のテンション，植物水の拡散圧力欠差，大気中の水蒸気圧，相対湿度などの異なる言葉で呼ばれていたことがある．これら分野ごとに異なる呼び名で呼ばれていたものも多くは相互に換算可能であり，ポテンシャルの概念に統一して表す意義は学際のうえから望ましい．しかし，SPAC を扱う根底にはさらに次のような重要な事実がある．植物の生育にとって水は必須な多量分子であるが，それは光合成の原料として必要なことおよび植物体の構成成分として必要なことが第一義ではあるが，量的に見るとそれらは根から吸収された水分量の数百分の一に過ぎず，残りの 99 ％以上は葉の気孔を通して大気へと蒸散してしまう．このように植物体の構

成に必要な水分量が,実は根から吸収された水量のごくわずかでしかないという事実は,特に農業のように大量の水を灌漑により供給する観点からは非常に非効率と見られ,特に乾燥地,半乾燥地など水利条件の悪いところでは,用水を効率的に用いるという観点から,問題視される.

蒸散が生ずる理由は光合成に必要な二酸化炭素(CO_2)を大気から葉内に取り込むためには気孔を開かなければならず,その開いた気孔から水蒸気(H_2O)が流出してしまうためであるが,この移動する両分子数の比(H_2O/CO_2)は50(CAM植物),250(C_4),500(C_3)と蒸散量のほうが光合成量に比べてはるかに大きいからである.このように比の値が大きい理由は葉中の水蒸気濃度(体積率3%程度)が大気中の二酸化炭素濃度(同0.035%)の数十倍以上も高いこと等による.

SPACにおける水移動は蒸散が引き金になり発生するが,根にはポンプのように水を能動的に押し上げる作用もあり,SPACにおける水移動は受動,能動の両面から見ていく必要がある.土壌から植物体を経て大気に至る水の移動経路は,①土壌から植物根表面まで,②植物根表面から根の導管まで,③根の導管から葉の導管まで,④葉の導管から気孔底細胞の表面まで,⑤気孔底細胞の表面から気孔まで,⑥気孔から大気まで,のように分けて考えることができる.総ポテンシャルは土壌で最大,大気で最小である.一例ではあるが,水ポテンシャルは土壌水の$0 \sim -6$ bar,根表面で$-0.5 \sim -14$ bar,気孔底細胞の表面で$-5 \sim -15$ bar,大気中では$-$数百 bar の程度であるが,これは蒸散量や土壌の乾燥度などにより大きく異なり,あくまでも例に過ぎない.

土壌中での水移動は湿潤領域では土壌間隙中を毛細管作用により液体水が移動するが,半乾燥状態になると水蒸気移動の比率が大きくなる.また,根と土壌の接触が絶たれ気味になった場合にも水蒸気の移動は重要な役割を果たすと考えられている.土壌中における根の分布および根の形状を考慮した水移動モデル(数式モデル)があり,根系モデルおよび単根モデルと呼ばれる.根系モデルは根群域への土壌水移動にシンクとして根の吸水が組み込まれたものであるが,シンクの中に単根モデルがあり,SPACとしては単根モデルが本質である.従来,土壌水移動は圧力勾配と透水係数の積により表していたが,土壌の透水係数が土壌含水率により大きく変化するため適用上の問題があった.これに対し,透水係数の積分であるマトリックフラックスポテンシャルの差を用いることにより首尾一貫した表現が可能である(原,2002).このように,水移動に関する物理学の助けを借り,さらにそれを電気回路におけるオームの法則の形に書き直すことにより,

SPACにおける水移動の様子を概念的にのみならず具体的に数式表現することができる．SPACにおいては大気条件との関係で重要であり，上記の④，⑤にあたる気孔底細胞表面から大気に至る経路が蒸散の経路であるが，これには気孔の開度，気流速，温度，湿度，葉温，日射量などの気象条件が大きく作用する．気孔底細胞表面の水ポテンシャルは，生きている植物においては，相当する相対湿度でいって99％以上と，ほぼ100％に近い値とならざるを得ず，それゆえ，特に，高温，低湿度，強風，高日射量といった条件では可能蒸散量が大きくなる．電気回路における電圧降下（＝電流×抵抗）はポテンシャル降下に相当し，電流は蒸散量に相当すると考えれば，蒸散量が大きいと葉における水ポテンシャルが低下することになり，葉は萎凋し，長引けば枯れる．水蒸気飽和している気孔底細胞表面からの蒸発を止めるには気孔の閉鎖が唯一の自衛手段である．これにより蒸散は止まるがCO_2の流入も止まるから光合成も止まり生育は停滞する．

　SPACの概念は，このように，土壌-植物-大気と水に関する諸科学および電気回路学と結びつき，植物の水生理，土壌水分状態の制御，気象環境条件の制御などの分野において，水の現状と移動に関わる事象を表す共通概念として定着した．数式モデルの構築を経て，また近年におけるパソコン利用の普及などの現実手段を得て，植物水分生理および水環境制御の分野における科学と技術に貢献している．

引用文献

1) Philip, J. R. (1966) Plant water relations: Some physical aspects. Ann Rev. Plant Physiol. 17：245-268.
2) Hillel, D. (1998) Environmental Soil Physics. Academic Press, London, 771 p.
3) Sarker, B. C., Hara, M. (2002) 計測自動制御学会東北支部第201回研究集会資料, 10 p.

R 〈学術著作権協会へ複写権委託〉		
2004	2004年 3月15日 第1版発行	
—新農業環境工学—		
編者との申し合せにより検印省略	編 集 者	日本生物環境調節学会編
©著作権所有	発 行 者	株式会社 養賢堂 代表者 及川 清
定価 4620 円 (本体 4400 円) (税 5 ％)	印 刷 者	新日本印刷株式会社 責任者 望月節男
発 行 所	〒113-0033 東京都文京区本郷5丁目30番15号 株式会社 養賢堂 TEL 東京(03)3814-0911 振替00120-7-25700 FAX 東京(03)3812-2615 URL http://www.yokendo.com/	
	ISBN4-8425-0359-9 C3061	

PRINTED IN JAPAN　　　　製本所　板倉製本印刷株式会社

本書の無断複写は、著作権法上での例外を除き、禁じられています。本書からの複写承諾は、学術著作権協会(〒107-0052東京都港区赤坂9-6-41乃木坂ビル、電話03-3475-5618、FAX03-3475-5619)から得て下さい。